"十四五"职业教育国家规划教材

园林

居住小区景观设计 第3版

JUZHU XIAOQU JINGGUAN SHEJI

主　编　刘　骏
副主编　李　旭　徐海顺　陈　宇　张　琪

重庆大学出版社　国家一级出版社
全国百佳图书出版单位

内容提要

本书是“十四五”职业教育国家规划教材，系统介绍了居住小区环境景观设计的内容、原则、方法程序以及新的设计手法、风格、材料和工艺等。在系统介绍理论知识的同时辅以大量实例分析，介绍了多种灵活的新结构模式以及基于这些模式的景观设计，注重图文并茂、简练直观、深入浅出，便于理解掌握。本书理论结合实践、注重创新与时效，充分关注近几年居住小区规划的实际情况，培养学生关注实际问题与解决问题的能力。本书配有电子教案，可扫描封底二维码查看，并在电脑上进入重庆大学出版社官网下载。书中含有 188 个二维码，可扫码学习。

本书可供高等学校风景园林、城市规划、建筑学及相关专业教学使用，亦可供园林绿化工作者和园林爱好者阅读参考。

图书在版编目(CIP)数据

居住小区景观设计 / 刘骏主编. -- 3 版. -- 重庆 :
重庆大学出版社, 2024.3
高等职业教育园林类专业系列教材
ISBN 978-7-5624-7906-2

Ⅰ. ①居… Ⅱ. ①刘… Ⅲ. ①居住区—景观设计—高等职业教育—教材 Ⅳ. ①TU984.12

中国国家版本馆 CIP 数据核字(2023)第 142515 号

居住小区景观设计
第 3 版
主 编 刘 骏
副主编 李 旭 徐海顺 陈 宇 张 琪
策划编辑:何 明
责任编辑:何 明 版式设计:莫 西 何 明
责任校对:谢 芳 责任印制:赵 晟
*
重庆大学出版社出版发行
出版人:陈晓阳
社址:重庆市沙坪坝区大学城西路 21 号
邮编:401331
电话:(023) 88617190 88617185(中小学)
传真:(023) 88617186 88617166
网址:http://www.cqup.com.cn
邮箱:fxk@cqup.com.cn (营销中心)
全国新华书店经销
重庆长虹印务有限公司印刷
*
开本:787mm×1092mm 1/16 印张:18.5 字数:475 千
2014 年 2 月第 1 版 2024 年 3 月第 3 版 2024 年 3 月第 6 次印刷
印数:12 001—15 000
ISBN 978-7-5624-7906-2 定价:69.00 元

编委会名单

编写人员名单

主　编	刘　骏	重庆大学
副主编	李　旭	重庆大学
	徐海顺	南京林业大学
	陈　宇	南京农业大学
	张　琪	昆明理工大学
参　编	蒲蔚然	林同棪国际工程咨询（中国）有限公司
	田　筠	三研堂景观规划设计（重庆）有限公司
	任　刚	重庆蓝调城市景观规划设计有限公司
	李　卉	重庆纬图景观设计有限公司
	叶　凯	重庆天灿园林景观设计工程有限公司

再版前言

本书编写以问题为导向，结合当前居住小区环境景观设计存在的主要问题，针对职业教育的特点，分为上、中、下 3 篇。上篇以基础知识学习为主，中篇着重案列解析，下篇以教学实践为示范。

上篇基础知识篇对标风景园林工程师考核知识点，以基础理论知识介绍为主要内容。在每个项目中，加入知识目标、技能目标、项目小结、知识点拓展、思考与讨论以及讨论与练习等内容，这些内容有效丰富了教学环节。通过知识目标和技能目标可检查学生理论知识掌握的程度；知识点拓展为居住小区环境景观设计的最新研究成果，强化了教材的创新性和时效性，可拓展学生的知识视野；思考与讨论环节增强了教学的互动性，有助于学生知识内化和能力提升；讨论与练习则可通过小设计全面检查学生学习效果。

中篇案例篇以丰富、多样化的案例形式，生动地展示具体设计过程和成果，通过案例学习和练习，培养学生关注实际问题，分析问题和利用所学的设计知识解决问题的能力。

下篇教学实践示范可供各高职院校参考，并根据各自的课时安排加以调整。

此外，在教材中所呈现的对人民美好生活需求的关注以及对学生职业道德的培养也充分体现了课程思政的要求。教材配套数字资源丰富，书中共有 188 个二维码，包括视频、音频、动画、教学课件等形式，有规范标准、学术论文、实际案例、学生作业、获奖作品等内容。

基础知识篇共有 4 个项目。项目 1 介绍居住小区规划与居住小区环境景观设计的概念以及两者之间的关系、居住小区环境景观设计的内容，反思在高速城市化进程中，我国居住小区环境景观设计出现的问题。项目 2 介绍居住小区户外空间的构成及类型，发生在居住小区户外空间的主要活动以及支持这些活动的功能空间。项目 3 讲解居住小区环境景观设计的原则、方法和程序，认为在居住小区规划层面，应该由规划专业与景观专业共同牵头，树立居住小区规划中的大景观和风景园林概念；建筑设计层面，建筑师应该具备风景园林的意识和修养，与景观设计师共同完成建筑设计工作，充分考虑住户的景观并将总体规划阶段的景观构思在建筑设计阶段予以贯彻；在景观设计层面，深化从总体规划阶段形成的环境景观脉络，将环境景观设计落实。项目 4 介绍居住小区环境景观设计重点，针对小区入口、儿童游戏场地、运动健身场地和小区的交通空间等几个最主要的、对小区环境景观影响最大的功能空间，讲述了它们的空间及景观特征、设计原则和设计要点等；对小区照明和植物配置两个专业性较强的设计亦有详细介绍。

案例篇共有 2 个项目。项目 1 共 27 个案例，分别选取有代表性的低层、多层、高层及混合式住宅小区环境景观设计案例，介绍了案例的基本情况、构思主题、功能空间，植物配置，结合各实例特点重点介绍了小区入口、儿童游戏场地、运动健身场地和交通节点空间等对小区环境景观最有影响的功能空间。每个案例都配有视频微课,学生扫码即可学习。项目 2 共 24 个案例,以二维码的形式做实际建成案例的视频及动态展示,对各案例的特点以及设计手法、材料选择、施工工艺等做直观生动的介绍。

实操示范篇共有 3 个项目。项目 1 居住小区环境景观设计课程教学示范,介绍教学过程和内容安排等。项目 2 解析居住小区环境景观设计优秀作业。项目 3 分析中国风景园林学会年会大学生设计竞赛获奖作品中的居住小区环境景观设计作品。

本书由长期从事高等学校风景园林教育的 5 位老师和规划设计单位以及国内著名房地产集团的 4 名专家共同编写。本书由刘骏任主编,负责全书的统稿工作,各章节编者分工如下:上篇项目 1、项目 2,徐海顺、刘骏;项目 3,陈宇、刘骏;项目 4 的 4.1、4.2、4.3,刘骏;项目 4 的 4.4、4.5、4.6,张琪;中篇,李旭、蒲蔚然、田筠、任刚、李卉、叶凯。下篇,刘骏。

感谢北京清华城市规划设计研究院景观学 vs 设计学研究中心重庆龙湖集团景观部、蓝调城市景观规划设计有限公司、日清城市景观设计有限公司、三研堂景观规划设计(重庆)有限公司、WTD 纬图景观设计有限公司提供案例。在编写中,实例部分内容涉及较广,参考了国内外有关著作、论文,未一一注明,敬请谅解,并向作者深表谢意。

限于编者水平,难免有疏漏与错误之处,欢迎广大读者批评指正。

编　者

2023 年 12 月

下篇　实操示范篇

中篇 项目实践:案例篇

目　录

上篇　基础知识篇

上篇

基础知识篇

项目 1 居住小区景观设计概论

【知识目标】

(1)熟练掌握居住小区环境景观设计原则。

(2)掌握居住小区环境景观设计内容。

(3)熟悉居住区、居住小区、居住组团概念。

(4)熟悉居住区规划、居住小区规划内容。

(5)了解国内外居住小区环境景观设计概况。

【能力目标】

能指出身边熟悉的居住小区环境景观设计的问题。

1.1 居住区规划与居住小区环境景观设计

1.1.1 居住区与居住小区、居住组团

1)居住区

居住区泛指不同居住人口规模的居住生活聚集地和特指被城市干道或自然分界线所围合,并与居住人口规模(1 万~1.6 万户、30 000~50 000 人)相对应,配建有一整套较完善的、能满足该区居民物质与文化生活需要的日常性公共生活服务设施的居住生活聚居地。

根据人口规模或居民数可以将居住区分为居住区、居住小区、居住组团三级。一般情况下居住区可划分为若干小区。如广州的黄浦新港居住区(图 1.1),包含 6 个居住小区(6 万居民),建有包括医院、图书馆、派出所、学校等在内的一整套公共生活服务设施。

2)居住小区

居住小区一般称小区,是指被城市道路或自然分界线所围合,并与居住人口规模(3 000~5 000 户,10 000~15 000 人)相对应,配建有一套能满足该区居民基本的物质与文化生活所需的公共服务设施的居住生活聚居地。小区可划分为若干住宅组团,或视具体情况不分组团。如昆明的某居住小区(图 1.2),占地 15.34 hm^2($1\ hm^2=0.01\ km^2$),整个居住小区以组团形式布局,围绕中心绿地还规划有小学、幼托、商场、文化中心等基本的公共设施,住区内有住户3 210 户、1 万居民。

3)居住组团

居住组团一般称为组团,是指被小区道路分隔,并与居住人口规模(300~1 000 户,1 000~

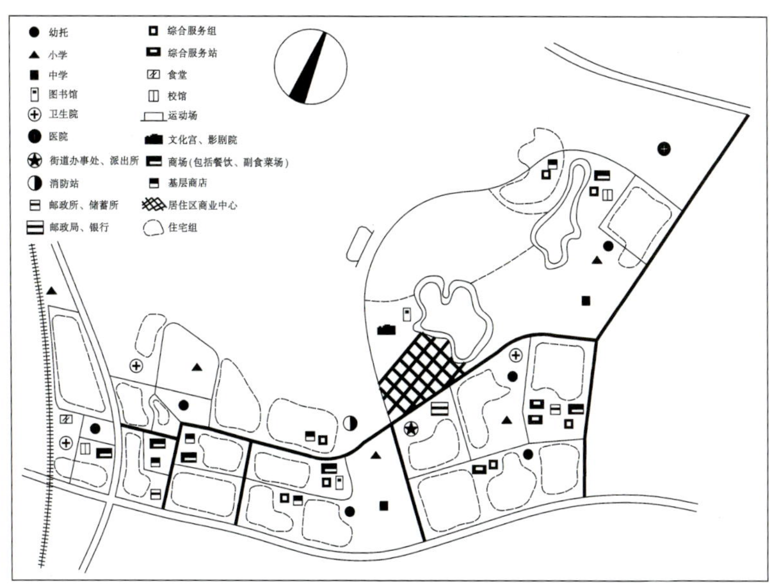

图 1.1　广州黄埔新港居住区平面图

3 000 人)相对应,配建有居民所需的基层公共服务设施的居住生活聚居地。它是居住区的基本居住单位,由若干栋住宅组成。住宅组团内可设一些直接与居民日常生活有关的微型服务设施,如小百货店、卫生站和自行车存放处等。一般不设幼儿园、百货商店等公共设施,以免引入嘈杂的人流、车流和噪声而影响居住环境,所以称之为住宅组团,以表示它的单纯居住性质(图 1.3)。

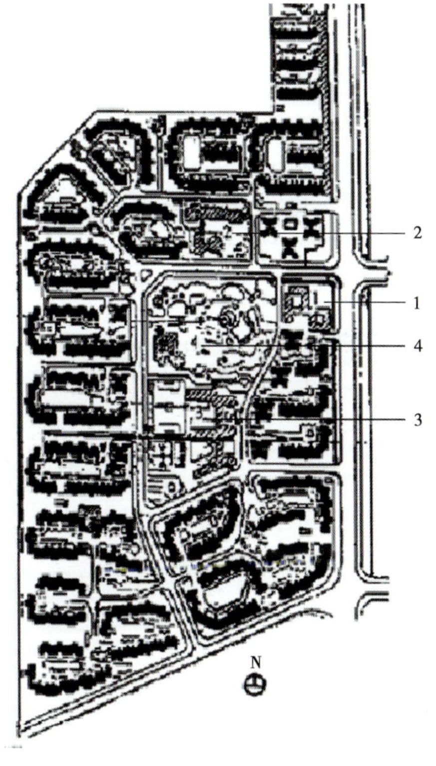

图 1.2　某居住小区平面图

1—商场;2—幼托;3—小学;4—文化中心

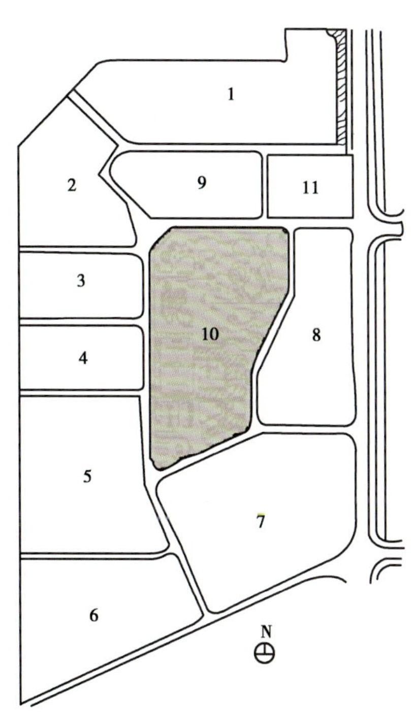

图 1.3　某居住小区规划结构图

1—9—居住组团;10,11—中心绿地及服务设施用地

1.1.2 居住区规划与居住小区规划

1）居住区规划

居住区规划是一项复杂、综合的系统工程，它远远超越了单纯的工程技术的范畴，而是深入社会、经济、生态、文化、心理、行为等领域。居住区规划主要包括的内容有：根据居住区规划设计任务书的要求，确定规划用地位置及范围；确定人口和用地规模；按照确定的居住水平标准，选择住宅类型、层数、组合体户比及长度；确定公共建筑项目、规模、数量、用地面积和位置；确定各级道路系统、走向和宽度；对绿地、室外活动场地等进行统一布置；拟订各项经济指标；拟订详细的工程规划方案等。

2）居住小区规划

居住小区规划的内容包括：确定居住小区单元的布局；确定居住小区内建筑的组合形式；确定道路的贯穿形式及道路级别、形式、道路宽度、停车场；划分各种空间（公共空间、半公共空间、私密空间与半私密空间），并规划绿地与活动场地的具体范围；拟订小区内部的公共服务设施数量、类型、规模、布置等。

1.1.3 居住小区环境景观设计

1）居住小区环境

环境广义上包括社会、自然、人工环境。行为学上的环境是指人类赖以生存，从事生产、生活的外部客观世界。人既是环境的中心，又是环境中不可分割的部分。居住小区环境广义上是指以居民为中心，与其工作、生活相关的外部环境，包括社会、文化、自然、人工环境；狭义上特指与建筑共同构成整个居住小区的、建筑周围的整个外部环境空间，由构筑物、道路、场地、植物、水体等实体物质所构成的建筑外部空间。

居住小区环境景观作为城市绿地系统的有机组成部分，其布局和设计方式对提升城市整体景观环境质量至关重要。同时，居住小区环境景观也是离居民生活最近的绿地景观，除了其生态环境功能，还为居民提供了休闲、娱乐、健身、交流、避难等场所，同时对居住小区的人文环境也有重要作用。

2）居住小区环境景观设计

居住小区的使用主体是人，以人的需求出发来营造一个舒适、亲近、宜人的居住环境是居住小区环境建设的目标和意义所在。正如《雅典宪章》所说，居住活动是“城市的第一活动”，“居住为城市的主要要素，要多从居住的人的要求出发”；而《华沙宣言》则对居住小区环境景观的设计提出了明确要求：“人类聚居地必须设计得能够提供一定的生活环境，维护个人、家庭和社会的一致，采取充分手段保障私密性，并且提供面对面的相互交往的可能。”因而，居住小区环境景观设计的核心是为居民创造休闲、活动、交流等空间场所。空间是人活动的场所，空间的界面则是景观的物质构成要素，界面与空间是互为依托、不可分割的两个部分。界面是实体，可以被人感知；空间是虚空，只能被人体验。界面与空间互为交织在一起，并传达出文化的内涵，从而实现环境景观的整体塑造。居住小区环境景观设计模式改变了从前那种待建筑设计完成以后，再做环境点缀和修饰的做法，使环境设计参与居住小区规划的全过程，从而保证与总体规划、建筑设计协调统一，保证小区开发最大限度地尊重自然、保全自然、培育自然，并使设计的总体构思能够得到更好的表达和深化。

1.2　居住小区环境景观设计的内容与原则

1.2.1　居住小区环境景观设计的内容

1）立意和主题

立意和主题对于居住小区环境景观规划设计的各个阶段均具有重要的指导意义，明确的主题立意决定了居住小区环境景观的整体形态和组合形式，并有助于营造独特的社区文化和人文氛围。无形的文化氛围、社区文化需要以一定主题、空间格局、设施、绿化配置来体现。

2）总体布局

居住小区应根据功能需求和主题理念，合理规划各种空间场所，并通过道路等廊道，将各个节点串联成有机的景观体系。

3）场所景观设计

场所景观是居住小区环境景观设计的核心，根据使用对象、使用功能的不同，大致可分为以下5种场所：

（1）入口景观　小区的入口作为一个引领空间，也是对居住小区领域的界定，同时也是内外空间的一个过渡，它往往作为居住小区最初的形象而被大众所识别。

（2）儿童游戏场所　居住小区环境占据了儿童成长的主要活动空间和时间，儿童游戏场地是居住小区环境不可分割的一个部分，对儿童智力和身心的健康发展有重要作用。

（3）运动健身场所　运动健身场地作为开放的动态空间，为居民提供健身和户外运动提供的场地，也可作为社区活动、家庭户外活动的空间。

（4）安静休闲场所　安静休闲场地需要的空间相对私密，能满足住户休闲而不希望被打扰的活动，如聊天、看书、观看等活动。

（5）公众活动场所　公众活动场地常是居住小区内最为集中、面积较大的活动空间，往往处于居住小区的中心位置，是小区内大型活动的开展场所，同时也是最大的交流空间。

4）小品建筑设计

小品建筑在居住小区环境景观中是必不可少的，大体可分为建筑小品（亭、廊、榭等）、装饰小品（雕塑、水池等）、公共服务设施小品（垃圾箱、指示牌等）等，其风格应与居住小区整体环境协调统一。

5）植物景观设计

植物对小区环境而言是最重要的景观元素，其兼有环境生态、观赏游憩、休闲庇护等多重作用，同时还具有审美文化内涵，通过适当处理，可以提升小区文化意境。

6）水体景观设计

水体是居住小区环境中最活跃的景观要素，它不仅可以塑造出不同形态、活泼、生机盎然的景观，还可以调节小气候，成为亲水空间和游嬉场所，同时也有蓄水、消防的作用。

7）环境照明设计

居住小区的户外照明主要包括功能性照明和装饰性照明设施，除了保证功能性外，还应注重其景观效果。

1.2.2 居住小区环境景观设计的原则

1)生态原则

回归自然、亲近自然是人的本性,因而注重生态效应,将自然引入人居环境建设中,设计遵从自然,人和自然和谐、融洽的生态原则是当前居住小区景观设计的首要理念。具有生态性的居住环境能够唤起居民美好的情趣和情感的寄托,人与大自然共生共栖,才能体验到"天人合一"的哲学真谛。小区景观设计应尽量保留场地原有良好的生态环境,改善原有不良的生态环境,保证整个小区及周边地区生态环境的良性发展。在设计中,应科学合理地利用场地的自然条件,减少对场地地形及现状绿化的破坏;处理好建筑与环境的关系,使更多的住宅能有接触绿地的机会;居住小区的植物应尽量种类丰富,有利于乡土生物多样性和生态系统的平衡,提高居住小区的"三维绿量";另外应考虑植物群落的生态效应,乔、灌、草结构的科学配置,考虑空间上的层次性和时间上的季相变化;居住小区环境的水环境则要考虑水系统的循环使用和自我维持。

2)心态原则

居住小区环境景观设计应基于人本主义的精神,根据不同人群的年龄、文化程度、偏好、职业、生活习惯等的不同,创造不同尺度、不同使用功能的人性化、多样化空间场所,满足不同层次人群的多样化心理需求,如不同空间(私密、公共、半公共、半私密等)的规划、宜人的空间尺度、舒适的活动场所等。迦略特·艾克博(Garrett Eckbo)在《生活的景观》(*Landscape for Living*)一书中,强调人是景观服务的中心和最活跃的设计元素,空间是景观设计的最终成果。对空间的偏好由于不同人群的年龄、职业、喜好、修养、文化等要素而不同,而且总是处于不断发展、变化的动态过程中。空间的创造、设施的设计并没有一个模式,可以根据居民的年龄结构、不同的需求等丰富空间特性。人对环境的体验来源于多重感官,空间设计中对于人的听觉、视觉、嗅觉等多重感受都应有所考虑,良好空间环境的建立依赖于对多重环境的体验。此外,通达性直接影响着对各种功能区的使用效率和效果,应合理组织交通路线,根据居住小区的特点、建筑的布置情况、空间的服务区域来合理地确定各绿地空间和服务设施的数量、面积和所处位置,减小居民充分使用空间的障碍,体现共享性和公平性。住区景观设计应具有亲切宜人的尺度感,促进社区人际交往,引导人与人之间的交互行为及社区休闲健身活动,提倡公众参与到小区的景观设计、建设和管理之中。通过有形的设施、无形的机制建立起居民对社区的认同、参与和肯定,形成良好的邻里关系、社区文化和居住氛围。

3)文态原则

小区景观设计应基于场所理论,传承场地文化,因地制宜地创造出具有地域特征的空间环境,注重整体景观的文化性、地域性和个性特征,通过物质空间规划设计,提升居住社区的文化氛围和精神价值,增强居住空间的可识别性,带动居民对居住环境的认同感与归属感。居住小区规划设计时不但要解决居住空间的设置,更要赋予居住环境更多的文化内涵,以满足人们的精神享受,这样人们在社区里生活才会感到愉悦。文化内涵往往是通过有特色的、具有地域特征的景观所表现出来的,通过对生活功能、规律的分析,对地理、自然条件的推敲和对当地的历史文脉、环境、气候、自然条件等的研究,形成在布局与环境景观设计等方面与其他居住小区的不同的内在和外在特征。

4)形态原则

小区景观规划设计应注重景观的观赏价值和视觉感知效果。首先,应考虑环境空间的整体

效果，采用合理的用地配置方式，并通过合理的配套设施布局（水、电管网设施，变电站、垃圾房、车库等辅助设施的布局及美化等）来达到小区整体意境及风格塑造的和谐。其次，在多样的外部环境各要素之间做到和谐统一，避免不同形式、风格、色彩的要素产生冲突和对立。同时，环境构成要素作为实体来构成空间，空间才是环境的主角，各要素需要为环境和谐的整体利益而限制自身不适宜的夸张表现，使各自的先后、主次、从属分明，共同构筑协调、统一的环境景观。再次，居住小区景观设计应通过借景、障景、对景等造景方式，使住区内外关系及系统协调。例如，滨临城市河道的小区宜充分利用自然水资源，设置滨水景观绿带；临近城市公园或其他类型景观资源的小区，应有意识地留设景观视线通廊，促成内外景观的交流；毗邻历史古迹保护区的小区应尊重历史景观，满足城市控制性详细规划或其他相关规定。此外，种植设计还应注重植物的季相变化和观赏价值等。

1.3 国内外居住小区环境景观设计概况

1.3.1 国外居住小区环境景观设计概况

1）美国

20 世纪 60 年代以来，针对现代城市的功能分区机能不良、公共空间缺乏、环境状况恶劣等种种弊端，在美国产生了新城市主义（New Urbanism）的规划思想。新城市主义其理论来源是霍华德（Ebenizer Howard）的田园城市，由于认识到城市的多样性与传统空间的混合利用之间的相互支持，新城市主义最引人注目的理论就是传统邻里区开发（Traditional Neighborhood Development，TND）和交通导向开发（Transit-Oriented Development，TOD）（图 1.4）。新城市主义规划的是具有传统特色、高密度、小尺度和亲近行人的社区空间，土地使用采取混合开发模式，保留大量的绿化开敞空间，强调公共交流与公众参与，鼓励步行和公共交通，营造亲切的社区氛围。按照此理念规划的社区，具有各自多元的人文和自然特征，家园坐落于自然景区内，既能享受清新的自然景观，又能在步行范围内享受到社区生活的温馨。新城市主义最有影响的经典之作是新城市主义的奠基人安德雷斯·杜安伊（Andres Duany）与伊莉莎白·普拉特（Elizabeth Plater-Zyberk）夫妇设计的坐落于佛罗里达州的墨西哥海湾的滨海城（Seaside City）。

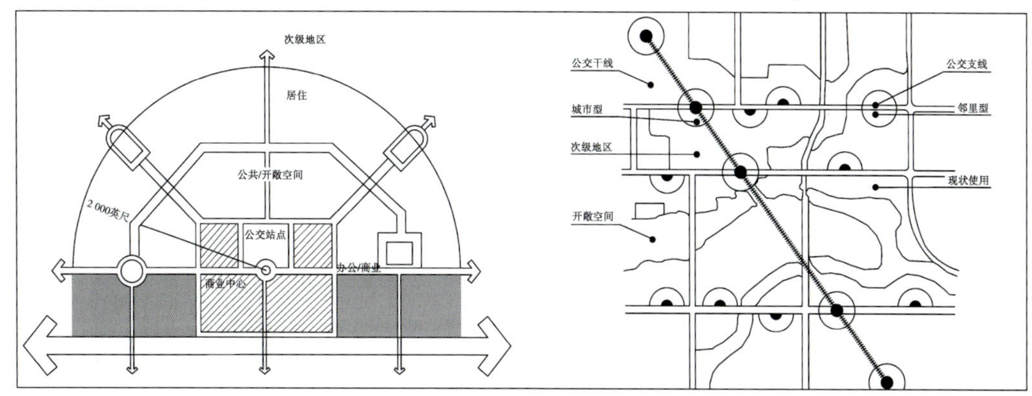

图 1.4　以交通主导（TOD）的发展单元和区域发展模式

2）日本

1956 年颁布的《都市公园法》是日本公园绿地的基本法律之一。《都市公园法》将都市公

园分为九大类，其中基干公园包括住区基干公园（街区公园、近郊公园、地区公园）、都市基干公园两类（图1.5），其对都市公园的配置、规模、设施等技术标准和建设密度、设施用地、人均面积等方面都进行了规定。在日本现行的绿地总体规划中，制定了居住小区人均住区基干公园面积4 m^2以上、人均都市基干公园面积2.5 m^2以上的建设目标。

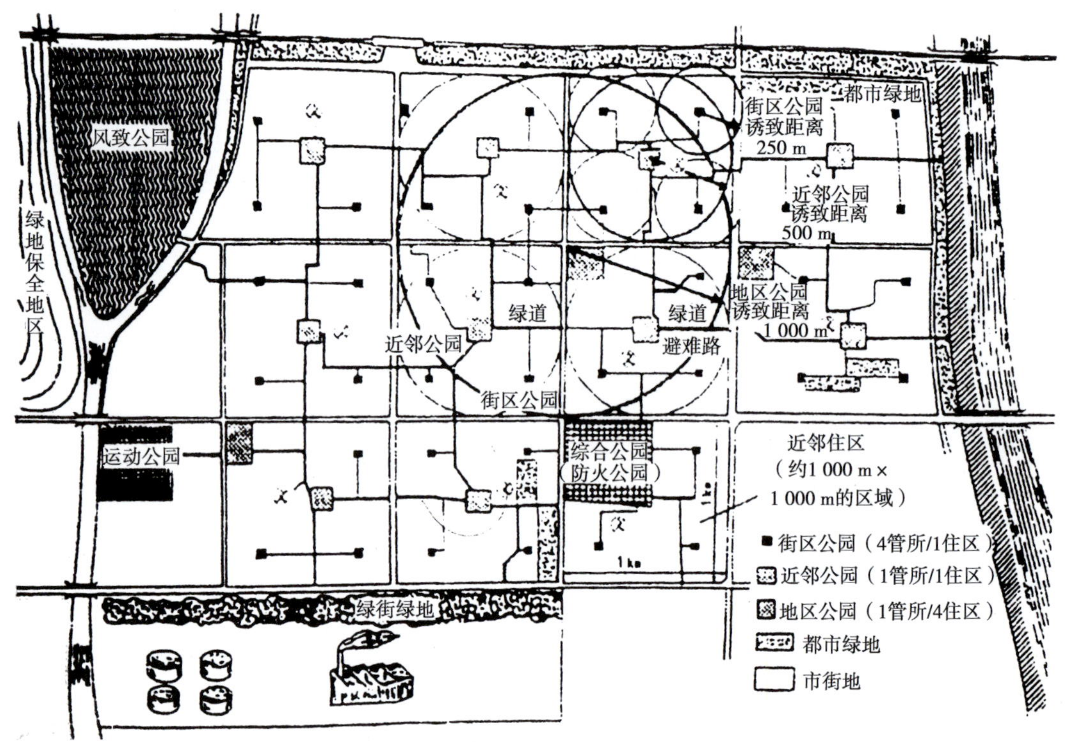

图1.5　日本都市公园系统的布局模式

当代日本居住小区环境景观设计模式是一种在用地紧张的情况下的布置模式：居住小区以交通干道为界，各级基干公园绿地作为嵌块，位于相应规模的用地中心，各嵌块之间由绿道相联系，在住宅高密度条件下优先保证公园绿地的均匀分布。此外，日本特别注重将居住小区绿地与防灾庇护系统建设相结合，并重点建设满足多样化需求的休闲设施，尤其是幼儿、儿童设施等。

3）法国

1994年法国出台了新的居住小区绿地标准，其中明确规定住宅组公园、小区公园、居住小区公园的绿地定额、服务半径、绿地面积和平均每人绿地面积。法国当代居住小区环境景观设计的模式特点是以带状公园绿地贯穿居住小区，这些公园绿地互相联系成为纵贯城区的绿带。居住小区内部带状公园绿地与住宅组群接触比较充分，住宅组群的绿地可直接与之连通（图1.6）。这种模式的住宅群可以保持较高建筑密度，绿带宽窄变化比较灵活，居民对公共服务设施有较多的选择余地，绿带方向与夏季主导风向一致，有利于通风，也便于形成明确的环境意象。例如，1990年始，巴黎市政府针对塞纳河左岸地区130 hm^2的铁路、仓储与工业闲置用地，进行了有步骤的整体改造建设，目标是形成一处文化、教育、办公、居住等多功能融合的、富有吸引力和活力的综合片区。整体改造规划包括90万 m^2的办公楼，52万 m^2的住宅（住宅项目既包括舒适豪华的套型，也包括社会住宅），同时还包括22万 m^2的现代工业及传统手工业建筑、13万 m^2的公共建筑、20万 m^2的大学以及17 500 m^2的河港建设，此外公共休闲空间占地不少于

30 万 m^2。狭窄的街道、围合的街坊、私密的内院以及建筑高度的序列变化(沿河逐渐降低)、开敞的公共绿地、丰富的建筑立面造型等多种元素相互融合,形成了很好的居住景观效果(图 1.7)。

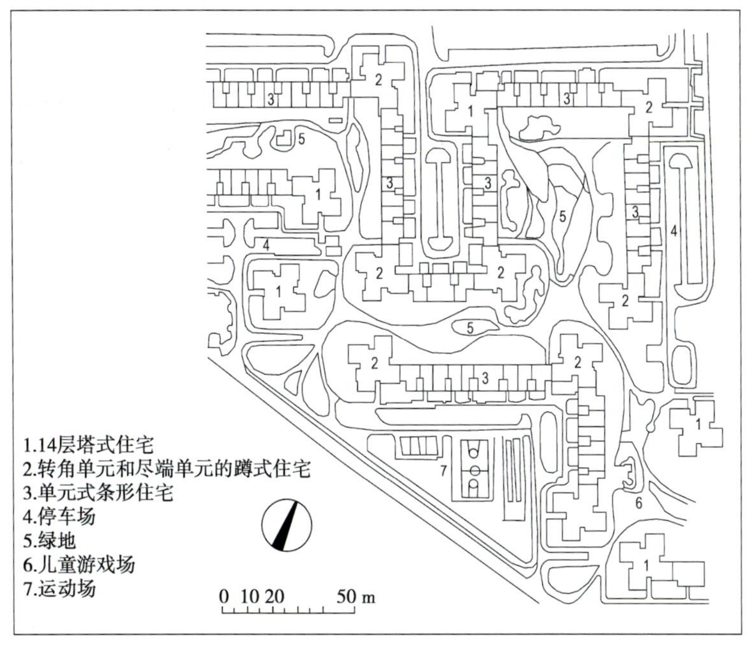

图 1.6　法国丹尼斯城居住区平面图

图 1.7　法国居住区环境景观

4)英国

英国新城的规划设想也来源于霍华德的田园城市,经历了 3 个发展阶段,分别以哈罗(Harlow)新城、郎科恩(Runcorn)新城和密尔顿·凯恩斯(Milton Keynes)新城为代表,其交通体系采用完全人车分行的雷德朋原则,住宅以独立花园式住宅为主,搭配少量的公寓,住宅区十分强调绿化和景观,将城市绿地连续不断地渗入居住小区内部,居住小区之间、居住小区内各小区(邻里单位)之间、各住宅组群之间均有大量的公共绿地,并形成联系紧密的有机整体。新城还预留大片未开发土地以便进一步开发娱乐、休闲等公共活动场所。这种居住小区绿地规划模式具有最大的整体性与连续性,从景观和生态角度看最为有利,但这种模式因为需要大片的绿地,仅适用于用地条件比较宽松的城市和居住小区。20 世纪 80 年代以后,可持续发展的观点进一步扩展了新城建设的内涵,进而提出了新社区(New Settlement)的规划概念。新社区不再是单纯的居住小区,而是一种具有多重含义,内容范围广泛,集生活、休闲、娱乐、工作为一体的综合区域。新社区将农业也纳入到规划考虑的范围,形成对全新城市聚居模式的探讨。

图 1.8 英国贝丁顿(BedZED)零耗能生态社区

近年来,面对城市生态环境危机,英国出现了生态社区建设的风尚,按因循自然的原则,尽可能地保留原有基地的地形、植被、河流等自然形态,尽量减少对基地环境的破坏;社区各类资源通过合理的组合以及采用适当的生态技术达到生态循环的最大化,将居住小区产生的废弃物、污染物减少到最小,甚至是零排放。例如,英国伦敦贝丁顿(BedZED)零耗能生态社区(图 1.8),在一片曾是荒芜废弃的污水处理厂址上,诞生了一个象征未来低碳社会的生态社区,这是英国第一个全方位生态社区。

1.3.2 我国居住小区环境景观设计概况

1)我国居住小区环境景观设计的发展历程

我国居住小区环境景观设计在中华人民共和国成立以后得到了迅速发展,从中华人民共和国成立之初对苏联居住小区模式的模仿,到 20 世纪 80 年代借鉴国外经验对符合我国国情的居住小区自主模式的探索,再到 20 世纪 90 年代以后“人性化”“生态化”理念的引入,大致可分为以下 4 个发展阶段:

(1)中华人民共和国成立初期的“苏联模式”时期　20 世纪 50 年代中华人民共和国成立初期,为了改善人民居住条件,我国居住小区建设以借鉴和模仿“苏联居住小区模式”为主,这一时期的住区规划风格朴实无华,没有实质的景观设计,景观仅局限于植草种树的“绿化”模式。而之后的 20 年间,居住小区规划初步涉及了环境景观设计,尤其是 20 世纪 70 年代后出现了住宅组团中央围绕小区中心绿地的布局结构,标志着对环境景观设计的重视。

(2)改革开放以后的“探索”时期　改革开放以后,居住小区建设进入了如火如荼的大发展时期,这一时期的规划结合考虑了“功能”与“形式”的要求,从居住小区的建筑形式到空间都更加灵活丰富。可以说,无论是规划、建筑,还是景观都有了很大进展,但是景观设计仍摆脱不了模仿,景观形式多流于盲目的崇尚表面的美观,缺乏对景观设计的深层意义的思考。

(3)20 世纪 90 年代初期的“人性化”时期　20 世纪 90 年代,随着我国住房改革的深化,住房由“福利分房”转向了“商品化”“社会化”。尤其对“人性化”理念的引入,把居民在环境中的行为心理及多样化需求作为重点,让这一时期的小区规划焕发出蓬勃生机。这一阶段的环境景观呈现出多样化发展趋势,除了观赏性外,也更加关注环境的舒适性与实用性,满足人的多样化需求。

(4)20 世纪末的生态化时期　20 世纪末到 21 世纪是我国对生态居住观的大力倡导时期。这一时期受西欧各国生态现代化理念的影响,各地建设花园城市、生态城市,而“以人为本”的模式也转向了“以人为本——以环境为中心”的可持续发展模式。居住小区景观设计从单纯的物质空间环境走向了社会、经济、自然、人整体协调发展的阶段。

2)我国居住小区环境景观设计存在的问题

(1)从忽略到过度设计,景观要素堆砌的现象较为普遍　随着房地产市场的持续升温以及人民生活水平的不断提高,居住小区的环境设计越来越受到重视,我国的居住小区环境建设已走过了早期极端的不重视阶段,而出现了过于强调形式、盲目堆砌景观要素以满足销售、宣传和

形象需求的过度设计问题。这种出于市场销售需求，由开发商大量投入资金而催化出的景观设计过激、过度的产品，带来了住区环境景观设计浮躁之气，设计师专注的不是居民的使用，而是景观形象的展示和商业的噱头，大量地堆砌景观小品、水景和异域的植物，等等。过度、造作的景观设计不仅造成极大的浪费，同时还对景观设计的风气造成了不好的影响。

(2)脱离本土文化背景和居住人群身份的社区环境，盲目抄袭国外风格　由于业界浮躁、急功近利，当前小区环境设计中，外来风盛行，盲目模仿、抄袭、复制诸如欧式、日式、美式以及新加坡式等的设计风格，丢失了基于场地的特色，丧失了场地的文化属性。景观设计必须要有自己的原创性，营造基于本土文化背景和居住人群身份的社区人文环境，否则将失去自我的文化归属感，不能在业主和居住环境之间产生某种心灵的共鸣。

(3)片面强调装饰性的景观效果，忽略小区环境的实用性和生态性及后期管理养护　目前国内有许多地产商一味追求商业利益，将景观绿地建设作为一种牟取商业暴利的手段。他们在地产开发中往往对景观环境的营造急功近利，片面追求观赏性和装饰性的景观效果，单纯追求形式的美观，重观赏效果，轻生态效应，追求短时效果，忽略小区环境的实用性和生态性。例如，大面积、纯观赏性的模纹花坛、草坪，大尺度的公共雕塑、硬质铺装，大树移栽等。特别是许多生态习性与当地立地条件不相适应的观赏植物的引进，以及缺乏乔—灌—草立体群落的合理配置，违背绿地植物的自然生长、演替规律。在这种没有真正将城市居民的需求作为出发点的状况下，其营造出的景观环境往往不具有可持续性，后期维护、管理均存在较大问题。

(4)照搬大尺度绿地空间的手法进行设计，忽略小区环境的家园性、休闲性及自然性　住区环境景观的设计尺度与城市规划和城市公共空间设计完全不同，但目前在居住小区环境景观设计中，往往存在照搬城市广场、公园等大尺度绿地空间的手法，设计手法过于规范化和格式化，尺度把握欠缺的问题突出。加之，由于对人的心理需求考虑不周，很少能从儿童、老人、青年等不同年龄层次的使用群体角度出发，居住环境的外部设施严重缺乏，使得外部环境有空间无内容，极少考虑到必要性活动、自发性活动、社会性活动的人性场所，难以满足人们休闲的需求，因而往往不能营造出具有亲切感、家园感、归属感的空间场所，在一定程度上丧失了住区环境空间的休闲场所功能。

项目小结

本项目主要介绍了居住区、居住小区概念及空间组织，居住小区景观设计原则及主要内容以及国内外居住小区景观设计概况。通过学习，使学生了解居住区规划与居住小区环境景观设计概念以及两者之间的关系，初步了解居住小区环境景观设计内容，并通过对国外居住小区环境景观设计的介绍，反思在高速城市化的进程中我国居住小区环境景观设计出现的问题。

知识点拓展

《社区生活圈规划技术指南》(TD/T 1062—2021)(扫二维码)

思考与讨论

1. 以自己身边熟悉的居住小区为例，分析其规划布局结构。

2. 以3～4人为小组，列举5～6个居住小区景观设计，分析其景观设计内容，讨论其特征及存在的问题。

3. 解读知识点拓展资料，展开自由讨论，主题围绕社区生活圈规划与小区景观设计关系。

项目2 居住小区环境空间构成

【知识目标】

(1)熟练掌握居住小区环境主要功能空间组成。

(2)掌握居住小区户外空间活动类型。

(3)熟悉居住小区环境各类功能空间的特征。

(4)了解居住小区环境空间类型。

【能力目标】

(1)能全面梳理居住小区环境空间中各类人群的行为活动。

(2)能按不同划分标准准确归类居住小区环境空间。

2.1 居住环境空间的构成与类型

居住环境空间是指由住宅等建筑外墙界定、通过设计能满足居民日常休闲生活各种需要的户外环境空间。小区环境空间与建筑空间一样,也是“虚无”或“空”的,在很多情况下我们感觉不到它的存在,但其实在空间中不断地发生着人们生活的各种行为,是人们生活的容器。空间环境和实体是居住小区硬环境的主要组成部分,它们互相依存、不可分割。

2.1.1 按空间的层次划分

根据居住环境空间给人的心理感受以及空间领域性,1977 年美国学者纽曼将街道到住宅的居住空间划分为“公共—半公共—半私密—私密”四层递进关系:

1)公共空间

公共空间是指供居住小区全体居民共同使用的场所,使用者不受限制,因此这类空间应方便众人进出使用。一般情况下,公共空间占据居住小区内中心地带和居住小区重要出入口处,它包括道路广场、小区游园等,是居住小区居民的共享空间(图 2.1)。

2)半公共空间

半公共空间是指具有一定限度的公共空间,是属于多幢住宅居民共同拥有的空间,具有一定范围的公共性。这类空间是邻里交往、游憩的主要场所,也是防灾避难和疏散的有效空间。规划设计时,需要空间有一定的围蔽性,交通车和人流不能随意穿行。这类空间包括组团院落空间(图 2.2)、组团级道路空间等。

3) 半私密空间

半私密空间是私密空间渗入公共空间的部分,属于几幢住宅居民公用的空间领域,供特定的几幢住宅居民共同使用和管理,这类空间常常成为幼儿活动的场所。同时,由于这类空间是居民离家最近的户外场所,是室内空间的延续,因此又是居民由家庭向城市空间的过渡,是连接家与城市、自然的纽带。这类空间包括宅间庭院、宅前小道等(图2.3)。

4) 私密空间

私密空间是属于住户或私人所有的空间,不容他人侵犯,空间的封闭性、领域感极强,一般指住户的底层小院,仅供居民家庭内部使用(图2.4)。

图2.1　某居住小区绿地公共空间

图2.2　某居住小区组团院落半公共空间

图2.3　某居住小区宅间半私密空间

图2.4　某高档居住小区庭院私密空间

居住小区空间的分级划分反映了社会组群的分级划分:家庭有起居室;几栋住宅有它的“半私密性空间”;多幢住宅组成的组团有它的“半公共性空间”;最后,整个居住小区围绕着它的“公共性空间”。

2.1.2　按空间的形式划分

1) 边界空间

边界空间是指两种性质不同的空间交接的边界区域。边界具有行为的诱导性和景观的变异性,以及行为的扩散性。在一个居住小区中,从公共空间到私密空间、从开放空间到封闭空间之间的过渡区域总是最吸引人的场所,这就是所谓的“边界效应”。居住小区里的边界空间包括居住小区边界、居住小区与城市的边界、居住小区入口(图2.5)—庭院边界—单元入口(图2.6)3级,从公共性到私密性,将各个交往空间连接起来。同时,边界空间是居民来往的必经之处,也是行人辨别方位的重要标记。这些位置既能满足人们心理安全,同时又能满足好奇心的需要,因此是人们乐于驻足活动的地方。这些边界空间的主要任务就是满足人们最经常的交往活动,并提供一定的设施供其休息或进行各种活动。

图2.5 某居住小区入口边界空间

图2.6 某居住小区单元入口边界空间

2)庭院空间

庭院空间是居住小区内主要由建筑围合的空间类型,庭院空间中交往类型丰富。依尺度及形态之间的对比关系,通常可分为中心庭院—区域中心庭院—宅间院落3级。中心庭院属于公共空间,供全体住户使用;区域中心庭院属于住区半公共空间性质,供多栋住宅居民使用,也称组团院落;宅间庭院属于住区半私密空间性质,供几栋住宅居民使用。庭院空间是居住小区居民交往行为发生的主要场所,是使用率较高的空间。

3)广场空间

广场是以硬质材料为主要底界面的空间类型,居住小区的广场空间具有开放性、高可达性和实用性的特点。它不仅是居民进行大规模户外活动的场所,如集体大型活动(老年人的聚集性晨练活动、小区的社会活动)等,同时也是散步、交谈等休闲活动的场所(图2.7)。

图2.7 某居住小区广场空间

4)道路空间

居住小区道路具有道路交通的普遍功能,但与城市道路有不同的要求,它不能像城市道路那样四通八达,而应视为居住空间的一部分,因为它与居民的出行、邻里交往、休息散步、游戏休闲等密切相关,是居住小区交往空间的一个主要场所。依据道路的宽度和用途可将居住小区的道路空间分为:住区级道路—组团级道路—院落路3级(图2.8),私密性呈递增关系。住区级道路属于公共空间性质,为居住小区全体居民共同使用，主要通向各个住宅组团，一般呈环形、线形布置，满足车、人通行；组团级道路属于半公共性质，主要起到由区域性庭院向宅间院落的过渡；院落道路属半私密性质，是院落内的道路和院落通向住宅单元的道路。

(a)

(b)

(c)

图2.8　某居住小区道路空间

(a)住区级道路空间；(b)组团级道路空间；(c)院落级道路空间

5)各空间之间的关系

交往空间的这些形式共同组成了居住小区户外的空间环境，它们的关系如图2.9所示。

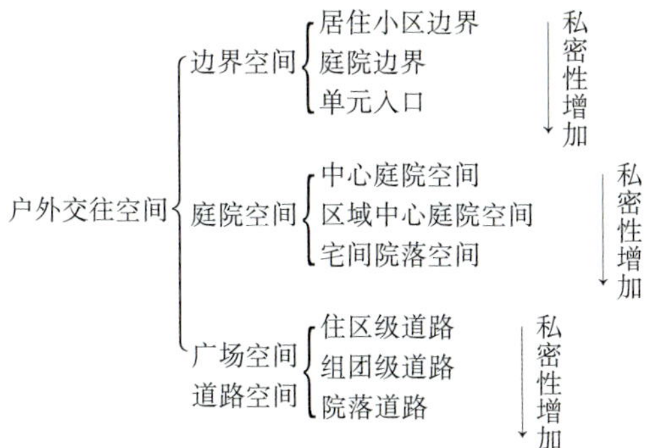

图2.9　交往空间按空间形式分类的关系

2.2　主要居住活动与功能空间

2.2.1　居住小区主要活动

人们在户外的活动多种多样，居住小区户外环境中的活动也不例外，根据不同的划分方式可以将这些活动分为不同种类，具有不同的特点。在居住小区户外交往空间设计时，应分析空间中可能发生的交往行为类别及其特点，进行针对性的设计。

1)按户外活动性质划分

丹麦学者杨·盖尔(Jan Gehl)在《交往与空间》(*Life Between Buildings*)一书中，将公共空间中的户外活动划分为3种类型：必要性活动、自发性活动和社会性活动。每种活动类型及其相对应的环境要求都不同。各类空间为居民的户外活动提供了表演舞台，必要性的活动、自发性的活动、社会性的活动就有可能在那里不知不觉地发生。居住小区环境中也包含了这三类活动。

(1)必要性活动　必要性活动是各种条件下都会发生的必不可少的活动，如上(放)学、上

(下)班、购物、存取自行车、小孩接送、候车、买菜、做家务等。换句话说，就是那些同一年龄组的居民在不同程度上都要参与的所有活动。一般地说，日常的工作和生活事务属于这一类型。这些活动一方面是在各种条件下，任何环境的居住小区都必须发生和进行的，从活动的内容和频率上讲，它们的发生很少受到居住环境构成的影响；另一方面，这些活动的方便、舒适、安全、安静程度，严重地受到了居住小区环境的影响，环境处理不当，居民的必要性活动就会感到不方便、不安全等。

(2)自发性活动　自发性活动是在环境条件适宜、空间具有吸引力时才会发生的活动形式。自发性活动与必要性活动相比是另一类截然不同的活动，只有在适宜的户外环境条件下，在人们有参与的意愿，并且在时间、地点、场所可能的情况下才会发生。这种类型的活动包括散步、健身、驻足观望及坐下来晒太阳等。对于物质空间规划而言，这种关系是非常重要的，因为大部分宜于户外的娱乐消遣活动恰恰属于这一范畴，这些活动特别有赖于外部的物质条件。自发性活动主要包括：

①文娱活动，如绘画、摄影、阅览等；

②体育活动，如打拳、游泳、跑步等；

③安静休息，如散步、休憩、赏景等。

(3)社会性活动　社会性活动是指在公共空间或半公共、半私密空间中有赖于其他人员参与的各种行为，包括儿童游戏、互相打招呼、交谈、各类公共活动以及最广泛的社会活动——被动式接触，即仅以视听来感受他人。这类活动可以称为“连锁性”活动，在绝大多数情况下，它们都是由另外两类活动发展而来的，或是由人们长期形成的习惯而形成，或者是由于人们处于同一空间，在环境、气候、条件适宜时发生。人们在同一居住区、居住小区、居住组团、同一空间内徜徉、生活，就会自然引发各种社会性活动，这就意味着只要改善居住小区中必要性活动和自发性活动的条件，就会促成有序的社会性活动。

按照社会心理学的理论，社会性活动具有 3 个方面的功能作用：一是组织功能，即通过社会性活动使居民有秩序、有组织、有系统地结合起来；二是协调功能，即通过社会性活动增进居民的互相了解、同情和支持，协调行动，共同对居住小区承担起社会责任；三是保健功能，即社会性活动是人具有社会性的反映，保持人与人之间的思想感情交流、信息交流，从而有利于人的心理平衡和身心的健康。社会性活动的发生，必须具备以下条件：

①赋予行为发生者以合适的空间与具有一定设施和环境的场所，并且在一般情况中活动的群体对此场所或空间具有归属感、领域感和安全感；

②居民必须具有相同或类似的、相近的社会利益和活动内容，只有相同的目的或社会利益，才能导致共同的社会性活动；

③居民在某些特征上必须是相同的或类似、相近的，如职业、地位、所受教育、业余爱好、年龄、性别、地缘等。只有在相同者、类似者之间才存在着相适应的、共同的行为和语言，才有可能发生社会性活动。

在当代城市中，一般一个居住小区的居民人口构成、家庭构成、年龄构成是不相同的，他们从事不同的职业，分属不同的社会团体和群体，具有不同的社会利益和生活规律，经济收入、志趣爱好、受教育程度、道德伦理观念等也不尽相同，从而导致了不同居民的社会利益差异。因此，在居住小区环境设计中，要考虑和研究多方面的社会性活动的需要和可能。首先是邻里间的社会性活动，邻里间的交往是最基本的人际地缘关系，它是住户家庭的延伸和扩大化，对于社会的安定有着更为直接的作用。邻里的居住环境是居民，特别是童年时对居住处所建立起来的

故乡感、故乡情的重要组成部分，对于中小学生、学龄前儿童品性的形成有着很大影响。其二是不同社会成员之间的社会性活动。居民中不同年龄、性别、职业、爱好等特性的成员，有不同的社会活动内容和目的，以及对其环境条件的不同要求。因此，在居住小区内不仅要安排各种各类成员“通用的”活动空间、场所和设施，而且还应该为满足居民不同的社会需要而设计“系列”的环境。通过细致地考察不同对象的生理、心理特点和行为活动的规律，为各种社会性活动提供媒介和环境。

(4)3 种活动与外部环境空间的关系　社会性活动和自发性活动是即兴发生的，具有很强的条件性、机遇性和流动性的特点，这就对硬环境系统提出了相应要求。如果要保证孩子们有最佳的游戏条件，能与其他孩子一起游玩，并保证不同类型、年龄组别的居民群体有良好的交往与活动的机会和范围广泛的户外娱乐活动，就必须使各种活动在户外能随机、连续地发生，同时直接在住宅的周围提供与之相适应的空间和场所以及从事某一活动的机遇。这样即兴发生的社会性活动和自发性活动就有可能发展起来。

当户外空间的质量不理想时，就只能发生必要性活动，而自发性活动和社会性活动就很少可能发生。在环境低劣的居住小区环境中，只有零星的极少数活动产生，人们匆匆赶路上班或回家，住宅外的环境就没有吸引力了，成为被冷落的“沙漠”。在良好的居住环境中，情况就截然不同，当户外环境具有较高质量时，尽管必要性活动的发生频率基本不变，但由于实体和空间条件好，它们显然有延长时间的趋向，其环境系统的功能效益就得到了充分发挥，并且由于场地和环境布局适宜居民驻足、小憩、游玩等，大量的各种自发性活动和社会性活动就会随之发生和增加。

2)按户外活动目的划分

(1)保健型活动　保健型活动是居民们通过进行锻炼、保健，并与别人交流信息、增进感情的活动。活动人群主要为中老年人，表现为跑步、打拳、舞剑、打球、练气功、跳舞等健身活动，这类活动具有以下特征：

①活动时间相对固定。健身的时间大多发生在清晨或傍晚，这两个时间段的阳光都比较弱，因此在设计健身型活动空间时就不必考虑大树冠树种遮阳的问题，只要这类空间中的绿化满足居民对清新空气的需求即可，而不必对绿化种类有特殊要求。

②活动对象相对固定。在居住小区内经常参加健身的人在这个特定的时间段内会经常碰面，久而久之就相互认识、熟悉，成为相互关心的朋友。

③活动地点相对固定。健身者往往会选择僻静的场所，以减少外界的干扰。由于健身是许多人的集体活动，因此需要一定面积的平坦场地，并在场地的周围布置部分座椅，以备休息时使用。

(2)休闲型活动　居民们进行休闲活动的主体人群为老年人及中青年人，主要活动方式为散步、观看、下棋、晒太阳、乘凉，等等。休闲型活动多发生在优美有趣、生机盎然的场所，如小区公园、广场、绿地及其小品设施旁和感到亲切的地段，如单元楼门口、住宅组团出入口和小区出入口及其附近区域等。由于这类活动是一种休息放松的自发性或社会性活动，受气候条件及物质空间环境质量的影响较大，交往的人数以 3 ~ 5 人的小群体为主，也会出现 10 人以上的大群体休闲活动情况。一般来说，休闲活动具有以下特点：

①随机性。休闲型活动发生的时间、地点、行为都不固定，具有随机性。这种活动常发生在空气清新、绿树成荫、相对安静的住区绿地旁、小品设施旁以及有集聚活动的住区小广场，可以

看到较多来往人流的住区步行街和宅前绿地等地方。因此，在对休闲型空间设计时，要使一个场所具有适应多种活动行为的功能，以满足人们在闲暇时间休闲活动方式的多样化。

②局限性。由于休闲型活动受气候条件及物质空间环境质量的影响较大，具有一定的局限性，在室外活动空间功能多样化的同时，要使空间尺度适应人体的需要，同时还要设立半室内休闲空间，如凉亭、廊架等，以防出现连续阴雨住户无处可去的情况。

(3)游戏型活动　这种活动多发生在小孩子中，如跳绳、玩打仗、戏水、堆沙等，其活动的区域随孩子年龄的增长而扩大。如学龄前儿童的活动区域多为组团内的场地，并有家长陪伴进行，在此过程中引发家长间的连锁交往；而小学生的活动场地则扩展到住区中心场地或者更大的范围。这种游戏型活动多以 3 ~5 人为主，更多的人则可能是有组织的游戏活动。在进行游戏型活动空间设计时要注意：

①安全性。由于游戏活动以儿童活动为主，而儿童年龄较小、自身的安全防卫意识较弱，其地理位置的选择应尽量远离车行道。对于婴幼儿的活动场地，地面铺装要以柔性材料为主，如地面铺设泡沫地砖，以防在活动中受伤。

②可开发性。儿童在游戏的同时也是对智力的一种开发，因此在对游戏空间设计时，可以提供儿童自主活动的平台，如设置沙坑及一些散乱的材料，让儿童在沙坑里自己创造游戏模式。

(4)事务型活动　事务型活动是指居民之间的处理事务的活动，活动地点在居住小区户外空间环境中。处理的事务可以是业务往来、私人事件、谈判等。它的特点在于：

①活动对象相识。活动的对象可能之前就认识，或熟悉或仅相识。若为熟悉的事务型交往，活动多为相约商量什么时候去哪里玩、业务需要等；若为仅相识的事务型交往，活动多为对私人事件进行讨论。

②目的明确。活动的目的非常明确，就是进行事务商量或处理。

3)居住小区活动行为的特征

(1)活动行为的随意性和伴随性　居住小区的活动不同于学习和工作的活动，它更加随意、亲切。由于人们共同生活在一个空间，会经常会面、打招呼、交谈、聊天以及进行具有共同爱好的娱乐等，活动的随意性较强。居住小区独立性的活动很少，一般都随着带孩子、遛狗、下棋、放风筝等休闲活动进行，有很强的伴随性。

(2)活动行为的多样性和分散性　居住小区活动行为存在着多样性，因此活动行为在空间上呈分散性。

2.2.2 居住小区主要功能空间

居住小区内的主要活动空间按其功能、性质、规模和所处的环境，可划分为居住小区公园绿地空间、组团绿地空间、宅旁绿地空间、道路绿地空间和配套公共服务设施附属绿地空间。住宅区的绿地环境具有 3 种主要作用：使用功能、生态功能和景观功能。使用功能是指具有可活动性，如游戏、运动、散步、健身、休闲等；生态功能是指具有生态平衡、气候调节的作用，如住宅区小气候的形成(包括降温、增温、导风等)、雨水滞留收集和回用、环境污染的防治与质量的改善(如噪声减弱、空气降尘、减菌和吸收二氧化碳等)等；景观功能包括可观赏性与美化环境。

1)小区公园绿地空间

居住小区的公园绿地空间是指满足规定的日照要求、适宜安排游憩活动设施、供居民共享的游憩空间。其景观形象是居住小区的代表。

(1)公园绿地的功能　居住小区内的公园绿地空间通常又称为小区游园,其主要作用在于为居民提供一个公共绿化活动空间,它集中反映了小区环境景观的质量水平。所以,有很多小区又以集中绿地、中心景观、中心花园等形式出现。公园景观空间的功能主要包括:构建居民户外活动空间,提供各年龄阶段需要的游憩活动场所,包括散步、休息、游览、儿童游戏、运动、健身、文化、娱乐;营造交往空间与社交氛围;塑造居住小区形象,增强吸引力和凝聚力;成为海绵城市建设中雨水接纳的终端,消纳收集周边地块的雨水,提供防灾避难的场所等。

(2)小区公园绿地空间的设计　小区游园在设计时应该以居民的活动规律与需求为基础,并与住宅区各类活动场地的布局和设计紧密结合,其位置通常处于居住小区的中心地带,以在使用和景观方面最大限度地被最多的居民和住户所享受为原则。小区公园景观空间用地面积通常较大,面积应大于等于0.4 hm^2,最大服务半径为400~500 m。

①配合总体。小区公园景观空间要与小区总体规划密切配合,综合考虑,全面安排,并使小游园能妥善地与周围城市绿地衔接,尤其要注意小游园与道路绿化衔接。

②位置适当。应尽量方便附近地区的居民使用,并注意充分利用原有的绿化基础,尽可能与小区公共活动中心结合起来布置,形成一个完整的居民生活中心。

③规模合理。小游园的用地规模根据其功能要求来确定,在国家规定的定额指标上,采用集中与分散相结合的方式,使小游园面积占小区全部绿地面积的一半左右为宜。

④布局紧凑。应根据游人不同年龄特点划分活动场地和确定活动内容,场地之间既要分隔,又要紧凑,将功能相近的活动布置在一起。

⑤利用地形。尽量利用和保留原有的自然地形及原有植物。

(3)小区公园绿地空间的布局形式　小区公园的平面布置通常分为规则式、自由式和混合式。

①规则式布局通常采用几何图形布置方式,有明显的轴线,园中道路、广场、绿地、建筑小品等组成对称、有规律的几何图案,其特点是整齐、庄重,但形式比较呆板,不够活泼。

②自由式布局布置灵活,采用曲折迂回的道路,可结合自然条件,如冲沟、池塘、山岳、坡地等进行布置,绿化植物也采用自由式。自由式布局的特点是自由、活泼,易创造出自然而别致的环境。

③混合式布局是规则式与自由式的结合,可根据地形或功能的特点,灵活布局,既能与四周建筑相协调,又能兼顾其空间艺术效果,可以在整体上产生韵律感和节奏感。

(4)小区公园绿地实例分析　上海市浦东某高档居住小区,其布局以自由式为主,结合规则式,精心设计社区景观环境,绿化覆盖面积高达70%,尤其是在小区中心规划了占地30 000 m^2的自然生态公园(图2.10)。中央公园采用中西结合的设计手法,以水景为主要造景元素,结合地形起伏和植物栽植,东部以规则水面为主,镜面化水渠的丰富倒影给公园增添了许多情趣;西部以自然化水体为主,强调中国式的风景情趣,创造出一个理想的人居公共景观空间(图2.11)[资料来源:《中国景观设计年刊》(第一期),天津大学出版社]。

2)宅旁绿地空间

宅旁绿地也称宅间绿地,多指在行列式建筑前后两排住宅之间的绿地,一般包括宅前、宅后以及建筑物本身的绿化,其大小和宽度决定于建筑间距、建筑层数及组合形式。

(1)宅旁绿地的功能　宅旁绿地属于“半私有”性质,常为相邻的住宅居民所享用,因而需要具有满足以家庭为中心的日常生活活动的空间需要,以及建筑物的基础种植与遮蔽的功能。

(a)

(b)

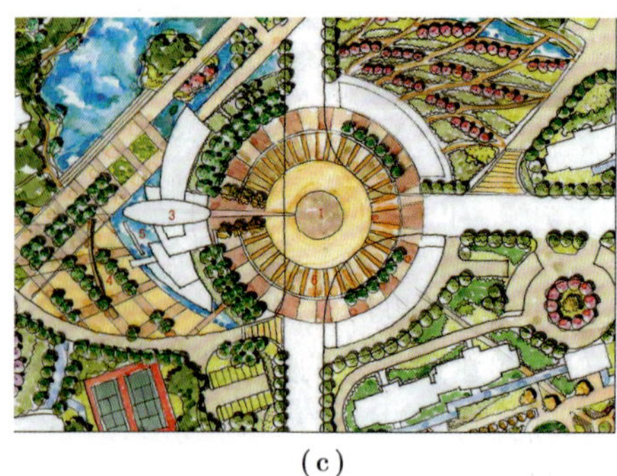

(c)

图 2.10　上海市浦东某居住小区中央绿地公园平面详图

(a)西部自然式水景空间;(b)东部规则式水景空间;(c)小区中心广场

图 2.11　上海市浦东某居住小区中央公园景观

此外,宅旁绿地还具有解决室内外空间的过渡与衔接的功能,保持空间的自然过渡。

(2)宅旁绿地的设计　宅旁绿地通常每块占地面积较小,在行列式住宅区宅旁绿地往往是细碎的长条形,位置处于住宅的四周及庭院内。影响宅旁绿地设计与建设的地下管线的环境要素较多,在设计中主要有以下原则:

①多样化原则。宅旁绿地较之小区公共集中绿地相对面积较小但分布广泛,且由于住宅建筑的高度和排列的不同,形成了宅间空间的多变性,应根据功能组织、地形地貌、外部环境、建筑等具体条件,营造富有变化和不同特点、丰富多样的宅旁绿地形式。

②私密性与领域性原则。宅旁绿地是住户使用频率最高、心理认为最安全的区域,在设计中应考虑空间的私有属性,如通过密植树丛、树带、篱垣等围合空间。

③居住舒适性原则。宅旁绿地是室外空间向室内空间过渡的区域,在设计中应考虑室内空间的通风、采光等居住方面的要求,住宅建筑南向窗前以低矮灌木和枝叶疏朗的落叶中小乔木为宜,建筑物阴影区树种选择要注意耐阴性,保证阴影区域的绿化效果。

④观赏性原则。绿化是宅旁绿地最主要的景观元素,在设计中应充分利用植物的线形、色彩、体量、质感等景观设计元素,进行各种乔灌木、藤本、攀援植物、宿根花卉与草本植物的生态设计,要考虑四季景观观赏效果,观形、赏花、闻香与取色植物相结合进行植物配置。

3)组团绿地空间

组团绿地实际上是宅旁绿地的扩大或延伸,将宅旁绿地集中使用,便形成组团中心绿地。宅旁绿地大致可分为分散式和集中式两类:分散式一般布置在每栋建筑的前后左右,适用于行列式的建筑布局;集中式则尽量将有限的绿地集中使用,形成组团绿地,适用于庭院式或自由式的建筑布局,大部分小区都是尽量将二者结合使用。

(1)组团绿地的功能　居住小区组团绿地作为组团居民集体使用的可以增进居民之间交往和提供户外活动的场所,是居住区内居民最经常使用的一种环境景观空间,也是邻里交往的主要场所,尤其是儿童游戏、老人聚集的重要场所,是小区中主要的半公共景观空间;在条件允许的情况下,可以设置小型雨水花园,消纳小区内部地块的雨水。

(2)组团绿地的设计　组团绿地应结合居住建筑组群布置,服务对象为组团内居民,主要是为居民提供就近活动的场所,通常是直接靠近住宅的公共绿地,也是步行距离最少的活动场地,服务对象多以老年人和儿童为主,应具备基本的休息和儿童游憩设施。组团绿地的面积不低于0.04 hm^2,宜为0.1～0.2 hm^2,组团绿地的服务半径一般为80～120 m,最大不超过150 m,步行1～2 min可到达。

①系统性原则。组团绿地与公共绿地一起构成了居住小区景观体系的骨架,应遵循系统设计的原则,展现居住小区整体设计主题与风格。

②人性化原则。组团绿地的最主要使用对象是儿童和老年人,应结合老人和儿童的心理和生理特点,人性化地满足这些特殊人群的游憩要求,合理组织各种活动空间、季相构图景观。

③场所多样性原则。组团绿地可展开的行为活动较为多样,不同活动内容应有与之相应的不同空间场所与绿化形式,如晨练、下棋等积极休息活动场所,种植庇荫效果好的落叶乔木,保证足够的活动空间;交谈、赏景、阅读等安静活动处,种植一些树形优美、色彩宜人、季相构图明显的树木及花卉;在儿童活动区,选择色彩明快、耐踩踏、抗折压、无毒无刺的树木花草为宜。

(3)小区组团绿地实例分析　在前述上海市浦东某高档居住小区规划案例中,在各组团空间中设计了不同园林风格的组团庭院绿地,如强调秩序与整体结构性的法国式庭院、以花台与跌水为主要造景元素的台地式意大利庭院、突出静谧祥和氛围的日式茶亭庭院等(图2.12、图2.13)。

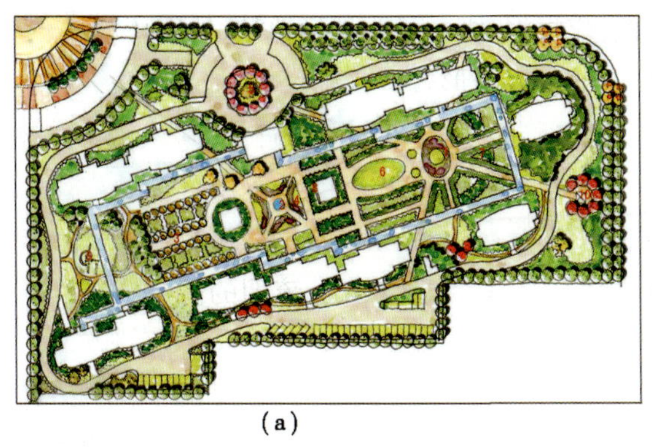
(a)

(b)

(c)

图2.12　上海市浦东某居住小区庭院景观平面图

(a)法式;(b)日式;(c)意式

(a)

(b)

(c)

图 2.13 上海市浦东某居住小区组团庭院绿地景观

(a)日式;(b)意式;(c)法式

4)配套公共服务设施附属绿地空间

居住小区内各类配套公共建筑和公共设施四周的环境景观空间称为配套公建所属环境景观,如俱乐部、展览馆、电影院、图书馆、商店等周围的景观用地,还有其他块状观赏绿地等。其景观布置要满足公共建筑和公共设施的功能要求,并考虑与周围环境的关系。

5)道路绿地空间

居住小区道路绿地是居住小区内各级道路两旁的绿化用地,与道路的分级、地形、交通情况等密切相关。

(1)道路绿地的功能 道路绿地是居住小区环境景观系统中的一部分,也是居住小区"点、线、面"环境景观系统中"线"的部分,对整个居住小区的环境景观起到连接、导向、分隔、围合等作用。通过道路绿地沟通和连接居住小区公园景观空间、宅旁绿地、配套公共服务设施附属绿地,使各级绿地形成一个整体。居住小区道路绿地具有通风、疏导气流、传送新鲜空气;改善居住环境小气候;减少交通噪声的影响;增加居住小区绿地面积,提高绿化覆盖率;景观与游览路线的组织等功能。

(2)道路绿地的设计 道路绿地设计时,有的步行路与交叉口可适当放宽,并与休息活动场地结合,形成小景点。主路两旁行道树不应与城市道路的树种相同,要体现居住小区的植物特色,在路旁种植设计要灵活自然,与两侧的建筑物、各种设施相结合,疏密相间,高低错落,富有变化。道路绿化还应考虑增加或弥补住宅建筑的区别,有利于居民识别自己的家,因此在配置方式与植物材料选择、搭配上应有特点,采取多样化,以不同的行道树、花灌木、绿篱、地被、草坪组合不同的绿色景观,加强识别性。

2.2.3 居住小区环境景观空间体系

住宅区各类绿地的规划布局与形态应考虑区内外的联系,特别是区内宜形成一个相互贯通或联系的、空间上有层次性、景观与功能上有多样性的"点、线、面"绿地系统。环境景观中的点是整个环境设计中的精彩所在,这些点元素经过相互交织的道路、河道等线性元素贯穿起来,点、线景观元素使得居住小区的空间变得有序。在居住小区的入口或中心等地区,线与线的交织与碰撞又形成面的概念,面是全居住小区中景观汇集的高潮。点、线、面结合的景观系列是居住小区景观设计的基本原则。在现代居住小区规划中,传统空间布局手法已很难形成有创意的景观空间,必须将人与景观有机融合,从而构筑全新的空间网络。

例如，在前述上海市浦东某高档居住小区规划案例中，规划了一条自社区西南角至东北角的直线形景观轴线，增强了景观的导向性，以中央公园为景观核心区域，散落设计若干组团景观节点，整体景观体系有主有次、有收有放，达到了点、线、面的完美结合(图2.14)。

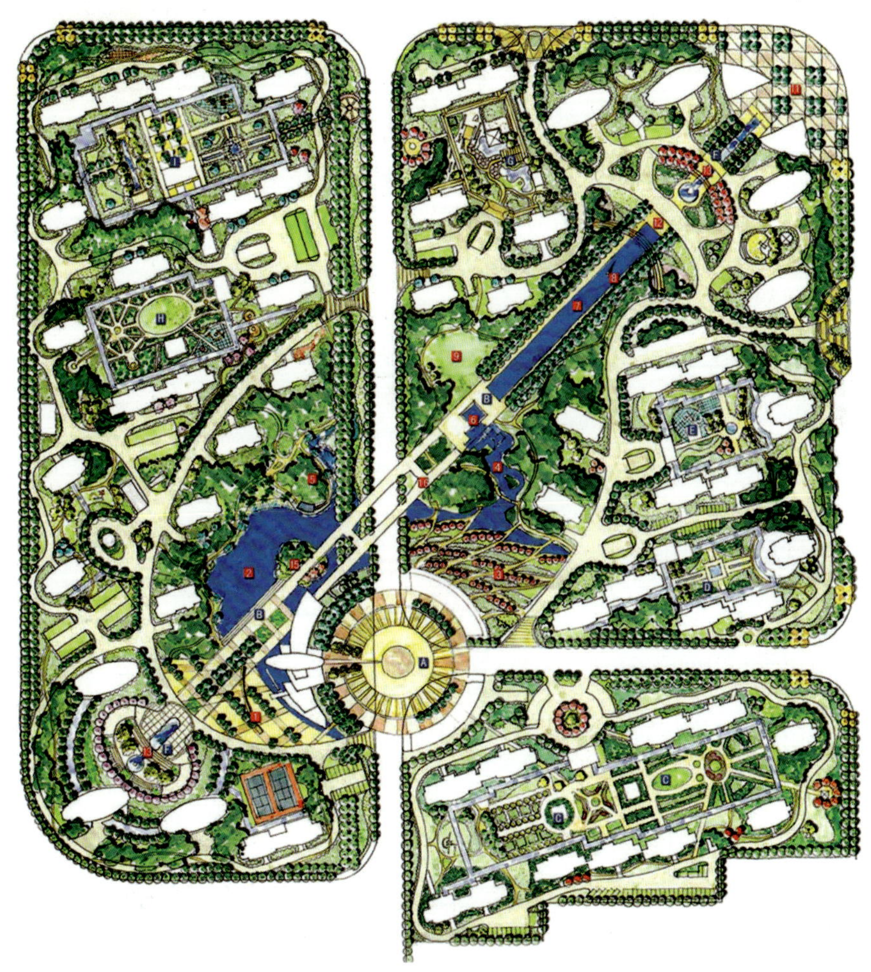

图2.14 上海市浦东某居住小区规划总平面图

项目小结

本项目主要介绍了居住小区户外空间的构成及类型、户外空间的主要活动以及支持这些活动的功能空间。通过学习，使学生了解户外空间是居民日常生活的主要场所，做好居住小区环境景观设计首先要对居住小区户外空间的特性和户外空间活动有所了解。

知识点拓展

1. 社区公共空间休闲行为研究进展(扫二维码)

社区公共空间休闲
行为研究进展

2. 基于居民行为的城市小区公共空间设计研究(扫二维码)

基于居民行为的城市小区
公共空间设计研究

3. 基于居民行为需求的居住小区室外交往空间设计(扫二维码)

基于居民行为需求的居住
小区室外交往空间设计

4. 老年人行为心理与社区公共空间私密性关系研究——以上海市民心小区为例(扫二维码)

老年人行为心理与社区公共空间私密性
关系研究——以上海市民心小区为例

思考与讨论

1. 收集 2 - 3 个完整的居住小区平面图，分析其环境空间类型及组织方式。

2. 以 3 - 4 人为小组，列举居住小区环境空间中常见的行为，并对其归类，讨论适合这些行为的空间类型。

3. 以 2 - 3 个实例为对象，分析讨论居住小区环境中不同功能空间特征及其对设计所产生的影响。

项目3 居住小区环境景观设计原则、方法和程序

【知识目标】

(1)熟练掌握居住小区环境景观设计要素构成。

(2)掌握居住小区环境景观设计程序所包含的工作步骤。

(3)掌握居住小区环境景观设计主题定位影响因素。

(4)掌握居住小区环境景观设计环境行为研究内容。

(5)掌握居住小区布局主要空间模式。

(6)熟悉居住小区环境景观设计原则。

(7)了解居住小区环境景观设计多重思考的具体内容。

【能力目标】

(1)能从规划布局和住宅建筑设计之间关系的角度,分析居住小区案例的景观设计特点。

(2)能明确实际案例中景观设计要素的应用方式,辨析要素与功能空间建构的关系。

(3)能从居住小区环境景观设计程序的角度对案例的景观设计影响因素进行分析。

3.1 居住小区环境景观设计原则

3.1.1 居住小区规划层面规划、景观、建筑的一体化思考

在居住小区总体规划阶段,要确定居住小区景观规划设计的总体构思。这一层面上的规划设计工作,应该是风景园林师和规划师、建筑师共同主导,互相协调,共同完成。

1)概念性

在居住小区环境景观规划设计中,应该树立大景观的概念。所谓大景观概念,是在居住小区环境景观规划设计中提倡城市规划、建筑学、风景园林共同参与的格局,形成在广义建筑学基础之上的景观规划设计体系和多专业共同协作的景观建设体系。

大景观概念应贯穿在居住小区环境规划设计的始终,然而对于不同的居住小区,景观的作用是不同的。在景观资源较好、对景观要求高的居住小区中,景观是起主导作用的规划设计因素,风景园林师是规划设计工作的主导,规划师和建筑师则作为规划的参加者协同工作。规划

图3.1 香格里拉居住区景观布局

的核心内容，应当包括景观评价，视觉、行为分析，生态研究等内容。例如，城市重要景观地段居住小区、滨水居住小区、别墅区等，在居住小区环境景观规划设计中不能只从建筑角度来考虑布局，应当从大景观的角度，按照景观的原则合理布局道路和建筑及其他附属设施，把景观资源充分调动并形成整体，使小区住户能最大限度地共享景观资源，从而提高地产的品质和价值(图3.1)。除此之外，对于其他类型的居住小区，在环境景观规划中也应引入大景观的思考模式，在建筑布局、路网规划、室外空间景观设计等各方面，都应从环境景观特色出发，对面临的各种问题提出完整的解决方案。

居住小区规划和居住小区环境规划设计是一个整体性问题，两者密不可分。不能简单地把居住小区环境规划设计问题当作居住小区规划设计的子课题，因为环境规划和设计直接影响到居住小区规划设计的成功与否。一个环境规划设计不成功的居住小区规划设计项目，必然是不成功的，也就是说，居住小区环境规划设计的优劣直接影响整个居住小区规划的水平，高水平的居住小区环境规划设计是高水平的居住小区规划设计的必要条件。

图3.2 北京龙湖滟澜山小区内景观

设计师要提高风景园林在居住小区规划设计中的主动性，赋予风景园林在规划设计中一定程度的主动权。应该认识到环境的重要性，要改变规划中重视实体空间，轻视绿色开敞空间的倾向；既要完成实体的规划，又要体现绿色空间的重要地位(图3.2)；既要因为实体空间的需要对环境景观进行调整，也要因为环境景观的需要对实体空间进行改进，最终实现实体空间和环境景观都达到较高水平的目的。这种调整，应该成为一种风景园林与城市规划和建筑设计的互动的机制，而不是被动适应。

2)共生性

居住小区总体规划与小区景观的关系是相互的，建筑与景观环境互为图底关系，两者的关系在一个反馈环中相互影响，共同生长，即所谓共生性。

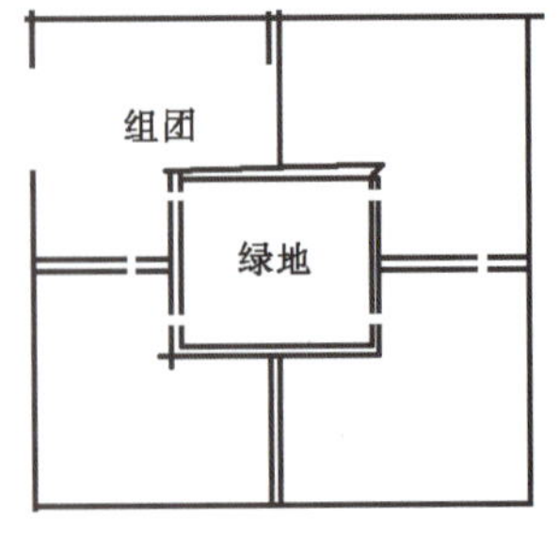

图3.3 “四菜一汤”的小区模式

(1)居住小区布局模式 居住小区的布局主要通过建筑的布局来完成，建筑的不同组合排列形成了不同的小区布局模式。一般而言，居住小区的布局分为4种：周边式、行列式、点群式、混合式。

①周边式。建筑环绕园林的布局方式。居住小区的形态是围绕园林展开的，园林是形成居住小区环境向心力的关键。“四菜一汤”的模式形象地反映了中国居住小区20世纪90年代的特点(图3.3)。

广州华景新城六期采用了周边布局的方式,形成了相对集中的居住小区园林景观和良好的居住小区内部空间(图3.4)。

②行列式。园林形成网格的布局方式。在行列式布局的居住建筑群中,往往采用园林形成网格的布局方式。其优点是所有住户能够获得良好的朝向;缺点是布局形式比较单一,缺乏变化(图3.5)。

图3.4 广州华景新城六期建筑布置图

图3.5 某居住小区建筑布置图

③点群式。建筑散点布局,园林环绕建筑。这一类型的布局将建筑溶解在园林之中,居住环境比较舒适。但由于我国地少人多,土地资源十分紧张,因此不能大规模地应用于住宅区规划设计之中(图3.6)。

④混合式园林布局。即同时采用两种或两种以上的布局方式,形成多变的居住小区规划形态。这种布局方式有利于根据地形、山水布置建筑,形成多元的居住空间,从而导致多变的环境景观的出现(图3.7)。

图3.6 上海昆山江南明珠园总平面图

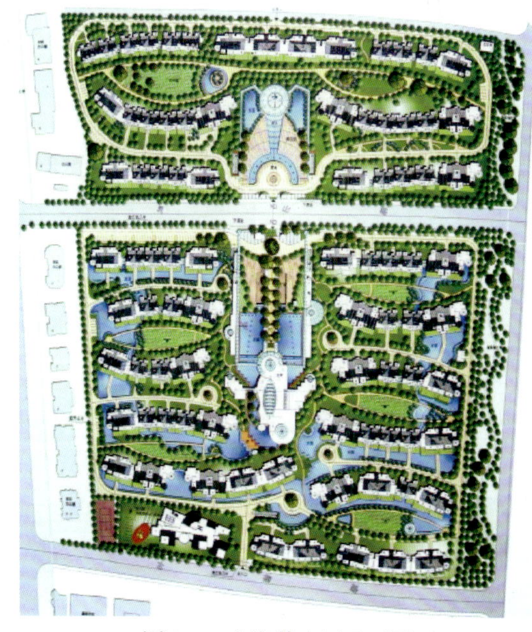

图3.7 上海某小区平面图

(2)居住小区环境景观的结构模式　如果以环境景观为主体，以建筑为背景，那么居住小区中的景观环境结构模式可分为以下 3 种：

①链状布局模式。在用地比较狭长的居住小区中，有时会采用链状的园林结构。链状结构的优点是空间序列明确完整，主次关系比较分明，但点与点之间只是上下两方面的联系，整个居住小区空间的系统性相对减弱，相隔的园林核心间的相互关系弱(图 3.8)。

图 3.8　北京某小区平面图

②树状布局模式。树状布局模式是一种主次关系清晰的布局模式，形成逐级递减的居住小区园林空间。一般是从主景观到组团中心景观再到近宅景观，形成从主干到次干再到次枝的结构。树状布局模式的缺点是微循环关系可能不良。广东中山星辰花园，采用的基本是树状的居住小区布局形式，一组组建筑就像树枝一样从主要道路发散出去，形成鲜明的树状空间结构(图 3.9)。

图 3.9　广东中山星辰花园总平面图

③网状布局模式。网状规划模式较树状模式而言，空间结构的层次性有所减弱，空间带有含混的特征，但这种特征又进一步丰富了居住园林空间的形式与内涵，易于形成多元化的居住小区园林空间。当一部分园林空间的使用受到限制或影响时，附近的空间能够很快起到代偿作用，且园林空间的整体功能好。这种空间形式应该是未来居住小区，特别是有一定规模的居住小区环境景观的主要空间形式(图 3.10)。

3)融合性

所谓融合性即注重居住小区环境景观与周边环境的融合，明确居住小区环境景观与周边环境的关系，使居住小区与周边环境达到和谐和最佳(或较好)功能水平。居住小区环境景观必

图3.10　广州万科四季花城总平面图

须与附近地区的环境融为一体，成为具有一定结构和功能的整体，形成绿色植物系统的体系，而不是独立于周围的环境，封闭地建设居住小区内部的园林。既要把居住小区环境景观对整个地区的意义体现出来，同时又要充分利用居住小区以外的环境资源为本居住小区居民服务，以形成内外贯通的居住小区环境景观发展模式。例如，有的居住小区临近城市的儿童公园，在居住小区环境景观的规划设计过程中，就要对这一因素加以考虑，在居住小区环境景观中就可以减少或不设儿童活动区，避免不必要的浪费。又如，有的居住小区靠近城市绿带，如何更好地利用这样有利的条件，就应当成为规划设计中重点考虑的问题。再如，有的居住小区临近城市河湖，有很好的外部水景可以借用，在区内就可以不设水体。总之，要将居住小区环境景观与所在城市环境结合起来。

3.1.2　居住小区建筑设计层面建筑与景观的互动

应该说，在总体规划层面已经大量地涉及建筑问题。例如，居住小区是以高层住宅为主，还是以多层或是低层为主；是以条式、板式住宅为主，还是以点式、塔式为主；等等。总体规划层面中涉及的建筑问题，总的来看是比较宏观的，而建筑设计层面中涉及的建筑问题则具体了很多。在研究建筑设计层面的居住小区环境景观规划设计时，仍然要牢牢把握建筑与景观的结合。要研究怎样的建筑能够获得更好的环境景观，怎样的环境景观能与建筑更好地结合。

1）互动性

在研究建筑和景观时，首先应该确立一种关系，即建筑与景观的互动关系。在城市规划层面、居住小区总体规划层面，要形成一种双向互动的机制，要打破规划和建筑的单向决定的规划

图 3.11 万科棠越小区内建筑与景观

设计方式，形成从规划到建筑，再从建筑到规划；从规划到景观，再从景观到规划；从建筑到景观，再从景观到建筑的反复多次的专业间的互动过程，从而实现规划、建筑、环境景观的共赢。在建筑设计层面上，同样要体现建筑同环境景观的互动关系，从而使建筑具有良好的风景，景观具有良好的建筑空间（图 3.11）。

（1）与环境景观相协调的居住建筑设计　在总体规划层面上，已经初步解决了建筑与景观之间的总体关系，在建筑设计过程中，要充分理解这种总体关系，并在具体的设计层面中体现这种总体关系。城市居住小区环境景观研究在居住建筑设计中，要充分考虑总体规划中对于环境景观布局的总体思路，充分考虑景观场所的服务范围和服务对象，从而选择合适的建筑形式（图 3.12）。

图 3.12　与环境景观相协调的居住建筑形式

（2）从建筑到景观和从景观到建筑　建筑设计层面的设计过程并不是单纯的建筑设计，在建筑设计的同时要考虑环境景观设计，并与景观进行反复的磨合。这就需要一种从建筑到景观，再从景观到建筑的反复过程。风景园林师的参与是这种反复过程的必然结果。在设计过程中，根据建筑设计的情况来调整景观规划设计，似乎已经习以为常。但是，根据景观规划设计的情况，适当地对建筑进行调整，同样也十分重要。因为这种调整有利于整体的环境景观的实现，有利于建筑获得良好的景观。这种调整，虽然在实际的设计过程中存在，但相对于根据建筑的需要来调整景观来说，实在是少之又少。但是随着居住水平的提高，以及由此而带来的对居住环境景观重视水平的提高，这种根据环境景观的要求来调整建筑设计的设计方法将会逐步被接受，并成为规划设计的重要过程和步骤（图3.13）。

①从建筑到景观。这是从建筑设计的角度对景观提出的要求和景观对建筑进行适应的过程，这种情况很多见。例如，从居住建筑套型布置的角度，对不同套型的景观提出的不同要求进行研究。譬如，居住小区中面积最大的套型，应该有很好的景观作为该套型住宅的主要对景，使住宅有很好的视野，或者将居住小区范围内自然环境中最好的部分给予这一建筑。而且，这样的住宅应该有更加方便的可到达的活动场所与住宅相配套。这些要求都要通过对环境景观规划设计的调整加以实现。

以北京星河湾B2户型住宅为例（图3.14），客厅和次主卧室面向北侧的小区景观，获得良好的景观，而主卧室和餐厅等房间朝向南侧，获得良好的朝向，从而通过景观手段改善了居住水平。这样的建筑设计对环境景观规划设计提出了要求，即北厅要面对优美的风景。因此，在星河湾居住小区中，设置了宽阔的住宅北侧花园，精心组织了景观。

图3.13　北京香山81号院住宅区

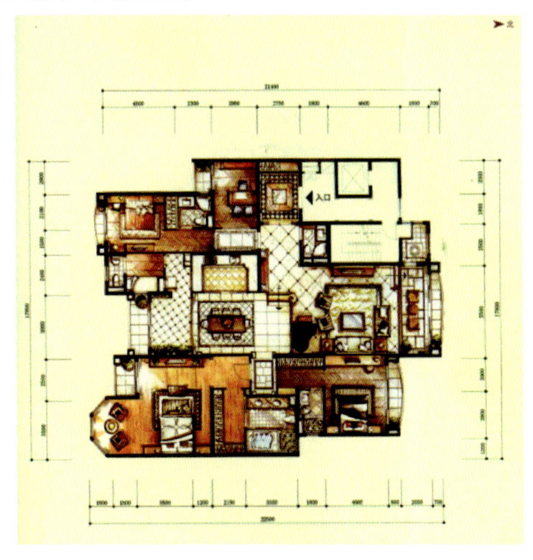

图3.14　北京星河湾B2户型平面图

又如，对于[illegible]较小、户数相对较多、人口相对密集，或者居民比较年轻、儿童比较多的住宅，要充[illegible]空间和景观，使就近的活动场所更适应人口、年龄的特点；考虑活动的[illegible]观，也应做出相应的处理，形成较好的生态环境，使高密度楼栋也能[illegible]

从建[illegible]一个重要特征，是具体的建筑设计与景观规划设计间形成深入结合。这种深入[illegible]仅是从建筑总平面图或屋顶平面图的深度，对环境景观进行研究，而是要深入到每一户的套型和立体的套型关系的角度，对风景获得进行研究，这应当是一种居住小区规划设计上质的飞跃。

②从景观到建筑。仅仅有从建筑到景观的过程还远远不够，规划设计中还要完成从景观到建筑的过程。一方面，从环境景观总体布局的角度，会对建筑的设计提出要求。另外，景观的布局，也直接影响到建筑的设计，因此，应该提倡一种再从景观到建筑的双向互动的规划设计体系。

根据环境景观构思，需要调整建筑布局的几种情况：一是对宏观建筑布局形态的调整；二是对局部建筑布局形态进行调整；三是改变建筑的类型，如从塔式建筑调整为板式建筑；四是对建筑的间距、形状等进行微调以适应环境景观的需要。这种对建筑进行的调整，从形式上看是适应景观的需要，但在很多场合下也是为建筑营造更好的景观的需要。这实际上也是为综合解决景观所表现出的各类矛盾所进行的调整。

例如，某居住小区的建筑（图3.15），原来是采用行列式和周边式布局的南北向建筑群。但在景观规划设计过程中，考虑到中心花园做成圆形更有利于形成具有视觉中心作用的中心景观，且圆形景观对周边的辐射作用较好。因此风景师提出将中心花园做成圆形，并要求建筑师更好地处理建筑与中心景观的关系。于是，建筑师对原有规划进行调整，将环绕中心景观的建筑，由完全南北向条形布置，调整为圆弧形向心布置，从而使中心花园周围的住宅与花园更好地结合，使周围的住户都能朝向花园的中心。一些住宅，虽然套型的朝向不是正向，但却获得了良好的景观。而中心花园和周围建筑形态的变化，又打破了常规的行列式住宅布局所产生出的单调的条形宅间景观空间，形成了面积较大、相对集中的宅间绿地，获得了良好的效果。

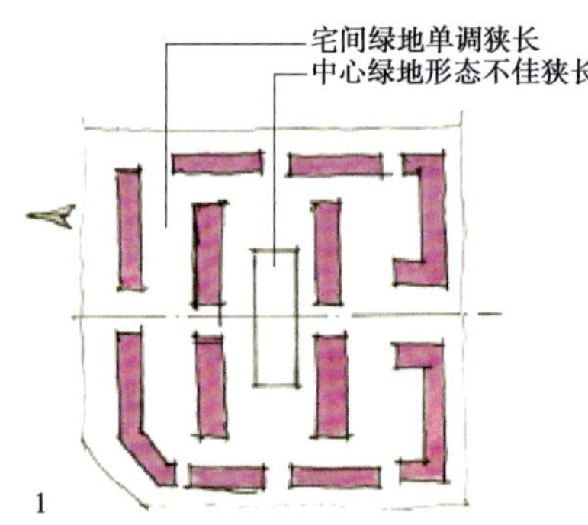

1

第一轮方案主要由规划师和建筑师完成，对景观与环境缺少更深入的考虑。

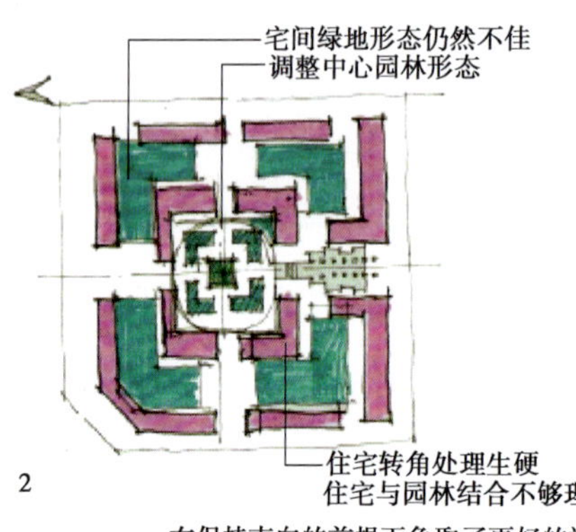

2

第二轮方案吸取了风景园林师的意见，对整个居住区的景观有所考虑，住宅的景观获得有所改善，园林用地的形态有所改善。

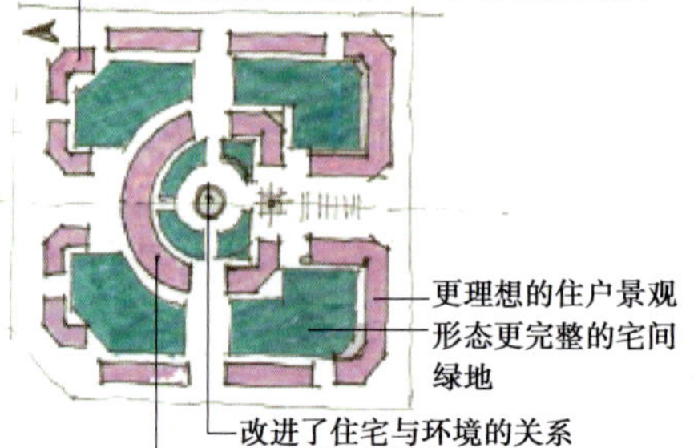

3

第三轮方案进一步与风景园林师磨合，形成了比较完善的居住区规划方案，建筑与景观都达到较好的效果。

图3.15　某小区规划从建筑到景观再从景观到建筑的反复过程

(3)建筑与景观的统筹安排　统筹安排,即要打破建筑师单纯埋头做建筑设计的情形,建筑师的心目中必须有风景园林的观念,并在建筑设计过程中融入这种观念;还必须打破风景园林师单纯埋头做景观设计的情形,风景园林师心目中必须有建筑的观念,并在规划设计的过程中融入这种观念。在做环境景观设计时,要考虑到建筑的因素。

但是,目前的设计过程中恰恰缺少这种统筹安排。建筑师设计完成后,再由风景园林师对环境进行设计,而缺乏两者之间的协作与结合,特别是相互适应的反复过程。要反对仅仅从总平面图对景观进行研究和推敲的做法,风景园林设计师应当充分研究建筑设计的方案,建筑师也要充分研究环境景观设计方案。景观设计对建筑方案的研究,并不局限于对总的形体的研究,而是要深入到套型、房间,甚至可以就建筑设计中的景观问题对套型、房间提出景观方面的见解,这样的景观设计才是深入的。

2)风景性

(1)风景之于居住建筑　风景对于居住建筑来说,是至关重要的内容。"看得见风景的房间"成为住宅规划设计,以及建筑师和风景园林师的重要追求。当前,景观住宅正在成为一种潮流,这种潮流反映了景观和居住建筑结合的趋势,也表明了风景之于住宅的重要意义。住宅品质的进一步提高,已经不单单是建筑专业所能解决的问题,而放宽视野,在风景中对住宅品质进行进一步提高已经成为一种趋势。风景正在成为居住的重要要求,这就要求居住建筑设计和风景园林的深入结合(图3.16)。

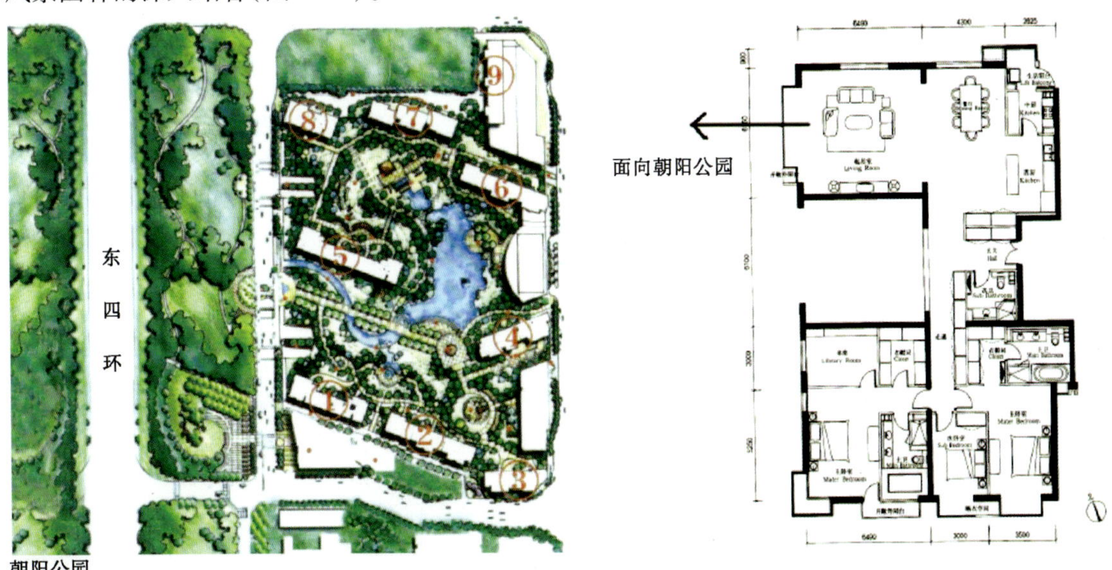

图3.16　北京观湖国际总平面图和面向朝阳公园的户型平面图

(2)互为风景的建筑与景观　居住小区景观和建筑,不仅在空间上存在互补性,形成对立统一的相互关系。从风景的意义上讲,两者也相互成为对方的风景。在建筑中,居住小区景观是重要的风景对象,成为重要的窗外风景;在环境景观中,建筑是与景观成为一体的风景中不可分割的组成部分,是环境景观中重要的欣赏对象。这种互为风景的关系,给建筑与环境景观一个特殊的结合点。这一结合点,从风景的角度,将建筑与景观结合在一起。

①作为风景的居住小区环境景观。居住小区景观环境除了改善生态环境,为人们提供游憩活动的场所之外,很重要的功能就是为居住环境创造优美的风景。居住小区的美学价值应该在

居住小区规划设计的各个环节加以落实,在城市总体规划层面、居住小区总体规划层面、建筑设计层面、风景园林层面上,都要贯彻对美的追求的思想,为人们创造一种美的生活。居住小区景观环境,作为风景美的重要组成部分,对居住小区风景的形成有重要意义。首先,景观的美是人工美和自然美的结合,与建筑美不同,它更强调美的自然方面,即使是其中的人工美的部分,也往往以师法自然为追求。

②作为风景的居住建筑。建筑设计的重要原则是经济、实用、美观。其中,美观几乎是每个建筑师的追求。这种追求使建筑成为一种风景。在居住小区中,环境景观往往是以建筑作为背景而存在的,建筑也就成为居住小区风景的重要组成部分。由于居住小区中,欣赏建筑的视角呈多样化趋势,就对居住小区建筑的设计提出一些要求。首先是打破建筑主次立面的概念。在临街道的建筑上,往往区分主要和次要的建筑立面,对临街立面更加重视,而对背立面则可以适当放松。而在居住小区中,建筑的 4 个立面都在居住小区环境的形成中起重要作用,都是构成居住小区风景的重要因素,都要加以重视、精心设计。其次,要形成多样的建筑界面。建筑界面的单一,必然造成景观的单一。要形成丰富的建筑界面,一要丰富建筑群体空间形态,形成复杂的空间;二要改善建筑的形体,突破平直呆板的界面,形成有生气的形体空间;三要通过环境景观对建筑界面进行软化,形成舒适的建筑与环境的过渡空间。

③互为风景的建筑与景观。作为风景的居住建筑,必须和景观环境密切结合,共同构成居住小区的风景。实际上,居住建筑和居住环境景观互为风景,形成风景上实体与虚空间互补的关系。建筑和风景园林互为风景,实际上就打破了建筑与景观的截然分界,将建筑与居住小区环境景观研究融合在一起。从风景的角度,建筑和景观都既提供一种欣赏的视点,同时又是被欣赏的对象。建筑与景观也在风景的意义上得到统一。

3)渗透性

(1)建筑整体与居住环境的相互渗透　在建筑设计的过程中,充分贯彻居住小区总体规划的思想,形成建筑与环境景观整体的渗透与共生的关系,是从宏观角度着眼,研究建筑与景观的融合的重要问题。

深圳共和世家居住小区,首层建设成架空层,在架空层中进行环境景观营造,获得了内外环境交错穿插的效果。架空层景观与居住小区内部环境景观相结合,形成了室内与室外交叉的中间过渡空间,为居民的生活、休息、游憩提供了新型的活动场所,同时增加了居住小区景观绿地的面积,改善了居住小区的环境景观(图 3.17)。

图 3.17　架空层中的景观营造

(2)景观向居住空间渗透　当前,已经出现了景观环境向居住空间渗透的趋势。在许多住宅套型内部,设计了绿化空间,它们改进了户内的生活方式,形成了新的居住形态。目前住宅内部的景观空间主要有两类,一是在住户的单位入口处,设置入户花园,将接地住宅的入户花园的概念引入多、高层住宅;二是在高密度的条件下实现住宅入口的景观化(图3.18)。

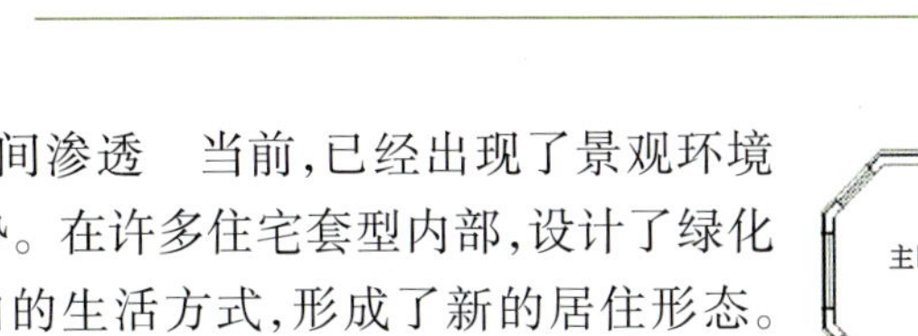

图3.18　住宅的入口处设置花厅

3.1.3　居住小区环境景观设计的多重思考

1)整体性

从设计的行为来看,环境设计是一种强调环境整体效果的艺术。通过整个小区的空间组织、住宅建筑群体布置、小区的整体色彩、绿化布局等,形成小区的整体形象。

(1)把握整体环境氛围　不同规模的居住小区,它们融入城市空间结构的方式也不相同。在城市中心地段,由于建设用地有限,居住小区规模一般较小,功能也相对单纯,建设强度比较高,不利于自然、舒适的室外环境的营造;但容易形成认同感、安全感和比较强的居住气氛,有利于塑造内向型的居住环境。小规模居住小区的景观设计应当注意与周边环境的整合,共同形成具有亲切邻里感的城市社区。在设计中和谐的环境应该是局部多样变化与整体完整统一,既有个性的表现,又有共性的一致。居住小区的景观建筑为城市景观的重要构成要素,应在色彩、风格、尺度上与周围建筑物相协调,坚持整体性原则,达到居住小区景观与整体环境风格的协调。

(2)营造整体识别性　居住小区在视觉层面上首先必须具有形象的整体性,才能在大众的认知中体现其特色。人们往往通过对环境的直接感知和对所感受的信息进行筛选后,获得总体印象的经验感知与别的居住小区环境的不同。美国学者凯文·林奇在《城市意象》(*The Image of The City*)一书中指出环境的"可意象性"来源于3个方面:可识别性、结构、含义。"可识别性"是"可意象性"的基础和保障,即要求对象表现出与其他事物的区别。因此,要想将居住小区作为一个独立的对象被认知,景观环境中的各个实体元素均应表现出形象上的完整性。对其意象的特征在于"内部的可识别性"和"外部的可参照性",具体表现为:建筑及道路、小品、绿化等构成景观环境的各个元素在形象上的连续性、色彩的协调性和风格的统一性。

2)实用性

小区户外环境的使用对象是特定的小区居民,这一特定的人群具有相对的稳定性,他们对小区环境的使用是经常性而非偶然性的。小区环境所要承载的活动也是与居民日常生活密切相关的,如散步、晨练、儿童游戏、棋牌、小坐、交谈等休闲娱乐活动,因此,在居住小区的环境设计中应突出其实用性的原则。把握这一原则,在居住小区环境景观设计中注重对居民使用意愿和行为规律的调查,针对特定的使用人群及特定的主题发掘有意义的活动。在活动项目确定以后,根据人们参与这些活动的行为及心理特征安排相应的功能空间,通过空间的合理组合形成能满足各类日常休闲活动的户外环境。

3)舒适性

居住小区景观设计的舒适性着重体现在视觉上的感受,让居民体验轻松、安逸的居住生活。优秀的居住景观不仅是停留在表面的视觉形式中,而是从人与建筑协调的关系中孕育出精神与情感,以优美的景致深入人心。决定居住小区景观舒适性的要素包括以下5个部分:

(1)规划布局　规划布局以特色为构思出发点,应用场地知识规划出结构清晰、空间层次明确的总体布局,将直接决定居住景观的舒适性。丰富的景观依赖于规划布局所创造的功能合理、内容多样的外部空间。这个虚无的空间虽不易被人感知,却是居民活动的场所,是人们观赏景观的位置所在。

(2)住宅本体的形式美　住宅本体的形式美涉及住宅的体量、尺度、细部、质感、色彩等多种成分。住宅的体量是其内部空间结构的反映,它因多层、高层的变化,单体与群体的组合而有大小之分。住宅应有宜人的尺度,满足居民对"家园"的情感追求。由于住宅功能比较简单,有些地区还有节能、抗震、防台风的要求,使得住宅空间变化不大,体量简洁而明确。尤其是我国以单元组合型的集合住宅占较大的比重,所以住区景观上呈现出一种连续的韵律美。

(3)道路设计　居住小区道路的设置分成不同的级别,即居住小区级道路、小区级道路、组团级道路、宅间小路和园路等。作为居民生活领域的扩展,道路景观具有动态、静态的双重特性。步行道路空间的尺度通过道路两侧的建筑、绿化、小品来控制,从而取得较强的领域感;有些住宅区利用车道上面和地形高低落差形成的步行桥,开阔了视野,并可眺望风景。车行道路则要关注两侧景观的连续性。在适当的距离内,住宅布置要有变化,创造小的开放空间,使人的视域内的建筑形态在统一的韵律中不断有对比和变化出现。

(4)环境设施　它是居住环境重要的景观构成要素,具有实用的功能和观赏性,能为人们的室外生活增添丰富的色彩。这些环境设施包括休闲设施、儿童游乐设施、灯具设施、标识指引设施、服务设施等,与人的各种休闲、娱乐活动密切相关,其舒适性体现在方方面面。若精心设计,则会创造出非常和谐的环境景观,对陶冶人的情操有着不可低估的作用。

(5)庭院绿化、小品景观的设计　居住小区绿化是提高住宅生态环境质量的必然条件和自然基础。同时绿化景观的营造也是住宅区总体景观中的权重因素。庭院是指住宅和交通之外的所有外部空间,其类型有以活动为目的的广场,有以观赏为目的的花园,此外还有水体或泳池等设施。广场、花园主题的合理选取与风格的适度把握,有助于整个住宅区环境品位的提升。庭院可以为居民提供较为宽敞的交往空间,让人切身感受到丰富的自然气息。研究树木的位置和大小,有利于保护住户的私密性;根据四季变化栽种树木,给人以季节感;利用土、石、水等天然材料,给人以安逸感。庭院景观最能体现环境艺术的创意与想象。

4)生态性

回归自然、亲近自然是人的本性,也是居住小区景观设计的基本原则。美国著名的景观建筑师西蒙兹认为:"应把山、峡谷、阳光、水、植物和空气带进集中计划领域,细心而又系统地把建筑置于群山之间、河谷之畔、风景之中。"具有生态性的居住景观能够唤起居民美好的情趣和感情的寄托,从而达到诗意的栖居。

①要考虑到当地的生态环境特点,对原有山水地形、植被、建筑等要素进行保护和利用;充分尊重所在地方的自然资源和传统地方文化,最大限度地保护环境要素,在设计上把保护基地上的自然和人文环境作为基本出发点,尊重传统文化和乡土知识,适应场所自然过程,尽量应用

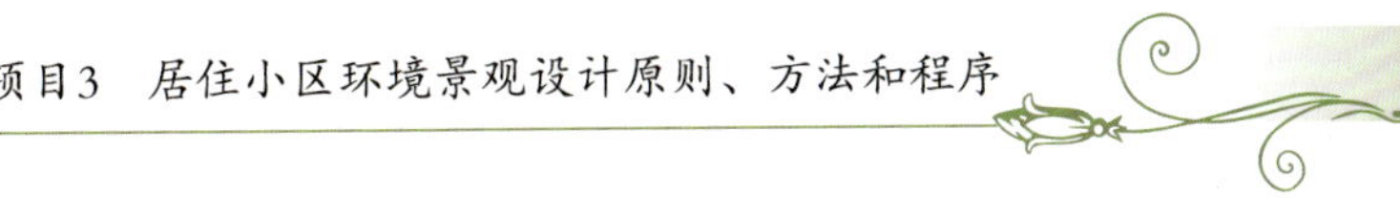

当地建材和植物材料。

②体现生物多样性的生态理念。多样性维持了生态系统的健康和高效，尊重各种生态过程和自然的干扰，创造一个可持续的、具有丰富物种和生境的人居环境，才是设计者所要追求的。

③要进行自然的再创造，即在充分尊重自然生态系统的前提下，发挥主观能动性，合理规划人工景观，不论是在住宅本体上或是居住环境中，每一种景观创造的背后都应与生态原则相吻合，都应体现出形式与内容内在的理性与逻辑性。

④要重视现代科学技术，尽量利用自然能源，研制高效率的新材料、新设备，寻求适应自然生态环境的居住形式，提高居住环境的物质条件，创造出一种整体有序、协调共生的低碳绿色的良性生态系统，为居民的生存和发展提供适宜的环境（图3.19）。

⑤结合海绵城市建设策略，在小区环境景观设计中做到符合低影响开发的建设要求，根据需要因地制宜地采用兼有调蓄、净化、转输功能的绿化方式和透水性材料；充分利用河湖水域与小区的雨水处理形成系统，促进雨水的自然积存、自然渗透、自然净化。

5)人文性

（1）人文的价值　人类自出现之日起就以非凡的能动性改造着周围的环境，人类依照自身的需求对天然环境中的自然和生物现象施加影响，从而使景观打上了人文的烙印。

设计居住环境，离不开住宅所在地区的文化脉络。居住景观是其所在城市环境的一个组成部分，对创造城市的景观形象有着重要作用。同时居住景观本身又反映了一定的文化背景和审美趋向，离开文化与美学去谈景观也就降低了景观的品位和格调。重视居住景观设计的人文原则，正是从精神文化的角度去把握景观的内涵特征（图3.20）。

图3.19　某小区的空中花园

图3.20　景观打上了人文的烙印

（2）人文的体现与营造

①坚持以人为本，体现人文关怀。以人为本就是要让景观绿化的主体舒适和惬意。相对于以人为本的思路，以前很多小区实际上是以景为本，只重视景观观赏作用的雕塑、喷水池、西式柱廊矗立在公共绿地中，挤占面积，使实际绿地面积很局促。同时，有些楼盘把大面积草坪定为欧式景观基调，绿地内鲜见林荫，在炎热夏日，人们很难进入草坪内休憩。目前，人们在经历了只重景观，忽略景观绿化主体的以景为本的绿地规划设计思路之后，一些开发商与规划设计人

员已注重以人为本的规划设计思路，开始向重视住户的参与性回归。人们进入绿地是为了休闲、运动和交流，景观绿化所创造的环境氛围充满生活气息，做到景为人用、以人为本、富有人情味。

②体现地域文化。保持地方文脉的延续性，把地域文化融合到现代文明之中，塑造出富有创意和个性的居住小区景观空间；创造出良好的文化氛围，陶冶和提高居民的文化素质并营造出归属感。

如上海在原有居民居住模式的里弄建筑基础上建造的新里弄建筑模式；北京构筑新四合院的形式；江南采取低层建筑布局、粉墙黛瓦以及传统造园手法，体现江南水乡古朴、淡雅的特色，这些都是延续传统文脉的方法。

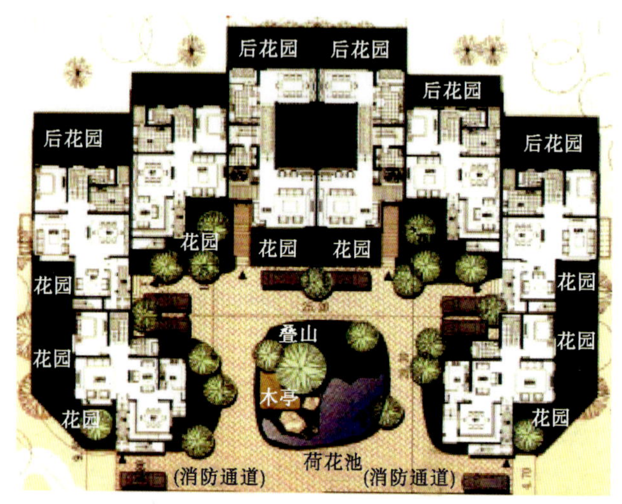

图3.21 合肥和庄的一组联排别墅住宅

合肥和庄住宅项目就采取了围合组团的布局方式，努力达到人与自然的和谐、空间层次与当地的文化脉络相结合，形成有序的平面展开，体现了鲜明的人文风情。该项目吸收了徽州民居的建筑元素，形成了独特的本土加现代风格（图3.21）。北京的庐师山庄项目，产品定位为院落式住宅，用现代人的居住理念对传统四合院建筑元素中的胡同和院落做了很好的诠释。将传统四合院空间形态，与外来的联排住宅形式很好地结合在一起，实现了中国传统民居形式与现代生活方式的水乳交融，满足了现代人寻求历史居住文化的精神取向。

6）可操作性

居住小区景观设计的可操作性主要体现在以下几个方面：

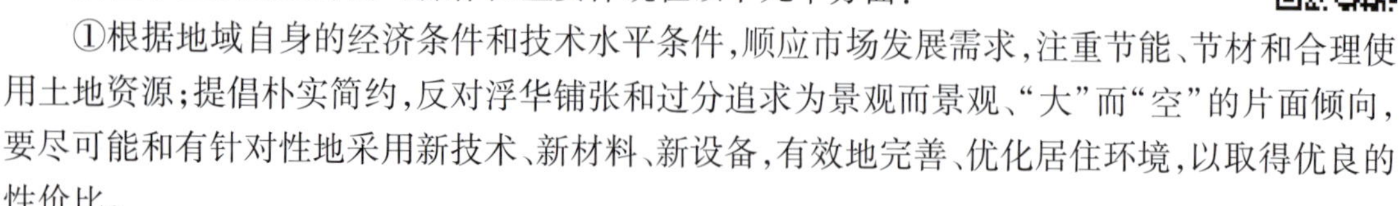

①根据地域自身的经济条件和技术水平条件，顺应市场发展需求，注重节能、节材和合理使用土地资源；提倡朴实简约，反对浮华铺张和过分追求为景观而景观、“大”而“空”的片面倾向，要尽可能和有针对性地采用新技术、新材料、新设备，有效地完善、优化居住环境，以取得优良的性价比。

②材料的选用是居住小区景观设计的重要内容，应尽量使用当地较为常见的材料，体现当地的自然特色。

③环境景观的设计还必须注意运行维护的方便。常出现这种情况，一个好的设计在建成后因维护不方便而逐渐遭到破坏。因此，设计中要考虑维护的方便易行，才能保证高品质的环境日久弥新。

3.2 居住小区环境景观设计方法和程序

3.2.1 调研分析与主题定位

1)居住小区在城市中的分区与定位

对居住小区在城市中的位置加以研究。首先是区位与城市的关系,明确居住小区是属于城市中心改造建设型居住小区,还是城市边缘地带居住小区,还是城乡结合部居住小区,抑或是城市近郊区城市花园、城市远郊区居住小区项目。明确居住小区在城市中处于怎样的人群集中区域,主要人群的收入状况怎样,居住小区的土地价格情况,居住建筑计划单价情况等。

明确居住小区的定位,包括价格定位、居民定位、环境定位等方面。明确居住小区所在区域与城市其他区域之间的关系,包括城市交通系统中居住小区所在区域的情况,与其他区域的沟通与联系方式等。研究居住小区与城市中心、城市次中心、卫星城和新城等的布局关系,明确与上述城市中心、次中心、卫星城的交通联络方式。

研究居住小区所在区域,与城市自然地理环境的关系。例如,研究居住小区及所在区域与城市河流水系的关系,居住小区及所在区域与城市周围及城市中山地、丘陵等地形的关系。研究城市风、城市热岛、城市大气污染、水体及其他污染对居住小区及其所在区域的影响,评价居住小区及所在区域环境状况。研究城市植被的分布状况、乡土树种情况,以对居住小区环境景观规划设计作出指导。

比较城市中其他居住小区的环境状况和居住情况,了解其影响因素,如人口组成、收入水平对居住小区和居住小区环境状况的影响,比较这些城市中其他居住小区及其环境的优点与不足,以进一步明确本居住小区的环境规划设计发展方向。了解人均居住面积水平,并对城市典型居住形态进行调查。

总之,要完成城市居住小区在城市中的定位工作,应从城市的宏观角度对居住小区环境景观规划设计进行定位。有了明确的定位,才可能找准自身位置,选择恰当的切入点来完成居住小区环境景观的规划设计。应该形成这样一种思路:不同城市应该有不同的住区环境景观规划设计。

2)对周边环境的调研分析

从城市宏观角度切入后,还要对小于城市宏观环境的周边环境进行深入研究。这主要是对周围自然环境的分析研究,其中包括对山水等条件的分析,研究这些条件是否有利用的价值,以及可以采用哪些利用方式。例如,天然的水域是否能够利用,自然的河流是否能引入,海景是否能作为居住建筑的主要景观,地形的高低起伏能否用于居住环境的营造等。深圳万科十七英里项目,充分利用了海边山地的优美自然风景,依大海而建,形成了卓越的居住品质(图3.22)。

①应了解周围用地情况,如居住小区周围地块的用地性质、配套设施情况、今后的规划情况、未来的发展设想等。

②应了解周围的环境景观情况,如是否有已经建成的公园绿地,是否有保留的自然植被等。

③应了解周围居民的情况,如周围地块的居民是以城镇人口为主,还是以农业人口为主,他们的居住、就业的状况等。

对周边环境的现状与规划情况进行分析与研究,特别是对周边区域未来发展的研究,对居住小区环境的规划设计,有重要的意义。

图 3.22 深圳万科十七英里海景住宅区

3)居住小区环境景观设计主题定位

现代居住小区的开发往往有较明显的项目风格及设计定位,景观设计介入时首先应该对其设计风格及定位进行整理分析,不同的居住小区设计风格将采用不同的景观设计手法。景观设计应通过对定位风格的研究来确定相应的设计语言,通过不同手法进行景观设计。现代风格的住宅适宜采用现代景观设计手法,地方风格的住宅则适宜采用地方及传统的景观设计思路和手法。对设计定位的把握,其实也就是对于其场所精神的理解与把握。

人们在居住小区中营造的是一种场所精神,即认定自己属于某一地方,这个地方由自然和文化的一切现象所构成,是一个环境的总体栖居于同一个地方场所的人们通过认同于他们的场所成为一个社会共同体,使他们联系起来。而营造场所精神的目的是认识、理解和营造一个具有意义的日常生活场所,一个"人"的居住的真实空间。场所由两部分构成,即场所的性格和场所的空间。空间是构成场所现象的基准组织,而场所性格则是所有现象所构成的氛围。而居住小区景观设计就是将场所的性格及空间互相结合,通过各种设计手段表现出来。通过景观设计使人们认定自己属于某一地方,因此项目风格立意主题的确定是首要的一环。

以上海香梅花园的景观设计定位为例,在现代的居住小区中引用了古代士大夫的园居活动——"九客":"琴、棋、禅、墨、丹、茶、吟、谈、酒"。

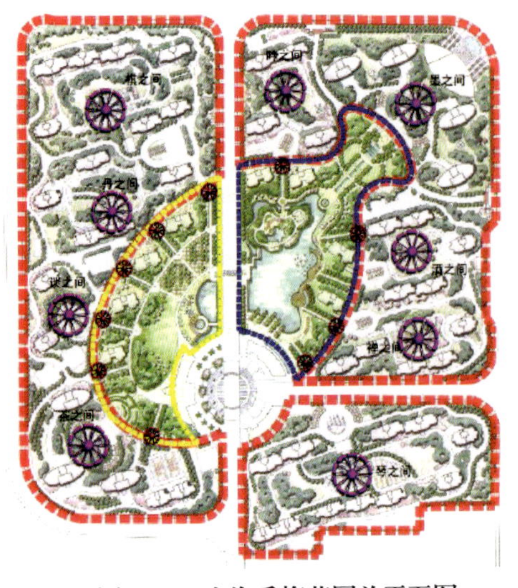

图 3.23 上海香梅花园总平面图

古代文人名士流连于宅园间赏花、煮酒、煎茶、论诗,何等风雅闲适。这份风雅闲适正是当今奔波于钢筋混凝土丛林和虚拟网络世界之间的现代人所缺少和憧憬的,所以选取"九客"为主题进行小区高层宅间绿地景观设计,形成各具特色的景区,与中心绿地的"花之间"相对应,它们分别是"琴之间""棋之间""禅之间""墨之间""丹之间""茶之间""吟之间""谈之间""酒之间"。除了设置与主题相对应的硬地空间和景观构架外,在植物景观上也予以强化,如"茶之间"大量运用山茶,"墨之间"可以选择墨兰、墨竹、墨梅等色彩素雅的植物,"禅之间"选杜鹃、罗汉松、青梅等。总之,通过各具特色的环境空间设计来满足现代人居活动的需要(图 3.23)。

又如广州万科四季花城的环境景观,以四季的景色变化对应“四季”二字，以植物对应“花”字，环境景观就成为居住小区规划的主题。确定主题后以“湖畔花街”作为中心景观来对“四季花城”的主题进行表达，并通过特设的“情景洋房”，解决了在不减少室内面积的前提下，保证每户有宽敞的花园或露台的技术问题，形成了“户户带花园或露台”的住宅，每户有天有地，实现了人与自然环境的交融，很好地诠释了“四季花城”的主题。可见，确定主题立意，是环境景观规划设计的重要步骤和内容，主题的确定将为环境景观的规划设计提供思路（图3.24）。

图3.24　广州万科四季花城总平面图

再有北京观唐别墅，确定了建设中式宅院的基本理念，以独树一帜的规划设计风格，形成极品的别墅形态。

观唐的景观风格和院落空间，都极力向中国传统回归，其院落内的环境汲取了传统四合院布置的精华，又结合现代别墅功能和使用要求有所创新和改变，形成了独特的景观风格（图3.25）。

图3.25　北京观唐别墅

位于昌平北七家镇的北京渡上别墅，以“几何”为主题，追求建筑和环境的几何形态。首先是形成多重几何形态的贯通，讲究空间之间的流通性，使建筑的意义得以延伸，达到室内即是室外，庭院即是自然的境界。该项目在规划设计中保留了原有的地形，形成多重几何叠错的空间。还设计有几何下沉的多层叠错式的庭院，形成了居住小区和环境的特色（图3.26）。

3.2.2　行为研究与功能分区

作为一名风景园林设计师，应该在设计中充分体现以人为本的宗旨，创造符合现代生活模式，适合各种人群行为及心理需要的室外休闲活动场所和交往空间。对人群行为的研究，包括活动者、伴随的活动空间环境的研究，量与形、空间与时间界限、形态特征的研究等，是创立任何空间环境的基础。

图 3.26　北京渡上别墅总平面图

1) 行为研究

园林景观环境设计首先要符合国家的规范及法律法规，规范是人性化设计的最低标准。然后必须同时兼备观赏性和实用性，做到绿化景观与环境功能相结合，强调与提高居住环境的使用性、活动性、安全性、文化性、发展性，从而发挥最佳的生态效益、社会效益和经济效益。现在居住小区景观已逐步迈向更高的人性化。

小区中人群行为的形成一般包括以下 4 个过程：若干个体聚集在一起为某一共同注意的目标而相互交往，相互影响；受到某种特殊鼓动；产生情感上的共鸣并出现极化性的倾向；产生为实现共同目标的行动。

①不同人群有不同的需求。清晨，参与晨练的中老年人居多，应有就近方便的活动场地及锻炼设施。上班上学的车流、行人流，在方便快速通过的同时，可以见到令人赏心悦目的景观。之后，在小区中活动的主要人群是老年人、婴幼儿及照顾孩子做家务的工人、维修工、物业管理人员等，照顾他们的活动及和睦交往的场地及设施合理的交通就很重要。下午中小学生回来后，游戏活动的场所应适当远离住宅，减少对住户的干扰。有限的硬质铺装应具有多功能性，方

便球类活动。晚饭后应有宜人的散步环境，并设置休息的小品等(图3.27)。

物质环境是阻碍或方便人们的有意向活动的一种手段。在居住小区的景观设计中，要对那些最常接触环境、使用环境并与环境发生密切关系的人给予更多的关注。通过分析他们如何感知、想象和感受场所，研究他们在一天中活动的踪迹，来评价一个场所，找出每个场所的关键功能，作为设计该空间内在和谐的支柱。

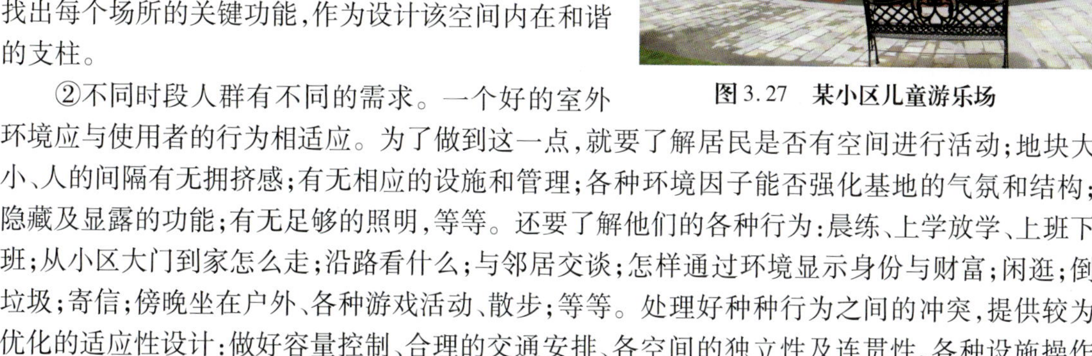

图3.27　某小区儿童游乐场

②不同时段人群有不同的需求。一个好的室外环境应与使用者的行为相适应。为了做到这一点，就要了解居民是否有空间进行活动；地块大小、人的间隔有无拥挤感；有无相应的设施和管理；各种环境因子能否强化基地的气氛和结构；隐藏及显露的功能；有无足够的照明，等等。还要了解他们的各种行为：晨练、上学放学、上班下班；从小区大门到家怎么走；沿路看什么；与邻居交谈；怎样通过环境显示身份与财富；闲逛；倒垃圾；寄信；傍晚坐在户外、各种游戏活动、散步；等等。处理好种种行为之间的冲突，提供较为优化的适应性设计：做好容量控制、合理的交通安排、各空间的独立性及连贯性、各种设施操作的简易性、资源保护以及弹性的规划程序，将以上各种因子之间的关系反复比较取舍，最终达到优良的适应性与适合性。

③设计中应注意人们在日常生活中的行为与环境的互动。如人们在推开门、走上台阶、入座时产生的行为对环境的要求，景观设计师通过观察及收集这些资料，将其运用到设计当中去，可以有效地体现对使用者的关怀。

设计中还应注意避免出现易导致人跌倒、绊脚之处；出现使人产生犹豫、相撞、退回的场所；还要尽量规避令人们产生明显的愤懑、恐惧、沮丧等情绪的地方。良好的设计有助于人们的社会交往，设计师需要根据人们的行为特征合理地组织交往空间。例如，散步道过宽，使人们不易接近，适当收窄可以促使人们在礼貌避让的同时，友善地打招呼，顺利地进行交往。

图3.28　无障碍设计

④兼顾公平，深化无障碍设计。老年人、儿童是绿地使用率最高的人群。我国已步入老龄化社会，北京、上海等一些大城市已率先步入人口老龄化，如何满足更多的老年人的活动需要，给老年人、儿童创造足够多的活动空间，如何创造易于老年人、儿童使用的景观环境是每个景观规划师所不能忽视的。要让残疾人和正常居民一样得到公平、平等的生活待遇，就要求我们的无障碍设计不能只停留在表面形式上，一定要做到、做细(图3.28)。

2)功能分区

可以按动静、公私、开闭原则进行功能分区，进而调节人与环境的尺度与比例，以人性为出发点进行功能分区(图3.29)。

在强调住宅小区景观方面的功能分区时，应认识到某一功能使用可能在一定时间内变化，或者使用本身还具有可变性及复杂性的特点。这就要求我们在规划景观的功能分区时，要注意功能本身还有一定的可变性和多重性，或者是功能上有一定的模糊性。因为有时过细的功能设置在使用上的变通性较差。也就是说，景观实际上应弱化一点功能方面的设计，或者说一处景观多种功能的景观设计。

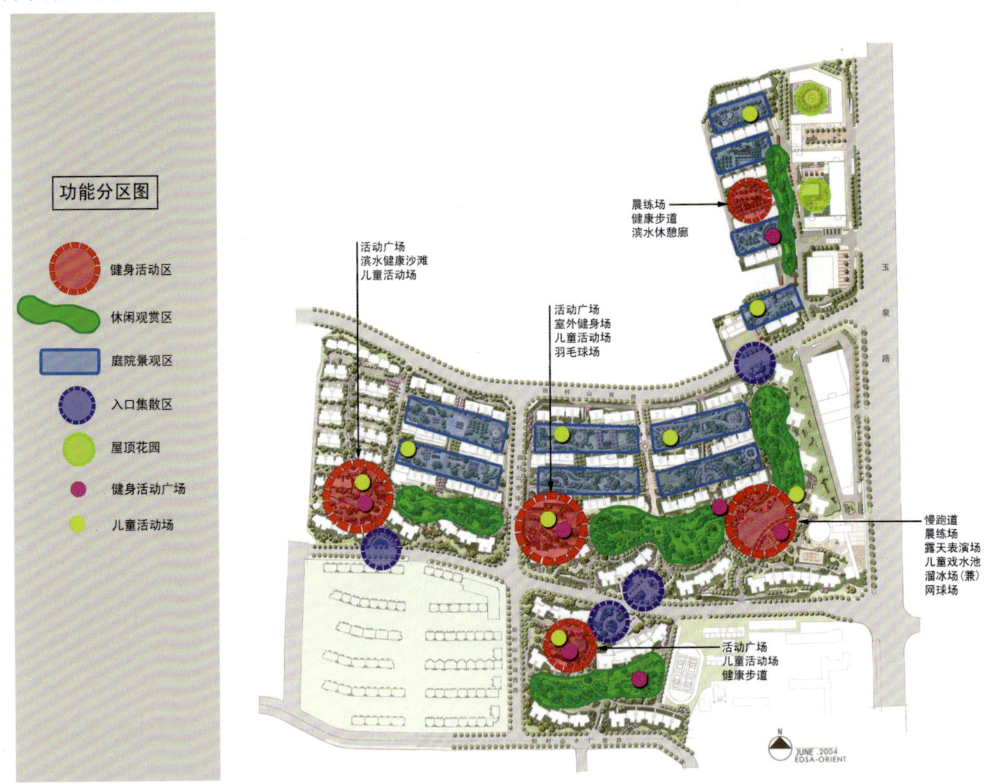

图 3.29 玉泉新城居住小区功能分区图

同时还要考虑不同季节、不同气候下的使用，以及有可能的功能变更，这样所设计的景观在功能上具有更多的弹性，会使我们对绿地的利用更加充分，户外活动更加丰富多彩。

对景观的功能进行定义时，我们应该在居住小区景观设计中，多考虑老年人和小孩的需求(图 3.30、图 3.31)。老年人活动场地一般分为动态活动区和静态活动区。动态活动区应简单而宽阔，以供开展健身文娱活动。开放、生动、热闹的气氛能愉悦老年人的心情，增进邻里交往。考虑到老年人体力的特点，活动场地周围要设置坐凳、亭、廊，有足够的坐憩空间，为老年人活动后的休息提供方便。另外，在活动场地中设置足够的辅助性设施，如扶手、坡道等，可鼓励行动不便的老人参与屋外活动。静态活动区场地宜以疏林草地为主，活动空间位于宁静的区域，避免被主要道路穿越或位于主要人流聚集处。场地最好能面对优美的景观，考虑适当的阳光和遮阴，充分利用大树、户外遮顶等，供老人在此观景、晒太阳、聊天等。

儿童乐园最好建设在远离居住小区中心的地方，或者周围有相应的建筑阻隔，以减少场地噪声对周围居民的干扰。含饴弄孙是老年生活中的一大乐事，老年人活动场地也可以与儿童活动场地相邻布置，让老年人在看护儿童的同时也能互相交流。儿童活动场地要考虑到儿童的好动性格，同时场地里的各类器械、设施要符合儿童的尺度，铺装可以用彩色水泥、广场砖和塑胶。活动器械及活动场地附近应种植树冠大、遮阴效果好的落叶乔木，使儿童及活动器械免受夏日灼晒，冬季亦能获得阳光。

图3.30　某居住小区内一角

图3.31　某居住小区一角

3.2.3　设计要素的选择

1)设计要素的选择要体现的景观设计内涵

(1)确立以人为本思想　以人为本指导思想的确立,是环境设计理念的一次重要转变,使居住小区环境设计由单纯的绿化及设施配置,向营造能够全面满足人的各层次需求的生活环境转变。以人为本有着丰富的内涵,在居住小区的生活空间内,对人的关怀往往体现在近人的细致尺度上(如各种园境小品等),可谓于细微之处见匠心。

(2)融入生态设计思想　生态设计思想的融入,使环境设计将城市居住小区环境的各构成要素视为一个整体生态系统;使环境设计从单纯的物质空间形态设计转向居住小区整体生态环境的设计;使居住小区从人工环境走向绿色的自然化环境。基于生态的环境设计思想,不仅仅是追求如画般的美学效果,更要注重居住小区环境内部的生态效果。例如,绿化不仅要有较高的绿地率,还要考虑植物群落的生态效应,乔、灌、草结构的科学配置;居住小区环境的水环境则要考虑水系统的循环使用等。

(3)强调可参与性　居住小区环境设计,不仅仅是为了营造人的视觉景观效果,其目的最终还是为了居者的使用。居住小区环境是人们接触自然、亲近自然的场所,居民的参与使居住小区环境成为人与自然交融的空间(图3.32)。

图3.32　吸引人逗留的宜人环境

图3.33　深圳万科四季花城内植物造景

2)设计要素的选择

(1)植物要素　针对城市居住小区的特点,在其绿化形式上应采用点、线、面相结合的复合绿化模式,最大限度地发挥绿地系统的实用功能。如增加立体绿化、垂直绿化和屋顶绿化,在提升景观多样化的同时,有效实现隔热、蓄水、净化空气等功能。可采用乔木下面种植灌木,灌木下面种植草花、地被等的复层绿化形式,并借助墙壁种植攀援植物,以弱化建筑形体生硬的几何线条(图3.33)。

在选择植物时,要以适宜本地生长的乡土树种为主,避免盲目引进外地的植物品种。应在充分论证的基础上,对规划居住小区内的土壤、气候、地形地貌等自然因素进行调查。如对原有土壤破坏程度进行分析,是否有部分建筑垃圾会被就地掩埋,造成土壤肥力状况的恶化等。只有注意到这些细节,才能保证绿化植物的健康生长,实现预期的景观效果。在配置植物材料时,应按照自然、生态原则进行设计,通过明显的季相变化让人们感受到四季交替;在力求乔木、灌木花草、地被植物科学搭配的基础上,根据小区规模对植物的碳氧平衡进行分析,规划合理的植物配置品种和数量,达到居住小区空气的碳氧平衡。

现代居住小区应重视屋顶绿化设计,屋顶绿化作为一种不占用地面积的绿化形式,其应用越来越广泛。其价值不仅在于能为城市增添绿色,而且能减少建筑屋顶的热辐射,减弱城市的热岛效应。如果能很好地加以利用和推广,形成城市的空中绿化系统,对城市环境的改善是不可估量的。

(2)铺装要素　居住小区的铺装作为联系居住小区建筑物、景观构筑物等的纽带,其外观和材质首先要与居住小区建筑物的外观造型和材料质地相匹配协调。作为居住小区景观一部分的铺装,与建筑物和景观构筑物的关系有两种:第一是作为陪衬,突出建筑和景观构筑物的造型;第二是增加铺装景观的视觉冲击力,弱化建筑和景观构筑物造型,转移人们的注意力。但无论是哪一种,铺装的作用都是美化建筑和景观环境,因此铺装与建筑物、景观构筑物的匹配非常重要。要做到这一点,首先要选择好铺装材料。例如,对于一个具有现代建筑和现代景观的居住小区来说,现代的木质栈板铺装、玻璃板铺装非常具有时代特征;对于一个优雅的别墅小区来说,人字形的小砖铺装能够增添别墅的静谧气氛;而对于一个仿欧洲风格的居住小区来说,欧洲绣毯式花园铺装也能平添小区情趣。

铺装材料与居住小区的整体色彩、材质的和谐也很重要,即使一个居住小区的铺装色调再柔和、再暗淡,因为它在居住小区的面积中占了很大比例,它对居住小区整体气氛营造的影响也非同寻常。各种天然石材、不同做法的混凝土适合用于各种不同类型的居住小区中,在铺装设计选择材料时,要针对小区类型进行比较和试验,选出最合适的那一款(图3.34)。

图3.34　某小区内道路铺装

居住小区铺装材料的选择不能盲目追求时尚。流行的趋势和对时尚的崇拜往往诱使设计者偏离设计的初衷,变得人云亦云。往往不考虑环境是不是合适,居住者用着是不是舒服,就采用流行的图面上美观的材料。而实际上,居住小区的铺装是现实世界的一部分,它的功能除了让人们赏心悦目以外,还要为人们创造一个舒适、清爽的环境,既要悦其目又要悦其神,也就是说居住小区铺装的实用性很重要。

(3)水体要素　人对于水的喜好由来已久。自古人们将理想居住场所称为“藏风聚气”之地,即山势连绵起伏,水也自然回环有情,源远流长,土厚植茂。人都有一种亲水性,所以水景是居住小区设计中的重要手法。常规的水体设计有两种形态:一是自然状态下的水体,如自然界的湖泊、水池、喷泉、溪流及可接近的水域边界所组成的参与性的动态景观,成为居民留恋的场所。在一些大型居住小区可应用水体,如溪流小河,并种植水生植物或养些观赏鱼类等,以满足人的亲水需求,使人们心理上得到回归自然的满足和欢快。二是人工状态下的水体,如游泳池、喷水池等,其侧面底面均是人工构筑物,同样也是景观处理中不可缺少的手法(图3.35)。在水景设计中应根据居住小区实际情况合理布局,灵活运用集中与分散的两种布局形式。居住小区原始地貌中若有天然湖泊、池塘等,可以借以设计集中式的水面,对水面的形状适当调整,塑造半岛、水湾,甚至水中设岛,形成有收有放、对比突出的水体,部分水面辽阔开朗,部分水面曲折幽深,形成丰富的水体空间。居住小区内若没有天然水体,可根据地势的变化分散设水景,用化整为零的办法设计若干小水面,各水面通过蜿蜒的溪流互相连通,通过水的流淌产生曲折无穷、深邃藏幽的景致。

图3.35　深圳鸿景园小区内人工水景

水岸设计要少用硬质的垂直驳岸,多用自然式坡岸,水生植物与自然河石衔接、过渡,大大小小的石头、郁郁葱葱的植物,一方面软化丰富水岸线,另一方面形成各具特色的景点。水景要充分考虑人的参与性,因为水的魅力单凭远观是不可能真正体验的。人们非常注重水空间诸多因素的完整体验,观水、听水、闻水、亲水并重。在确保安全的前提下,水景中可以设计戏水池,适宜儿童接触的浅水面、水雾等活泼的水景元素会创造出丰富、生动的室外空间。小区内的儿童可以就近嬉水,也方便家长看管。只有与水达到零距离的接触,近水、亲水,才能真正体会到水的魅力与美感。在这种体验水的过程中,享受水的乐趣,活跃人的思维,从而体现水的社会、美学价值。

(4)景观建筑要素　景观建筑选择的原则如下:

①要符合居住小区主题整体风格。与一般居住小区相比,居住小区中的主题景观建筑在空间形态、立面效果、色彩材质以及局部装饰等方面应具有独特的个性与特点,但这种独特性的首要前提不是追求单体建筑的标新立异,而是与整个居住小区的主题整体风格互为协调。

②要满足休憩赏景的功能需求。居住小区户外环境中的景观建筑其主要功能是为居民提供活动、休憩、交流的场所,因而除了外观造型与主题整体风格呼应外,其空间尺度、功能特征在设计上应能满足居民的日常使用需求。

③要体现居住环境的主题意境。居住小区中的景观建筑是表达主题意境的重要途径,根据不同的立意定位,确定建筑在环境中的位置,选择相应的建筑形式,寓情于景、情景交融,综合体

现环境的主题意境(图 3.36)。

(5)景观小品要素　景观小品要素选择的原则如下:

①要巧于立意。居住小区环境中的景观小品具有较多景观装饰意味,兼具一定实用功能。虽然体量上不如住区标志景观那样醒目,但景观小品在居住小区景观中往往是局部景观中的主景,应具有一定的意境内涵以产生感染力。

②要突出主题。景观小品由于实用功能上的限制较少,往往具有造型艺术和空间组合上的独特美感,在活跃空间气氛、增加景观连贯性及趣味性上有着独特优势,在具体设计时应在外在形态及立意构思上突出整体的主题特色及单体的工艺特色,以求从大体空间到细节局部营造主题氛围。

③要融于环境。景观小品不同于纯粹的艺术品,它的艺术感染力并非来自于其自身单体,而应该与所处的环境有机融合,实现人工与自然的浑然一体。

④要精在体宜。作为整个居住小区环境中的点景之作,景观小品在体量上一般力求与环境相适宜(图 3.37)。

图 3.36　深圳鸿景园小区内景观建筑

图 3.37　南京天鸿山庄小区内景观小品

(6)环境设施要素　环境设施要素选择的原则如下:

①要规划布局合理。环境设施的布局应该根据设施本身功能和使用频率,结合住宅建筑、活动场所的分布,事先规划、合理布局。对周围噪声干扰较大的儿童游乐设施、运动场地应与住宅保持一定的间距,可结合景观绿地相对集中设置;使用频率较高的服务和休憩设施则应按需设置,保证合理的服务半径供居民日常使用。

图 3.38　万科十七英里小区内环境设施

②要体现主题特色。居住小区中的环境设施一般体量较小,居民日常接触频繁,如果设计得当,在主题居住空间中会起到“画龙点睛”的点题效果。目前居住小区中的环境设施大都采用成品定购的方式以加快施营建速度,但在居住小区中出于营造主题整体氛围的需要,景观设计师应积极参与开发商的成品选型工作,对生产厂家提供的设施样品风格进行限定,以求切合主题效果。

③要符合使用需求。环境设施的设计需符合居民户外活动的特点和使用习惯,细节尺度体现人体工程学原理,选用材质应适合人体接触,减少使用过程中的不适感(图 3.38)。

3.2.4　从构思到形式

1)概念性方案的提出

概念是一种思维的形式,反映客观事物的一般、本质的特征。概念性方案的突出特点就是抽象性、概括性,就是要摒弃具体、纷杂的现象,而直接追求规划设计方案中最本质的东西。在居住小区环境景观规划设计的过程中,要改变以往从规划设计的初始阶段就沉陷于纷繁的现象的做法,而要在总体关系上做最概括的研究。这里所说的总体关系,是对决定规划设计方向的规划设计要点的最单纯的概括。例如,环境景观与建筑布局的宏观关系,而不是具体的建筑布局和环境景观;又如,环境景观与周围环境之间的总体关系,而不是环境景观的具体设计;再如,环境景观的总体立意,而不是具体景点的布局;等等。

概念性方案的一个特征就是抽象性,即概念性方案可以用十分精练的语言和十分简洁的图纸加以概括,所追求的是规划设计的魂而不是形。在以往的居住小区环境景观规划设计过程中,往往缺乏概念性规划设计方案的过程,一方面与传统的规划设计方式有关,另一方面与居住小区环境景观规模一般关系不大,但是在实践中,好的规划设计成果虽然没有经过概念性方案的过程,却实际上已经把概念性规划的内容融合到了总体规划中。但随着城市居住小区环境景观的丰富,以及居住小区情况的变化,特别是目前居住小区正在向多样化发展,周围和城市环境也日趋复杂,概念性规划设计的意义就逐步显得更加重要。

2)概念性方案应处理好的关系

①总体与局部的关系,即城市环境与规划地区的关系。

②要解决规划设计最核心的问题,就是要抓住规划设计中的主要矛盾,并研究解决主要矛盾的方法。

③要概括地表达规划的主要思路,提出创意性构想。在比较过程中,要综合而不是个别地考虑环境景观与规划之间的关系,分别从多个方面考虑环境景观的问题。要实现规划与景观、建筑与景观的共赢,就必须协调好居住小区与周边环境、居住小区内部建筑与环境的关系。

3)选择最为恰当的构思方案使之转化成形式

每一种构思都有多种表现方式,景观设计师要遵循“因地制宜”的设计原则,贯彻“经济、实用、美观”的思想,结合各种因素,综合考虑选择一种最为恰当的构思方案。下面以一些例子来说明如何从构思到形式这个过程的实现。

(1)水景　构思中的一处水景,如瀑布、溪流、喷泉,还是泳池更能营造可观、可游、可戏的亲水空间,哪一种更受欢迎?设计场地现状如何?本来就有水源还是原地一片空白?假若选择泳池的方案,那么泳池该选用何种形式呢?是方方正正、圆形的,还是其他不规则形状的?须结合整个大环境来做方案设计;考虑到泳池一般只是在夏天使用时才储水,其他季节都是无水状态,如何营造?下面是两个不错的范例。

小区圆形池底铺装是一朵盛开的百合花,这样不仅与该花园的名字相呼应,而且使该泳池成为一道景观,从楼上俯瞰下来,波光粼粼,小孩的欢笑与那一朵在水中绽放的百合,都让人从心底泛起一阵阵愉悦感。

某小区的整体风格是以江南景观为蓝本的,游泳池的“外轮廓”与园路结合得很好,形成了一种不规则的美,给人“收放自如”的感觉。乍一看,那泳池就像一只葫芦;“葫芦”两头的大圆和小圆连接之间的收窄处,巧妙地把儿童浅水区和成年人深水区分开。

(2)小区广场设计　很多小区都设有小区广场,或许把它称为休闲场地更为合适,这一类场地的功能主要在于满足小区的人车集散、社会交往、老人活动、儿童玩耍、散步、健身等需求,是一处为居民的使用提供方便和舒适的小空间。

小区广场的形式,不宜一味追求场地本身形式的完整性,不必非得是规整的方形或圆形,应结合居住小区的特点、人们的交往方式以及行为心理特点等,可以考虑多用一些不规则的小巧灵活的构图方式。特别是广场的外延可采用虚隐的方式以避其生硬,与周围的小区环境有机地结合。此外,小区内的广场设计,一定要避免城市广场设计中缺乏绿荫的通病(图3.39)。

图3.39　不拘形式的小广场　　图3.40　架空层

(3)架空层环境景观的营造　长期以来,城市中的土地被人类高度地开发利用,形成了日益密集的建筑,城市绿化用地已受到严重的制约。而架空层的设计能使绿化得到延伸及扩展,置身于架空空间内,仿佛漫步于室外的大自然中——既有室内宜人的气氛,又具有室外的自然亲切感,人们多了沟通交流的场所。

在项目景观构思环节中,某一栋建筑的架空层将营造一处供人们健身的场所(图3.40)。考虑到小区内已经规划有篮球场、网球场等供年轻人娱乐的场所,还有儿童游乐设施,却缺少一个很适合老年人进行身体锻炼的场所,于是就顺理成章地把架空层设计成一个类似于老年人活动中心的地方。设计一些鹅卵石健身步道,配置一套针对老年人的健身器材,配植一些对健康有明显促进作用的保健植物。在色彩和材质等搭配上,考虑到老年人的心理特点,采用较为淡雅古朴的铺装和墙体装饰。老年人在那里打太极、舞剑、下象棋、喝茶聊天,享受人生的休闲时光。

架空层环境景观的营造同样要结合居住小区环境设计的功能布局,遵循设计的理念,考虑视距的比例,适当缩小景物的尺度,巧妙运用借景、框景、障景等造景手法,让室内空间向室外延伸,从而起到增大空间、加深景深的作用。

4)规划实例分析

以下为某小区景观规划设计实例,以此说明从构思到形式这个过程实现的具体步骤(1—3案例引自格兰特·W.里德著的《园林景观设计——从概念到形式》一书)。

(1)小区内某圆形主题庭院设计　此庭院的设计目的主要是为小区住户提供一个舒适的室外环境,为附近高层建筑的居民提供优美的鸟瞰景观。设计以圆形为基本主题,圆形用来暗示平等和没有等级,借以形成没有威胁的非正式的环境用来交流思想,有机形式的边界为次主题。设计时考虑了有宜人尺度但要足够大,能够容纳一定数量的群体。通过圆形和现有的直角

边组成的墙形成对比,一定的种植作为过渡空间,在场地的中心是主要的焦点元素,设计自然的溪流和池塘。3 个圆形的层次结构服务于不同的使用者。丘状的圆形草地形成室外舞台的效果,池塘旁边的下沉式台阶区域使围合最大化(图 3.41—图 3.43)。

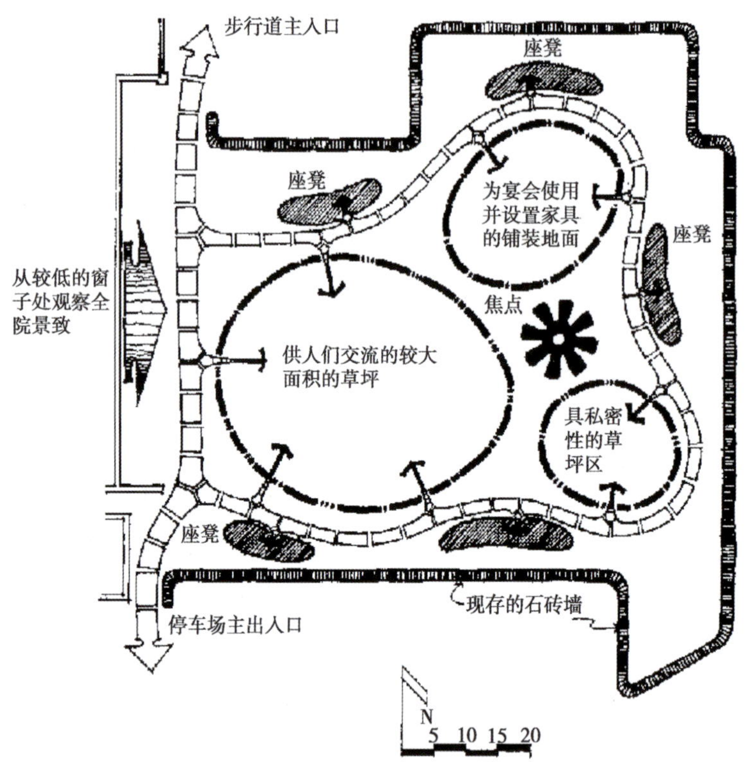

图 3.41　圆形主题的庭院概念平面图

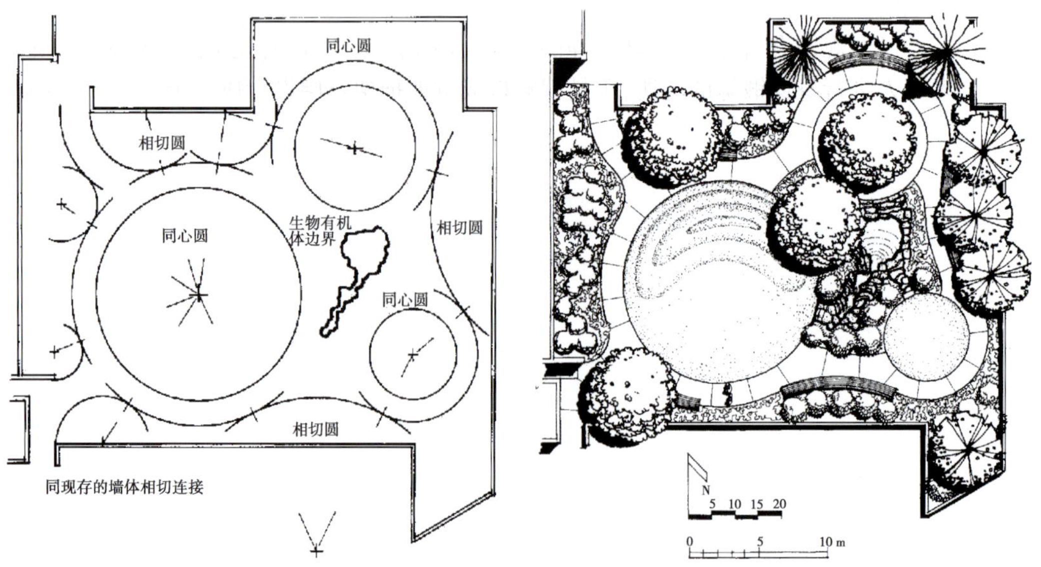

图 3.42　圆形主题的庭院主题构成图　　图 3.43　圆形主题的庭院最终的设计方案

(2)小区内某角落地块花园设计　此花园的设计目的主要为休闲和自由活动创造有用的空间,不设计围栏,但要保证有一定的私密性,用台地和植物加固前院的斜坡,同时保护现存的

大树。在构图上主要用135°斜线网格(前车道和入口)和90°矩形网格(前院平台、后院天井)以及蜿蜒曲线(种植床)的形式。设计时春季和夏季的花卉将是主要的景观。两株大树占据后院大部分面积,一个小喷泉成为天井中的焦点。室内为空间直接相连,并平滑地延伸到其他景观中。房屋的砖墙和四周的木质材料与景观中的砖墙、平台和遮挡物的材料相协调。草坪从前院一直无间断地延伸到后院,并同邻居家的院子相连。在入口处设计了一片向后回退的空间,并通过立柱和顶篷使之更加突出。还通过标高和方向的变化在前门处形成开阔的空间。在后院,篱墙定义了内外空间的边界,现存的树木提供了很大的遮阴空间。一段小台阶连接着下沉式天井内封闭的私密性空间(图3.44—图3.47)。

(3)小区内某宅旁绿地景观设计　此宅旁绿地设计的主要构图是通过120°六边形网格(平台和后院)、90°矩形网格(下沉的天井)和蜿蜒曲线(前面的花床和行车道)以及自由螺旋线(前面的人行道)来表现。设计时遮阴设施构成后院的主焦点。小喷泉成为这一回退的绿地内的第二焦点。在平台和回退的绿地之间反复使用多边形铺装物以创造出一种规律性。改变多边形边界的方向,为后院的空间带来动感,植物增加了形式和色彩的种类,后院统一于三角形网格的角度重复。流动的曲线把前院的空间和元素连接在一起,与建筑相接的景观元素以直角相连。种植床软化了前院的方形和弯曲形体之间的过渡。入口的步行道由两段台阶组成"S"形,沿斜坡深入前院。这一步行道向两头延伸,传递着开始和到达的意境。后院的植物篱墙组成了较大的室外空间。四周的植物绿篱和头顶的遮阴设施围合成一个高度封闭的回退花园。遮阴设施的顶篷在四周向下倾斜,使得四周的各边处形成了更加私密的小空间(图3.48—图3.51)。

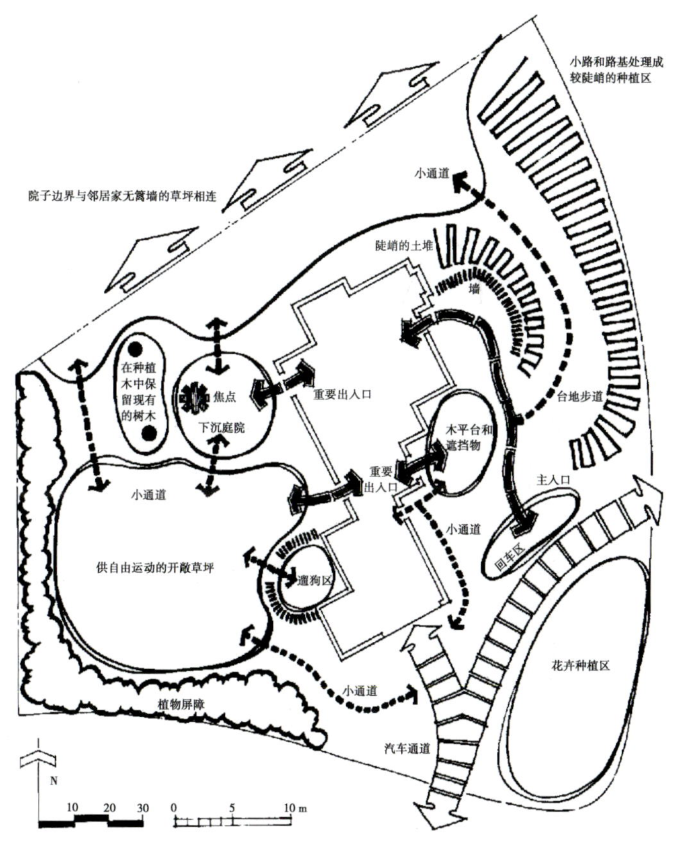

图3.44　角落地块花园概念性方案

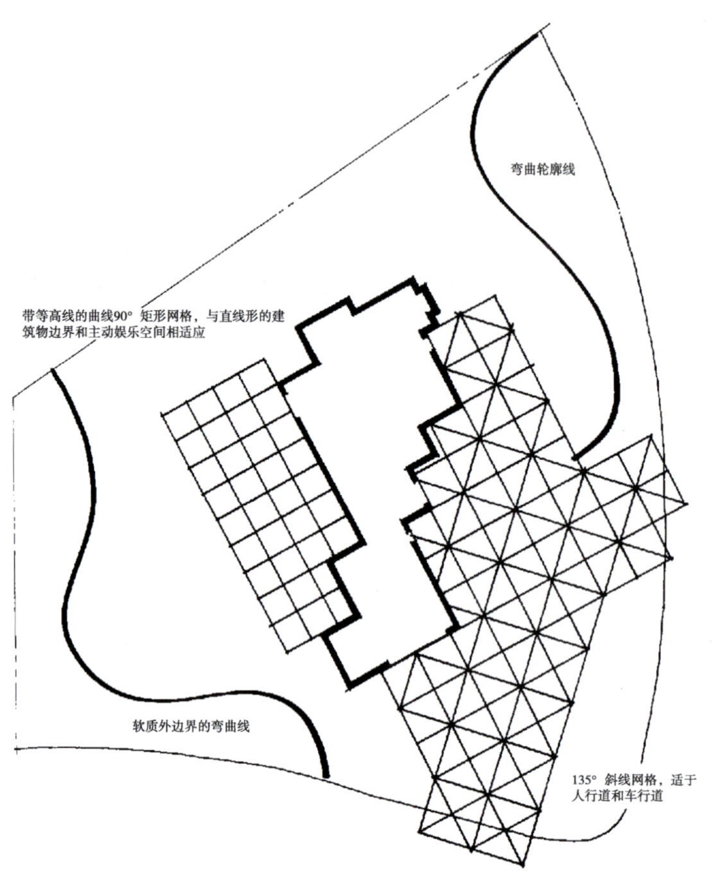

图3.45　角落地块花园主题构成图

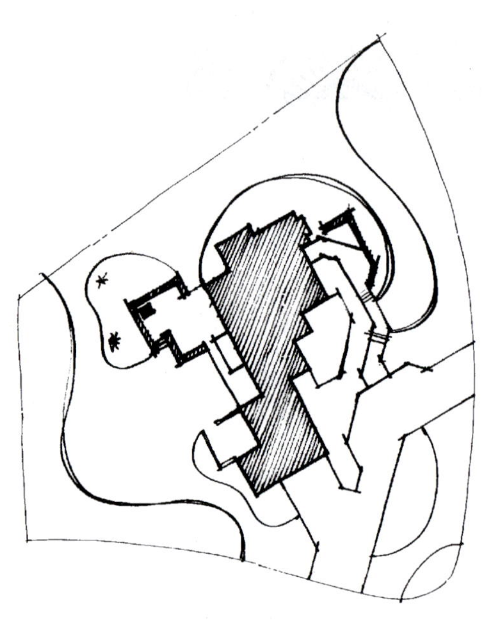

图3.46　角落地块花园形式演变图

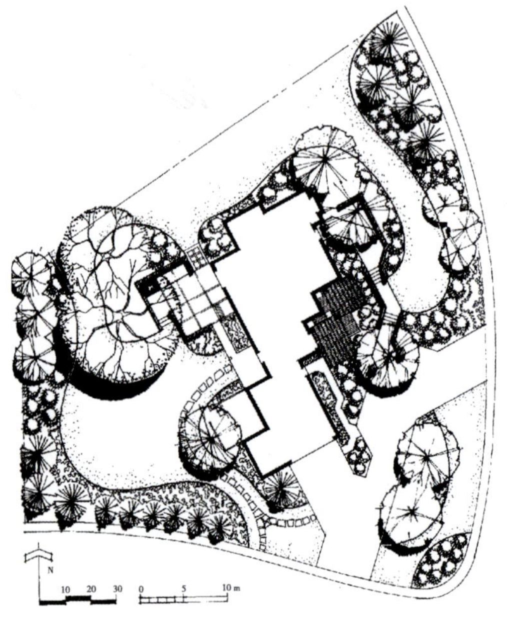

图3.47　角落地块花园最终的设计图

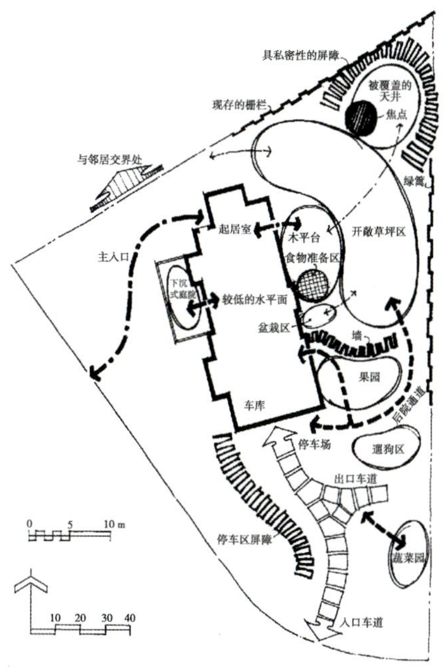

图 3.48　宅旁绿地景观概念性平面图

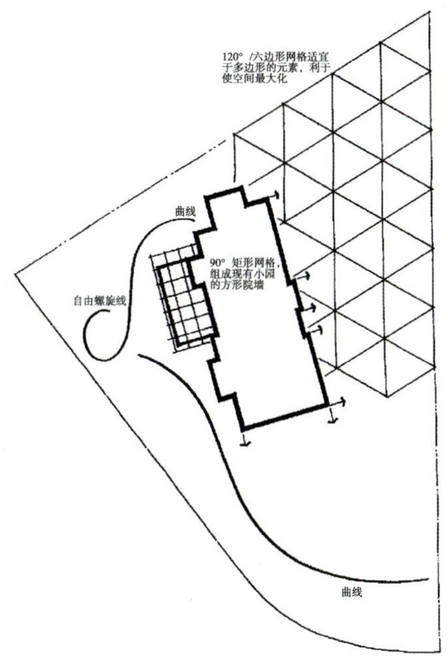

图 3.49　宅旁绿地景观主题创作图

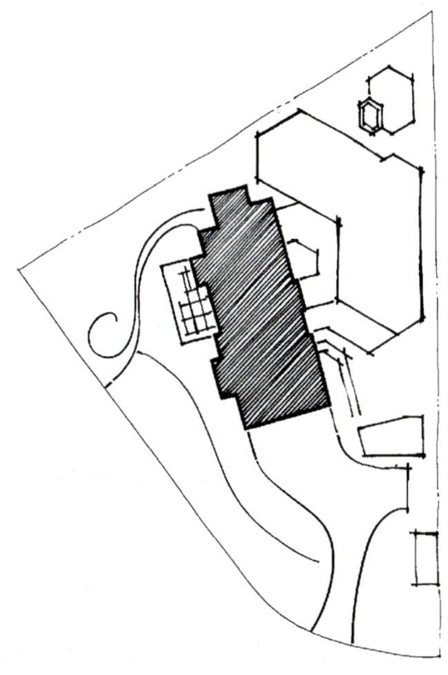

图 3.50　宅旁绿地景观形式演变图

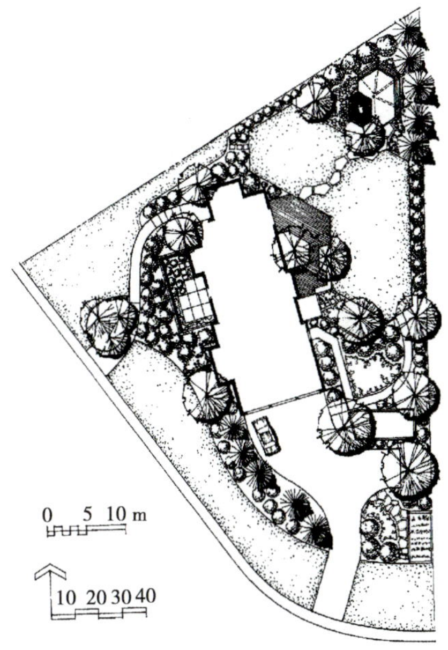

图 3.51　宅旁绿地景观设计最终设计图

(4)北京馨泰园小区景观设计　北京馨泰园小区位于北京市丰台区，该小区设计风格为现代美式休闲风格，注重景观空间尺度，以人为本，突出亲切感。在功能上，注重休闲交流空间与观赏空间相互穿插，为居民提供良好的室外环境。该小区景观设计构图采用整个景区整体旋转30°，利用花架和艺术矮墙对整体环境进行切割，并引导人行走时的视线，在硬质构架之间运用疏林草地和密植的灌木和花卉进行装饰，在成型的行道大树之间塑造不同的空间环境，并设置特殊的旱溪对整体园区进行贯穿。在纵横人行的主要空间中采用水景点缀，烘托活跃的氛围，满足人们亲水的需求，并满足多季节的观赏和使用。该方案采用了“龙形水系”的概念，经与甲

方对接沟通，水系改小，形状由不规则变为规则，但总体设计概念思路不变，很好地体现了从概念到形式的设计理念（图 3.52—图 3.54）。

1.解决环线交通与外部商业的矛盾
2.保证内部完整的人行空间
3.整体空间的韵律与协调处理
4.塑造有序和有主题的景观环境

概念方案一

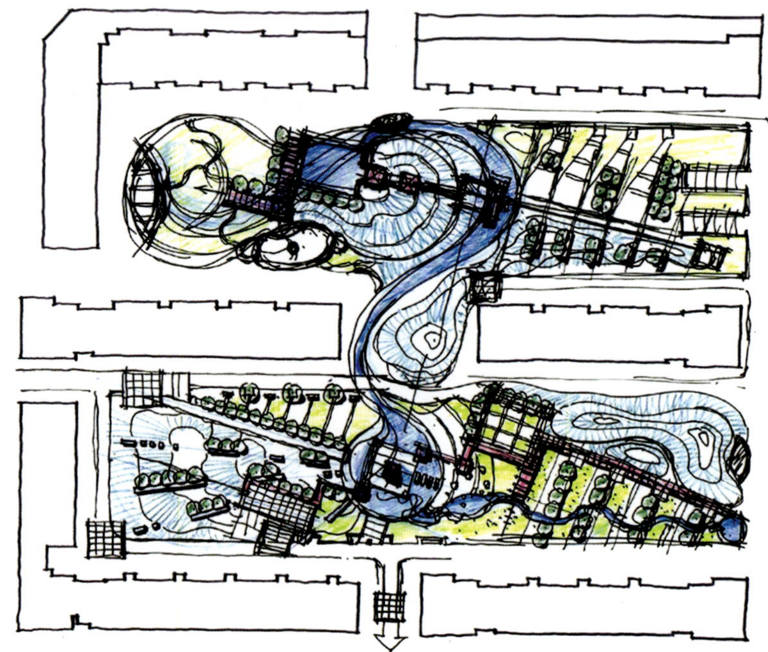

图 3.52　馨泰园小区景观设计概念方案一

1.解决环线交通与外部商业的矛盾
2.保证内部完整的人行空间
3.整体空间的韵律与协调处理
4.塑造有序和有主题的景观环境

概念方案二

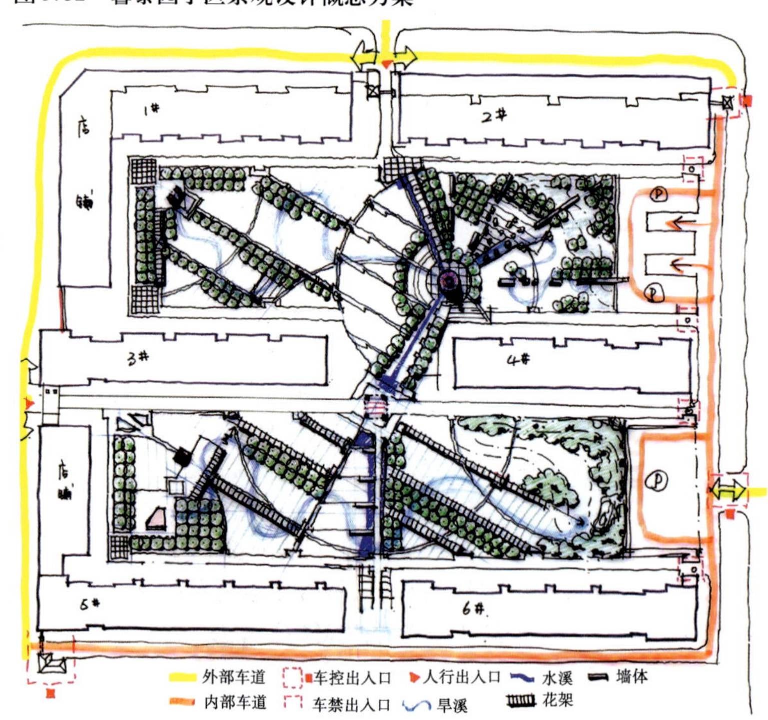

图 3.53　馨泰园小区景观设计概念方案二

图 3.54 馨泰园小区景观设计最终方案

(5)深圳招商花园城小区景观设计 深圳招商花园城小区位于深圳蛇口中心区,是蛇口门户的延续。蛇口是一个国际化的滨海小镇,而招商花园城小区主要针对喜欢艺术和美,喜欢淡淡的怀旧,喜欢用自己的方式来体验生活的时尚都市白领。景观设计中强调"现代艺术精神",大胆地追求现代艺术的精髓。在景观设计中采用了法国艺术家马蒂斯图案的构图和大量的仿生形态构图,很好地体现了从概念到形式的设计理念(图 3.55—图 3.57)。

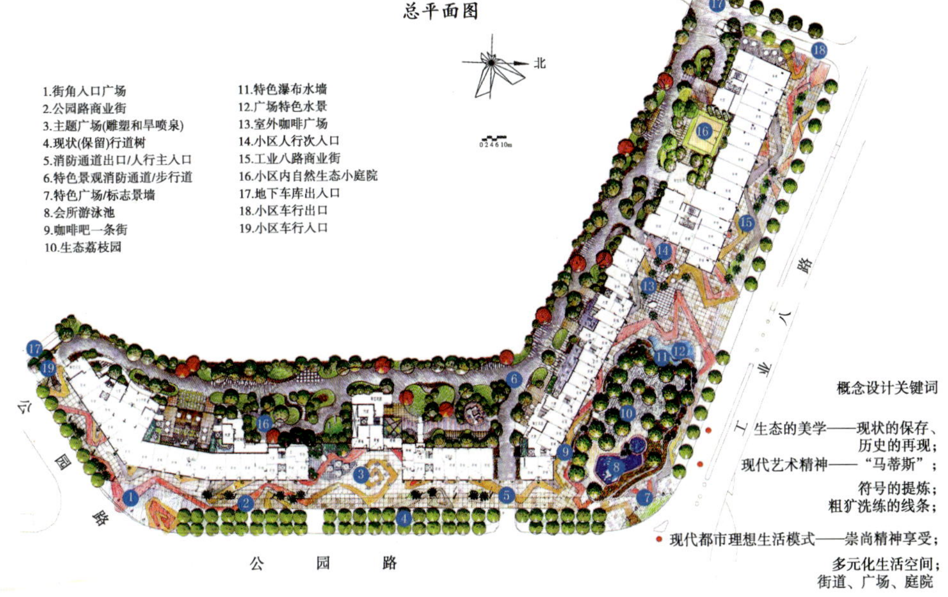

图 3.55 深圳招商花园城小区方案总平面图

图3.56 深圳招商花园城小区景观方案概念图

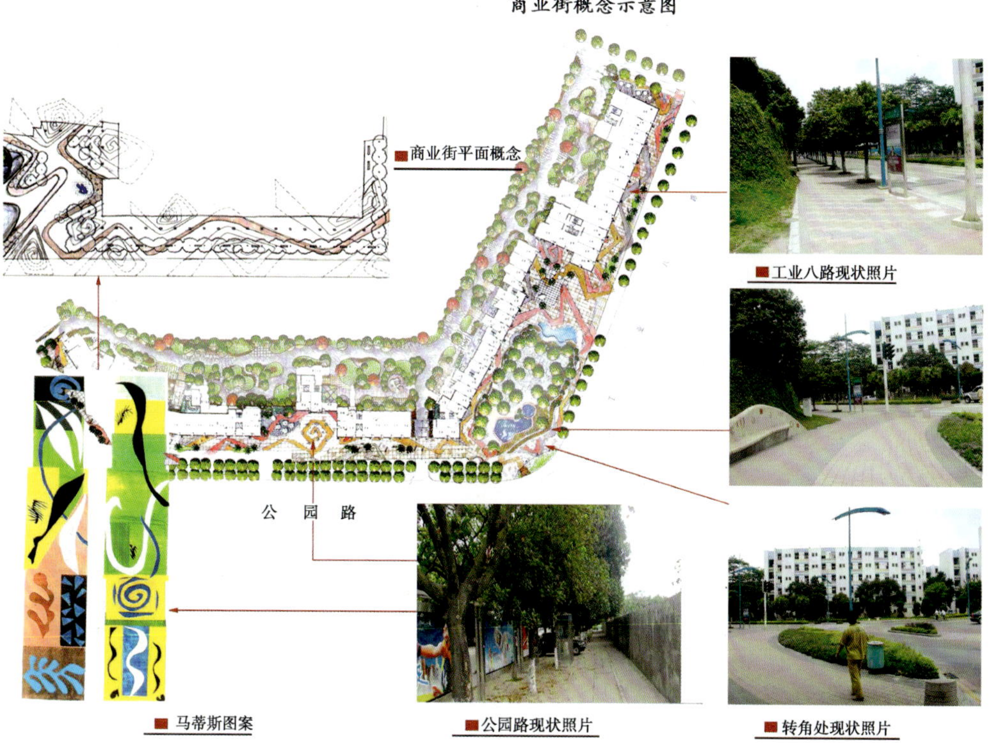

图3.57 深圳招商花园城小区景观方案图

项目小结

本项目主要介绍了居住小区环境景观设计的原则、居住小区环境景观设计的方法和程序。通过学习，使学生了解在居住小区规划层面，应该由规划专业与景观专业共同牵头，树立居住小区规划中的大景观和风景园林概念；建筑设计层面，建筑师应该具备风景园林的意识和修养，与景观设计师共同完成建筑设计工作，充分考虑住户的景观并将总体规划阶段的景观构思在建筑设计阶段予以贯彻；在景观设计层面，深化从总体规划阶段形成的环境景观脉络，将园林景观设计落实。

知识点拓展

1. 海绵城市建设技术指南——低影响开发雨水系统构建（扫二维码）

海绵城市建设技术指南
——低影响开发雨水系统构建

2. 海绵城市技术在居住小区中的应用（扫二维码）

海绵城市技术在居住
小区中的应用

3. 基于自然地理的海绵型居住小区设计探究（扫二维码）

基于自然地理的海绵型
居住小区设计探究

4. 既有居住小区海绵化改造主要技术措施分析（扫二维码）

既有居住小区海绵化
改造主要技术措施分析

思考与讨论

1. 组织学生实地参观，分析讨论居住小区景观设计与规划布局和住宅建筑设计之间的关系。

2. 列举 2－3 个居住小区景观设计案例，分析其主题确定的影响因素。

3. 以 3－4 人为小组，通过实际案例分析居住小区景观设计要素的应用方式，讨论要素与功能空间建构的关系。

4. 研读知识点拓展的相关材料，展开自由讨论，主题围绕海绵城市建设与小区环境景观设计关系。

项目4 居住小区环境景观设计重点

【知识目标】

(1)熟练掌握居住小区环境的绿地类型及作用。

(2)掌握居住小区主入口主要功能与景观构成要素。

(3)掌握居住小区主入口景观设计的重点内容。

(4)掌握居住小区儿童游戏场地景观设计原则与设计要点。

(5)掌握居住小区运动、健身场地的类型与设计要点。

(6)掌握居住小区的植物选择原则。

(7)掌握居住小区各类绿地的植物配置要点。

(8)熟悉居住小区道路等级与不同等级道路的铺装材料选择。

(9)熟悉居住小区儿童游戏场地分类与位置选择影响因素。

(10)了解居住小区道路景观设计的安全性要求。

(11)了解景观照明中各类光源的照明特性和适用范围。

【能力目标】

(1)能对居住小区实际项目的入口、道路、植物配置、儿童游戏场地及健身场地等重点景观设计值得借鉴的手法及存在的问题做出正确的评价。

(2)针对居住小区实际项目,能对各类绿地的植物选择和配置的设计手法做出适当的分析。

(3)针对居住小区实际项目,能对其重点景观设计内容提出改进意见,并做出相应的提升设计。

4.1 居住小区入口景观设计

4.1.1 居住小区入口空间的功能与作用

居住小区入口空间是居住小区环境的重要组成部分。一方面,它是小区居民必经的空间,起着集散人流的作用;另一方面,它联系着城市的道路或街道,是交通的转换空间,同时也是小区展示景观形象的窗口。做好小区入口的景观设计首先应了解小区入口空间的功能与作用。

1)交通功能

居住小区入口空间一端连着城市道路或街道,一端连着居住小区,是城市公共空间与居住小区内部空间连接的节点,是城市空间向小区空间的过渡,是小区人行和车行出入转换的枢纽。因此,交通功能是小区入口空间的首要功能。

居住小区入口空间的交通功能包括组织人行交通、机动车行交通和非机动车行交通。在交通的组织中,一方面要避免各种交通之间的相互干扰;另一方面,应认真考虑交通量、交通流向、道路坡度、交通视线等问题对交通带来的影响,避免在入口处发生交通拥挤,甚至造成相邻城市区域或小区内部交通堵塞的现象。居住小区入口空间的景观设计首先应保证入口人行和车行交通的便捷与顺畅。

2)管理功能

从我国目前居住小区建设的现状来看,居住小区是一个相对封闭、属于部分市民(业主)使用的空间,小区空间与城市其他空间之间一般都有明确的界限,这一界限的开口就是小区的入口空间。因此,居住小区入口空间还具有保护小区安全、控制人流车流进入、交换内外信息等管理功能。

居住小区入口空间景观设计应考虑用适当的设施来满足入口管理的需要,如大门、值班接待室、门禁系统、通信联系系统等。

3)聚集、停留与交往

居住小区入口是小区居民进出小区的必经通道,同时也是小区边界线形空间中的节点空间。等候、打招呼、交谈、宣传和展示等活动时常会在小区入口空间发生。因此,小区入口空间还具有供小区居民聚集、停留和开展各种交往活动等功能。

交往活动是居民日常生活中一种非常重要的活动,正常的交往活动有利于小区居民的相互了解,有利于建立和谐的邻里关系。交往活动往往容易发生在人们可以驻足的节点空间,小区入口正是这样的空间,因此在居住小区入口空间的景观设计中还应充分考虑居民集聚、停留的需求,努力营造一个活动可以发生的空间,以促进居民之间的交往。

4)展示、标志与象征

居住小区入口除具有前面所讲的实用功能以外,还具有展示小区景观形象、标志小区特有环境和象征、体现小区文化等功能。

居住小区入口空间是小区与城市两个不同空间的相交与转换界面。居住小区作为城市中的一个重要空间,其良好的景观形象往往会成为城市景观亮点。同时,居民对小区的第一印象也是通过对小区入口景观的视觉感受而获得的,因此在入口空间的景观设计中应充分重视小区入口的展示功能。标志是认知环境的参考,标志性是指独特的、区别于周围环境的景观。具有标志性的小区入口让人很容易识别,同时可以使居民对自己的小区产生认同感和归宿感。另外,小区入口景观还具有象征意义,通过入口大门、铺装、水体、植被等的独特设计,可以体现不同内涵,展现小区特有的文化。

4.1.2 居住小区入口分类

1)按等级分类

根据居住小区入口的规模大小和等级高低,可将入口分为主入口、次入口、专用入口。

(1)主入口 主入口是联系小区周边最主要的城市道路或街道,承担小区主要的人流或车流出入的功能,管理设备齐全,最能展示小区景观形象和代表小区文化内涵的入口(图4.1)。

图4.1 小区主入口

(2)次入口 次入口是相对主入口来说的,它联系小区周边较次要的城市道路或街道,承担了小区次要的、局部或少量的人流或车流出入的功能。次入口的规模等级要低于主入口,景观形象的重要性亦次之,景观设计处理相对简单(图4.2)。

(3)专用入口 专用入口是为小区的一些特殊功能要求而设,如消防、运送垃圾废物等。专用入口大门只在特殊使用时开启,一般不需要特殊设计,只需满足特殊的进出入功能即可(图4.3)。

图4.2 小区次入口

图4.3 小区专用入口

2)按交通类型分类

根据居住小区入口人车交通类型的不同,可分为人车分流入口和人车合流入口两种类型。

(1)人车分流入口 安全性是小区环境设计的一个重要原则,随着私家车数量的增加,车行交通越来越影响到小区居民的生活,在小区规划中,人车分流的设计越来越普遍。居民通过人行入口进入小区,而车辆则通过车行入口直接进入地下车库。人车分流不仅有利于交通的管理,同时也提高了小区环境的安全感和舒适性。以"泸州阳光尚城"小区入口设计为例,在规划设计中设计者利用地形高差,将人行入口和车行入口完全分开,车辆可从两个车行入口进出,同时可下到地下车库,小区中重要活动区域没有行车的干扰,家长非常放心小孩在小区内玩耍(图4.4)。

图 4.4 “泸州阳光尚城”小区人车分流的小区入口处理

图 4.5 人车分流的铺地处理

(2)人车合流入口　人流、车流共用同一个入口的方式称为人车合流入口,是目前我国小区较常用的一种做法。人车合流入口的好处是可以减少入口的数量,便于统一管理。然而随着居民拥有的车辆数量的增加,这种入口在交通组织和对小区安全性、舒适性及环保性方面的破坏也越来越突出。因此,在条件允许的情况下,尽可能实现人车分流;在确实不能做到人车分流的小区,设计中应尽量合理地划分出入口处人行和车行的路线,使其路线尽量少交叉或者不交叉(图 4.5)。

3)按空间形态分类

根据居住小区入口空间形态的不同,可分为规则几何形、不规则自由形和组合形等几种类型。

(1)规则几何形　居住小区入口为放大的节点空间,具有交通、管理、集散人流和展示小区景观形象等作用,规则几何形的空间能较好地发挥这些功能,因此这种形式在目前我国居住小区入口空间中较常见。所谓规则几何形就是应用建构筑物、园林小品、铺装、水体、植物等景观要素,形成圆形、椭圆形、矩形等几何形态的空间。这样的空间因有明确的形态感而具有内聚性的特征,容易形成引人关注的几何空间(图 4.6)。

图 4.6 规则形态的小区入口

(2)不规则自由形　在小区入口空间的布置中,有时因用地条件的限制,如地形高差较大或用地地块的形状不规则,或因处于较自然的区域内等原因,入口空间也可根据具体情况处理为不规则的自由形态。以“泸州阳光尚城”小区为例,小区入口位置地形高差较大,如果处理为规则的几何形态,就要破坏原始地形,进行“大填大挖”。这样不仅增加了工程量,还使原有景

观变得毫无特色，因此设计师选择了不规则的自由形态作为小区的入口空间(图4.7)。

图4.7　“泸州阳光尚城”自由形态处理的小区入口

(3)组合形　组合形是指在小区入口的设计中，将规则几何形态和不规则的自由形态有机地组合在一起，以形成形态丰富的入口空间(图4.8)。在现状用地条件允许的前提下，利用规则的几何形来解决入口的实用功能，而在用地条件限制较大的区域则利用自由形态来规避对环境的破坏，组合形的关键在于对形体数量和衔接的把握，在小区入口的设计中不宜加入过多的形态，以避免入口空间散乱无序。

图4.8　组合形态处理的小区入口

4.1.3 居住小区主入口景观设计

居住小区主入口是集中解决小区管理和交通问题的空间,也是展示小区形象的主要载体,因此本节着重介绍与居住小区主入口景观设计相关的知识(下文中的居住小区入口均指居住小区主入口)。

1)居住小区主入口景观构成要素

居住小区入口的景观构成要素是景观设计的素材,景观设计的特色由具体要素的状态和组合方式决定,这些要素与周围环境一起构成了入口景观的个性特色。居住小区入口景观的主要构成要素包括大门、铺装、水体、植物、雕塑等。其他要素还有地形、灯光、台阶,以及标识牌、垃圾箱、座凳等小品设施。由于主要构成要素对景观设计影响较大,下面将进行详细介绍。

(1)大门　居住小区入口大门由具有管理、值班、接待功能的门卫和具有防护功能的门体、围栏等建、构筑物组成。小区大门是入口空间实体性最强的景观组成要素,是景观视线的焦点,因此小区大门设计是小区入口景观设计的难点。一方面,小区大门必须具备管理和控制车行人行进出的功能;另一方面,大门的尺度、造型、风格、材料等既要与小区的建筑形式和周围的环境相吻合,同时其形象还要能跳出周围环境,成为小区的标志。

(2)铺装　小区入口铺装是指居住小区入口空间范围内的道路、广场等处的硬质表面。小区入口为节点空间,为满足必要的交通要求,硬质铺装所占的比例往往较大,铺装对入口景观的影响不容忽视。入口铺装一方面要满足居民的使用要求,另一方面又要满足景观视觉的要求。好的铺装设计可以划分和暗示不同的功能空间,起到疏解和引导交通的作用,同时不同图案和肌理的铺地还能与小区入口的其他景观要素共同形成良好的入口形象。

(3)水体　水是景观设计中最活跃的元素,由于小区入口是集中展现小区景观形象和文化内涵的空间,所以具有很强可塑性的水体在居住小区的入口景观设计中经常被使用。水体具有不同的形状和动态,其运用的好坏往往会对入口的品质景观产生很大影响。以重庆蓝调城市景观规划设计有限公司设计的四川泸州"天立水晶城"小区主入口的水体处理为例,从图4.9中可以看到,设计师充分利用了水元素的活泼和流动性,利用水体组织景观序列,通过曲水、跌水、涌泉、喷泉等形式,配合铺装、小品和植物,形成景观层次丰富、特色突出的入口空间。

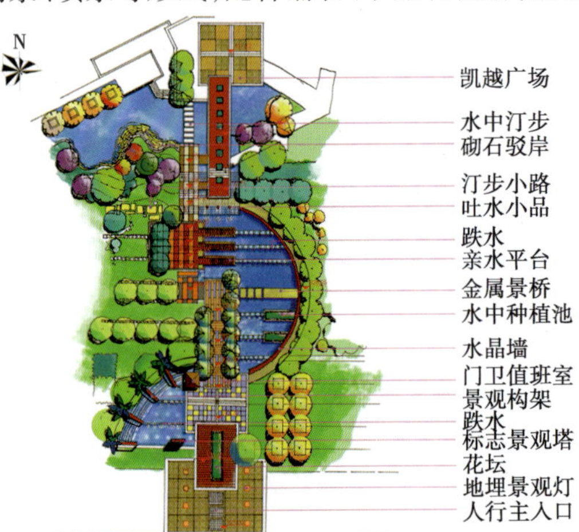

图4.9　四川泸州"天立水晶城"小区主入口水景

(4)植物　良好的生态环境是高品质小区的标志,植物是城市中主要的自然要素,也是居住小区入口景观的重要构成要素。植物具有不同的大小、形态、色彩和肌理，在不同的季节和气候条件下，还会呈现出不同的外貌等特征，这使植物成为丰富和美化小区入口景观的重要素材。同时植物还具有围合、划分和组织空间，阻挡和引导视线的作用，在小区入口空间和景观序列的建构中起到非常重要的作用（图4.10）。

图4.10 小区入口的植物配置

（5）雕塑 在景观设计各要素中，雕塑是最能直接地传达设计者思想和设计内涵的物质载体。小区入口不仅要向人们展示独特的、具有吸引力的景观效果，还应使人们体会到小区特有的文化和精神内涵。因此在小区入口的景观设计中雕塑常常具有特殊的效果。好的雕塑能与周围环境相协调，烘托整体空间气氛，提升小区入口的标志性，提高小区入口景观的文化品位。相反，拙劣的、与环境不协调的雕塑则会在很大程度上破坏景观，甚至降低整个小区的景观品质。

2）居住小区主入口景观设计主要原则

（1）整体性原则 居住小区入口景观设计整体性原则包括3个层次的内容：在城市层面，与相连的城市道路或街道的景观协调；在小区层面，与小区景观设计的主题和风格协调；在小区入口空间层面，保证各个景观构成要素之间的协调。

小区入口景观是居住小区景观的有机组成部分。入口景观的设计应遵循小区整体环境景观设计的控制，首先应明确入口在整体景观中的功能、空间、形象等方面的定位，明确定位以后，利用大门、铺装、水体、植物、其他小品等入口景观构成的要素进行适当的设计，使其与小区环境的其他部分形成统一的整体。另一方面，小区入口也是城市景观的有机组成部分，在城市环境的改善、城市空间的使用和城市景观品质的提升等方面，小区入口都应有所贡献。例如成都中海“望江豪亭”位于成都中心区，北临城市干道太平南新街，东临城市景观道路——望江路，为了与城市景观发生更紧密的联系，设计师将主入口处理为向城市开放的绿地，由于紧邻滨河路，在景观设计中选用了“水”这一富有地域特色的要素，结合树阵、花池等，形成充满活力的城市空间。这样的处理不仅增加了小区入口景观层次，减弱了城市对小区的干扰，还为城市提供了一个公共空间，同时美化了城市景观（图4.11）。

（2）个性化原则 小区入口是居住小区整体景观的一部分，但由于其特定的位置和功能，使其成为小区环境景观中较为独立和特殊的景观。因此，在景观设计中应遵循个性化的原则。

所谓个性化原则，是指在保持居住小区景观整体风格统一的前提下，综合应用构筑物、水体、植物、雕塑、铺装、小品等景观要素，适当地通过造型、色彩、材质等的变化，突出入口景观的异质性。以此增加入口景观的视觉标志性，使其易于识别，同时充分体现小区独有的文化内涵。

（3）场地功能复合化原则 场地功能复合化原则是指在小区入口有限的空间，进行合理的设计，使其能承担交通、管理、居民聚集、等候等活动以及展示景观形象等多种功能。

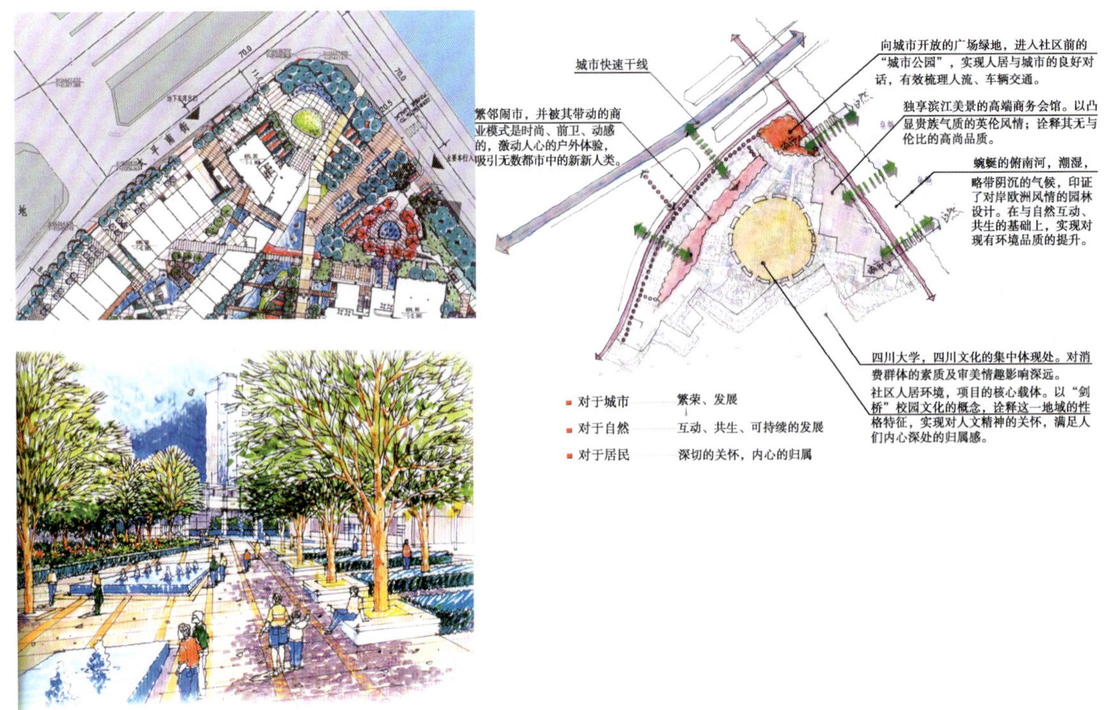

图 4.11 成都中海“望江豪亭”入口处理

小区入口空间虽然是节点空间，但与城市广场相比，其规模有限。要在有限的场地中安排不同的功能，则需要设计师注意场地功能复合化使用的问题。小区入口空间是小区内为数不多的集中活动场地，因此入口景观的设计中，不能仅仅为了满足视觉的需要而忽略了居民其他活动的要求。以重庆“学林雅园”的入口为例，入口广场发生的活动包括早上的锻炼、晚饭后儿童的聚集、老年人跳舞、周末放电影、节假日业主的各种活动，等等。为了解决场地各种使用功能与视觉景观方面的矛盾，在水景的处理上，设计时选择了不占空间的旱喷泉的形式，这样可留出足够的空间满足居民各种日常活动的需求(图 4.12)。

图 4.12 “学林雅园”小区入口广场的复合化使用

3)居住小区主入口景观设计的重点

(1)组织功能与流线，合理安排空间布局　居住小区主入口的各项功能，由不同的功能空间支撑。根据所承载的主要功能的不同，主入口由门前集散空间、门体空间和门内引导、过渡和集散3部分空间组成(图4.13)。在主入口的景观设计中,首先应根据交通的具体情况,合理安排这三大功能空间,处理好车行、人行流线以及人、车流线与人停留、聚集的关系。

门前集散空间是连接城市道路及街道的缓冲空间,是由城市向居住小区转换的引导空间。在设计中应首先对大门穿行的主体、穿行的方式、穿行的速度等方面进行分析,在此基础上通过恰当的围合与空间划分,使停留与运动分开,人与车分行,达到互不干扰、强化入口通行功能的目的(图4.14)。门体空间是小区与城市的分隔界限,也是小区空间序列的开始,在门体空间的设计中,应注意合理组织流线,避免人流交叉,保持视线的开阔。门内空间是引导居民进入小区腹地的过渡空间,一方面通过相连的不同分级道路引导居民通向各组团、各单元;另一方面要考虑设置适当的停留、交往空间。在设计中应注意通行人流与聚集人流之间的干扰问题,应避免过多人流的聚集妨碍入口的通行功能(图4.15)。

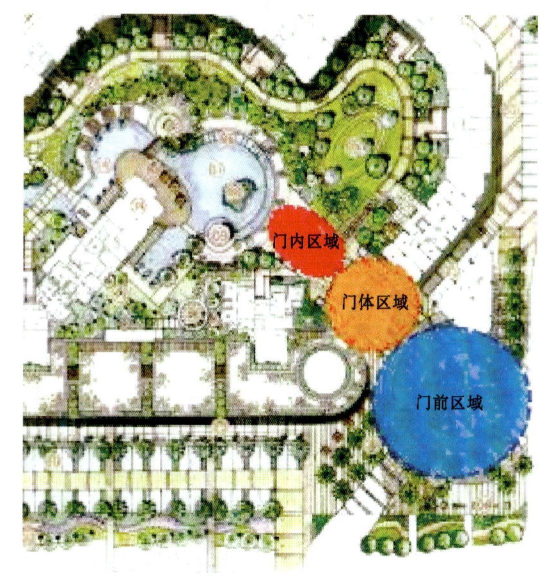

图4.13　小区入口功能空间组成

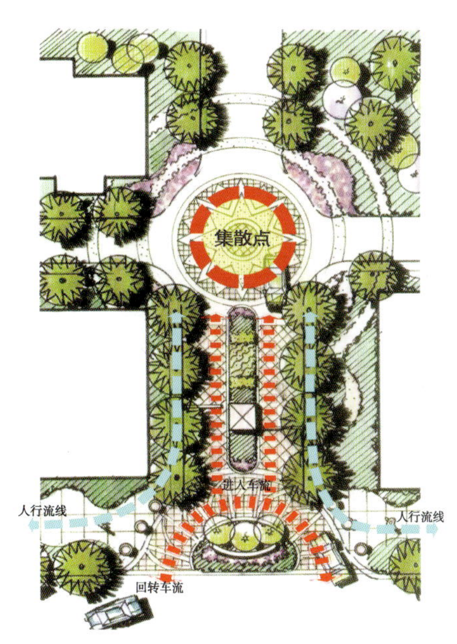

图4.14　小区入口流线组成

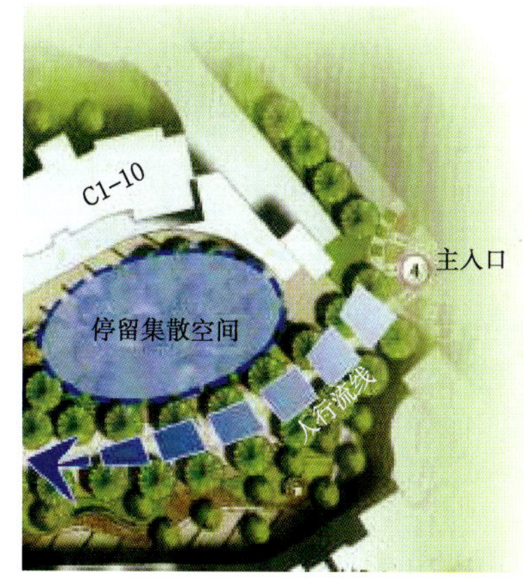

图4.15　门内空间应注意引导与停留的结合

在人车混行的小区入口空间布局中,门前集散空间解决车的停留与通行功能,同时与城市交通之间形成必要的缓冲空间,在小区内部则应实行“人车分行”的道路系统方式。随着私家车数量的增多,许多新建的小区在规划布局上已实现了人车分流,一般情况下人行入口为展示小区形象的主入口，通过适当的景观设计，主入口可成为一个可通行、可交往、可购物、可休憩的富有活力的空间。

(2)围绕立意与主题建构特色的景观序列　小区入口的功能虽大同小异，但由于小区整体景观立意和主题的不同，在入口空间景观设计中，景观元素的组织和景观序列的安排有极大差异。设计师首先应该明确入口景观在小区整体景观序列中的定位，入口的景观设计应围绕这一定位进行；同时注意小区入口本身也是一个完整的空间序列，在景观设计时应整体考虑，避免孤立对待。

小区主入口前广场是城市景观尺度向小区景观尺度的过渡，是小区入口景观序列的起始，也是高潮，在景观设计中应注意与城市景观的关系，可结合小区的公共服务设施，利用整齐的树池、跌落的水景、有序的台阶等景观要素，围绕小区的整体景观立意，塑造出一个可通行、可交往、可休憩，甚至是可购物的入口起点；门体是小区入口景观序列的转折，门体的造型、尺度、色彩、材质等都应和入口景观的整体风格相协调；门内空间是入口景观序列的结尾，也是小区内部景观序列的开始，因此应注意与小区内部景观的衔接，在此空间中可为居民提供驻足停留的场所，可布置水体、花坛、矮墙、座凳、宣传栏、指示牌、艺术小品等。

图4.16　“春天大道”小区入口

在已建成的居住小区中，有许多入口景观特色分明的优秀实例。例如，成都温江的“春天大道”小区，其入口景观设计强调自然的风格，因此在与城市道路衔接的部分布置了大量的绿化，门体尺度小巧，用材和色彩自然朴质，整体形象掩映在绿树丛中，植物成为小区入口景观的主角(图4.16)。又如，重庆万科“渝园”小区，小区整体景观体现中国传统园林风格，因此，在小区入口景观的营造上也用了中国传统风格，入口广场、门体和门内空间的设计中均用了中国传统园林的景观元素，统一的景观序列和效果，突出了小区的特点(图4.17)。

图4.17　万科“渝园”小区入口

(3)配置适当的景观要素

①大门：小区大门是指小区入口处有一定使用功能的建筑物及其相关的构筑物为主体的空间，它是从城市向小区过渡的实体转折空间，是景观视线的焦点和小区形象的标志。一般情况下，小区大门由具有管理、值班、接待功能的门卫和具有防护功能的门体、围栏等建、构筑物以及

植物组成，多独立于周围建筑之外，带有可开启和关闭的电子门（图4.18）。在商业价值较高的某些城市地段，具有防护功能的围墙则往往被商业裙房所代替，形成街坊式的小区入口空间，也有和会所、售楼处相连，甚至将建筑底层架空作为门体的形式（图4.19）。小区大门具有疏导人流、车流，标志界域，安全防卫以及展示小区形象等功能。

图4.18　独立式小区入口大门

图4.19　附建式小区入口大门

小区大门有各种不同的形式，从布置形态来看有附建式和独立式；从构图规则来看有对称式和自由式（图4.20）；按建筑风格来分，则有古典式、现代式和自然式等（图4.21）。

图4.20　对称式和自由式的小区大门

图 4.21 不同建筑风格的小区大门

居住小区的大门设计的共同特点包括:

a. 在大门的景观设计中要注意合理组织流线,避免人流交叉,保持视线的开阔;

b. 要注意与小区的建筑保持尺度、风格和色彩的协调统一;

c. 居住小区是人们日常生活的地方,大门设计应体现小区的居住文化以及和谐、安宁的气氛,因此门体的尺度不宜过大,造型应简洁,忌过度夸张,色彩柔和,不宜过于刺激;

d. 小区居民天天进出小区都会近距离接触大门,所以在居民可触摸的地方,应特别注意材料、造型等细部的设计,高品质的细部设计会大大提高小区大门的景观品质(图 4.22)。

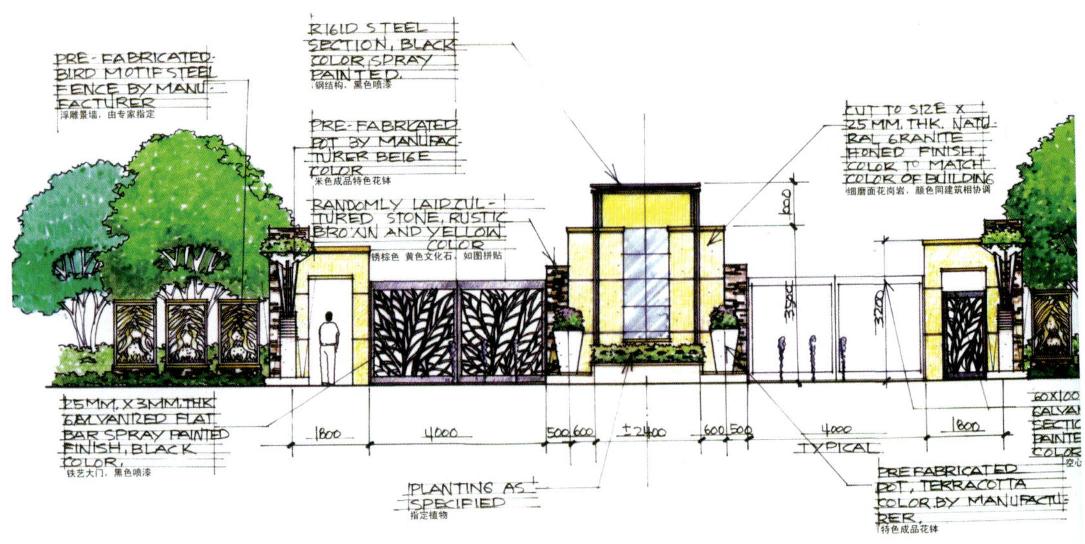

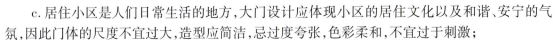

图 4.22 小区大门的细节处理非常重要

②铺装：小区入口铺装是指小区入口空间范围内硬质地面的铺砌材料。铺装具有暗示空间的作用，利用材质、色彩等可划分不同的空间；铺装还有统一协调的作用，虽然入口处的要素在特性和大小上有很大的不同，但是在总体布局中如果铺装用同一形式，它们也会连成一个整体；同时铺装能引导人们的视线，因此具有引导人流的作用；最后，铺装能形成独特的个性空间，以重庆万科“渝园”小区为例，入口小广场用了地砖、瓦片、石雕等铺装材料，形成了独特的景观效果（图4.23）。

图4.23　万科“渝园”的特色铺装

在入口空间的景观设计中，可利用不同的地面铺装限定不同场地的性质与使用功能，将外部城市道路与入口区域划分开。同时还可通过铺装与柱列、景墙、花池、雕塑等其他景观元素的组合，以及地面高差的处理等强化空间的划分和过渡，形成既统一又有层次的景观序列。铺装的设计既要满足使用功能，又要满足景观需要，具体来讲设计时要注意以下几点：

a.要满足安全、方便使用的要求，应避免使用易使人滑倒和行走困难的铺装材料，如大面积的光面花岗石、大面积凹凸不平的鹅卵石、易带泥的嵌草砖等。

b.应根据空间的性质、功能和尺度的不同，选择色彩、尺度、质感等有变化的不同铺砖，利用不同的视觉效果来引导视线，划分空间。当然，在多种铺装的设计中，应注意基本材质和色调的控制，使入口景观在统一中产生变化（图4.24）。

图4.24　统一中有变化的铺装

③水体：水是景观设计中最活跃的元素，小区入口是居住小区重点打造的标志性景观，所以“水”也是小区入口空间景观设计中最常用的要素之一。在入口景观中“水”具有形成视线焦点、引导以及划分空间等作用。

从形态方面来看，水有动态和静态之分。小区入口景观中的水多以动态为主，如位于入口景观序列高潮的喷泉、跌水；成为对景或结合围墙处理的壁面水景；沿人流行进方向设置的溪流、人工台地跌水等。此外，为满足入口空间功能的复合性使用，在入口广场的设计中还可用旱地喷泉的形式（图4.25）。当然，在用地允许的情况下，静态的水体也可使用，静态的水体可体现安静的居住氛围，同时还可起到阻隔和引导流线等作用。例如，重庆“卓越美丽山水”滨江路

入口处的大型镜面无边水池，一方面形成入口建筑前的景观，同时也起到限制人流的作用（图4.26）。

在入口景观水体元素的具体运用中，设计师应从整体的构思出发，根据整体构思中对风格的限制，巧妙地将水体要素与地形、植物、铺装、雕塑等要素结合，设计出与整体风格相协调的水体形式。以重庆市"春风城市心筑"小区主入口水景处理为例，小区的整体景观为自然宁静的风格。入口处有地形高差，为了突出整体风格和解决高差问题，设计师在小区主入口处应用了水体元素，运用涌泉、跌水、静态水池等不同形式，入口处金字塔形的涌泉配合大榕树桩头形成主入口景观视觉的焦点，水池边的水杉、八角金盘、睡莲、菖蒲、水生美人蕉等植物则烘托出小区郁郁葱葱、自然质朴的家园氛围（图4.27）。

图4.25　小区入口不同形态的水体景观

图4.26　重庆"卓越美丽山水"小区入口处的无边水池

图 4.27 重庆"春风城市心筑"小区入口水景处理

④雕塑：小区入口景观应传递小区特有的文化，同时也是小区的标志，因此雕塑在小区入口景观中起着画龙点睛的作用。雕塑的形式多种多样，有抽象的、具象的、传统的、现代的。雕塑的材质也非常丰富，有传统的石材、金属、木材、石膏、混凝土等；还有新型的材料，如玻璃、陶瓷、纤维、一些感光材料等。

雕塑是入口景观的组成部分之一，因此在雕塑的设计中应特别注意与入口景观氛围的协调，以及与植物、水体等其他景观要素的配合，雕塑位置、尺度、色彩、材质、数量等的选择应符合整体景观规划设计的要求。雕塑应与其周围的建筑、景观、场地形成和谐而有秩序的关系。其次，雕塑要传递一定的文化内涵，这一内涵应是小区特有的居住文化，雕塑是这一文化的具体物化的形象，因此雕塑的造型、材料、色彩都应与这一文化有同构的关系。另外，雕塑设计应有较强的标识性，往往能与其他景观元素共同构成小区的标志性景观。

雕塑虽然只是入口景观的要素之一，但在入口景观设计中，往往能形成鲜明的形象，能有效地烘托整体空间气氛。

4.2 居住小区儿童游戏场地景观设计

4.2.1 居住小区设置儿童游戏场地的意义

居住小区儿童游戏场地是指在居住小区用地范围内专门为儿童游戏活动提供的空间。居住小区儿童游戏场地的设置有利于儿童的身心健康和性格培养，在形成和谐社区人文环境等方面具有重要意义。

(1)有助于儿童身心健康和性格培养　设置居住小区儿童游戏场地是儿童身心健康和性

图 4.28　儿童与其他小朋友交流协作

格培养的重要保证。人的交往活动从幼年时期就已经开始,学会与人沟通和交往是儿童幼年期的重要任务,儿童正是在与他人尤其是同龄伙伴的广泛交往中,学习社会规范,认识社会角色,提高交往技能,发展社会情感的。在居住小区内创建儿童游戏场地,可以提供儿童与其他小朋友交流、协作的空间(图 4.28)。

(2)有助于形成和谐的社区人文环境　创造居住小区中的儿童游戏场地环境,是促进邻里交往,提高社区人文环境品质的重要条件。儿童游戏场地不仅仅为儿童提供了一个游乐的场所,并且通过孩子们的交流促进了大人与孩子、大人与大人间的交往,为相识及不相识的人群提供了一个重要的交往场所。正是通过孩子这个纽带,原本陌生的邻里关系得以改善和融洽,并逐渐形成了和谐的社区风尚。

(3)能大大提高儿童户外游戏的频率　由于距离居民住宅近,在居住小区中为儿童设计户外游戏场所,不仅可使儿童游戏由节假日型转为日常型,大大提高儿童户外游戏的频率,更可最大限度地使儿童脱离成人的看护,充分发挥主观能动性,自由游戏。

4.2.2　居住小区儿童游戏场地分类

1)按布置方式分类

根据居住小区内儿童游戏场地布置方式的不同,可分为集中式儿童游戏场地和分散式儿童游戏场地。

(1)集中式　集中式儿童游戏场地是指在居住小区内,把众多儿童游戏内容集中布置在一块区域,其设施齐全,服务范围广。它一般位于居住小区的中心位置,常结合居住小区公园绿地布置。该类型的游戏场地具有极大的复合性,为满足不同年龄段的孩子对游戏场地的不同需求,常按年龄段来划分游戏空间,如婴幼儿活动空间、学龄前儿童活动空间、学龄儿童活动空间;除此之外还可按活动方式来划分,如游戏设施空间、自然空间、开放空间、休息观看空间、隐蔽空间、交往空间等。集中式儿童游戏场地一般都具有规模大、内容丰富、设施齐全、服务对象全面等特点。在处理这类场地时应该注意空间之间进行一些适当分区,避免使用上的相互干扰(图 4.29)。

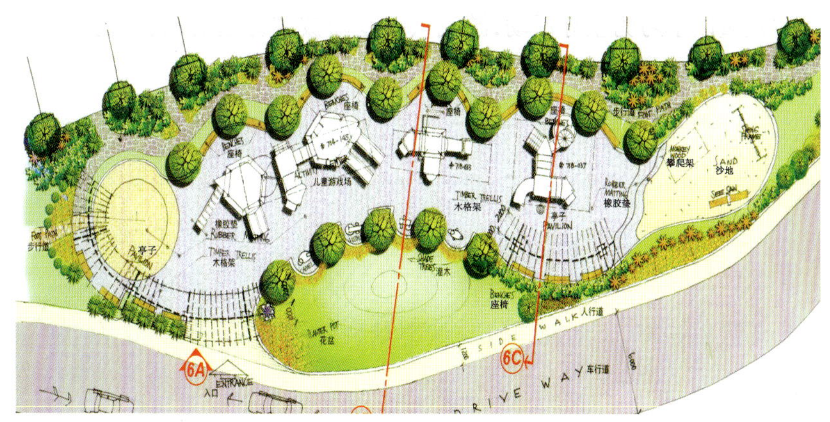

图 4.29　集中式儿童游戏场地

(2)分散式　分散式儿童游戏场地是指在一个居住小区内,分散布置多个儿童游戏场地的布局形式。这种形式的游戏场地通常有住宅庭院内的儿童游戏场地和住宅组团内的儿童游戏场地两种类型。住宅庭院内的儿童游戏场地是规模最小的儿童活动场地,在场地内可设置沙坑以及铺设部分地面,安放座椅供家长看管孩子时使用,一般为6周岁前的儿童使用。住宅组团内的儿童游戏场地占地稍大,为5~8幢住宅楼的儿童使用,可安置简易的游戏设施,如沙坑、秋千、攀登架、跷跷板等小型器械,也可设置游戏墙、绘画用的地面、墙面或小球场等,是儿童使用率较高的场地。这种儿童游戏场地往往是把不同功能的内容分散布置在小区范围内,场地具有规模较小、功能单一、活动内容简单等特点。

2)按服务对象分类

根据居住小区儿童游戏场地服务对象的不同,可分为婴幼儿活动区、学龄前儿童活动区、学龄儿童活动区。

(1)婴幼儿活动区(1~3岁)　该阶段儿童活动能力不足,因此活动区面积不必太大,空间也可简单化处理,主要是为儿童提供看、听、触摸的物体,同时设置一些行走、跑、跳等活动内容的设施即可。安全性是该类型场所需要重点考虑的因素,可做些专业化的处理。例如,场地可以设计成口袋形,出入口应该对着住宅单元的入口方向,游憩场地内部的道路表面要平滑,达到婴儿车和学走路儿童方便使用的要求。同时,场地边界可以设置一些围合物,增强游憩场地的安全感和封闭感。此时期的儿童需要家长带着与其他孩子一起玩,家长们也常常参与其中,因此婴幼儿活动区通常会变成老年人、成年人和孩子们共同活动的场所。

(2)学龄前儿童活动区(4~6岁)　学龄前儿童是居住小区儿童活动场地中最主要的使用者。此年龄阶段儿童的活动能力增强,具有一定的操作物体和进行简单游戏的能力,爱模仿成人活动,对户外活动的需求也随之大大增大,但是仍然需要家长适当的看护。随着年龄的增大,儿童的空间概念增强,能辨别基本的颜色,感知相对也较为丰富,游戏场地内的设计形式也应略加复杂,内容变化多样,色彩丰富。玩沙区是这个年龄段儿童较受欢迎的游戏活动平台。同时,弹簧类座椅、跷跷板和秋千都是非常合适的游戏器械。游戏器械下面要铺设沙子、塑胶垫等弹性面材,以免儿童摔伤。

(3)学龄儿童活动区(7~12岁)　学龄儿童已经具有了独立活动的能力,运动技巧的自控能力和平衡能力增强,能进行较强的体力活动,初步具有抽象的逻辑思维和自主的行为习惯。此阶段的儿童不喜欢固定的人为设计的局限空间,通常喜欢去一些杂草丛生等具有神秘感的地方。这个时期的儿童以学习为主导活动,游戏兴趣逐渐被体育运动代替,竞争意识增强。空地一直都是这个阶段儿童最喜欢的空间,这能使他们感受到玩耍的自由,所以这一类型的场地往往会提供一块空地供孩子们玩耍,场地界限不明显,且内部会有地形的起伏变化,孩子们能在上面躲藏、翻滚、滑行等。

4.2.3　居住小区儿童游戏场地景观设计

1)居住小区儿童游戏场地景观构成要素

居住小区儿童游戏场地的景观元素主要包括地形、游戏设施、铺地以及植物等。这些元素的设计和组合构成了儿童游戏场地的特有环境。下面将对它们逐一进行介绍。

(1)地形　地形是场地的自然分割,能够起到美化环境的作用。在居住小区儿童游戏场地设计中,应充分利用原地形的土坡或者小山丘,孩子们可以在这里翻滚、奔跑,也可以把自己的

玩具从斜坡上滚下。高差的变化能为儿童提供更多的活动内容,可以让他们从高处和低处不同视角观察周围的环境,他们乐于在这样的空间中玩耍(图4.30)。

图4.30 利用地形丰富活动内容

(2)游戏设施　游戏设施是儿童游戏场地空间构成不可或缺的要素,也是整个游戏场地的核心内容,其布置设计的结果直接影响着整个游戏空间的使用价值。由于周围建筑的影响和规模的限制,居住小区内儿童游戏设施往往成为儿童游戏场地空间环境构造的主要要素。儿童游戏场地游戏设施主要有混凝土组合游戏器具、沙、水、游戏墙、秋千、滑梯、转椅、攀登架等(图4.31)。游戏设施的设置与选择应对儿童智力与想象力的创造和激发有积极的引导和促进作用。

(3)铺地　在儿童游戏空间中,铺地是非常重要的景观要素。铺地不仅可以起到划分空间的作用,而且鲜艳的色彩和生动的图案铺地可以为儿童提供视觉刺激,吸引儿童的注意,渲染出儿童游戏场地活泼、明快的氛围。儿童游戏场地的铺地形式也是非常丰富的,常常以体现童趣的色块铺地为主(图4.32)。

(4)植物　植物是儿童游戏场地空间构成的另一个不可缺少的景观要素。植物配置是创造良好自然环境的重要措施之一。要营造儿童游戏空间优美活泼、自然安全的环境,离不开植物的精心配置。在居住小区的儿童游戏场地中,植物有界定和分隔空间(图4.33)、成为审美和学习对象、调控小气候等作用。儿童对植物和其他自然要素具有特殊的亲切感,植物提供了有趣、开放的环境,能够促进探索和发现、表演和想象,儿童也可以把植物作为游戏和学习的一种基本资源。

图4.31 攀登架

图4.32 丰富的色块铺装

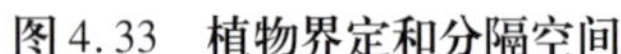
图4.33　植物界定和分隔空间

图4.34　儿童活动空间各元素的综合设计

2）居住小区儿童游戏场地景观设计主要原则

（1）整体性设计原则　儿童游戏空间的设计要与居住小区的整体环境相结合。居住小区儿童游戏场地位置的选择、出入口的设置要综合考虑与周围环境的关系，地形地貌、植物绿化、游戏设施、色彩等均应与环境相协调。此外，儿童游戏空间的设计内容和设计风格要与居住小区建筑特点相结合（图4.34）。儿童活动空间设计应将多元环境要素加以综合，强调环境的整体性，把儿童游戏空间和居住小区的整体环境结合起来，作为一个整体加以研究。

（2）人性化设计原则　居住小区儿童游戏场地是为儿童提供玩耍和交往的空间。设计时要充分考虑儿童的生理特点和心理特点，充分考虑不同年龄儿童的不同需求。具体设计时，要考虑以下内容：

①尺度：儿童游戏场地要根据不同年龄阶段的儿童尺度进行设计。道路宽度、建筑小品大小、植物高度、游戏器械尺寸，都要满足儿童不同年龄段的尺度和心理标准（图4.35）。

②色彩：明快鲜艳的色彩能给儿童带来愉快的心情，儿童极少以冷暖来区分色系，也极少注意到生活当中的灰色调。他们比成人更喜欢大红、大绿、大黄等饱和度高的颜色。在儿童游戏场的设计中，要充分考虑儿童对色彩的敏感性，大胆地使用一些对比色（图4.36），特别是游戏设施的颜色要明快鲜艳，但要和周边环境统一协调。

③多样性：不同的兴趣爱好和身体机能，使得儿童在选择游戏方式上也有所不同。对于设计者来说，要为儿童提供一个多样性的活动空间，满足儿童好奇、乐于探索的心理需求（图4.37）。多样性与设备数量没有直接关系，更多情况下与复杂程度有关。例如《公园行为心理》中提出儿童对单个游戏器械容易厌倦。当多个游戏器械按循环路径的方式布置时，儿童停留的时间明显增加，场所也更有乐趣了。

④创意性：富有创意性的游戏器械和场地（图4.38）可以使儿童在游戏中充分发挥其艺术天分和激励他们的想象力和创新精神。

（3）安全性设计原则　在进行小区儿童游戏场地设计时，应以安全性为总的指导原则。在儿童游戏场地设计中，地面铺装、儿童活动器械都应当选用贴近自然的材质（图4.39），例如木材、橡皮砖、草皮等。在游戏设施下方的活动场地中应铺设软质的缓冲材料，例如合成泡沫塑料、橡胶垫等。游戏设施要足够牢固，应选择边界光滑、没有棱角的器械，登高攀爬设施的栏杆扶手等要符合有关规范规定，以避免儿童在游戏活动中受到伤害。

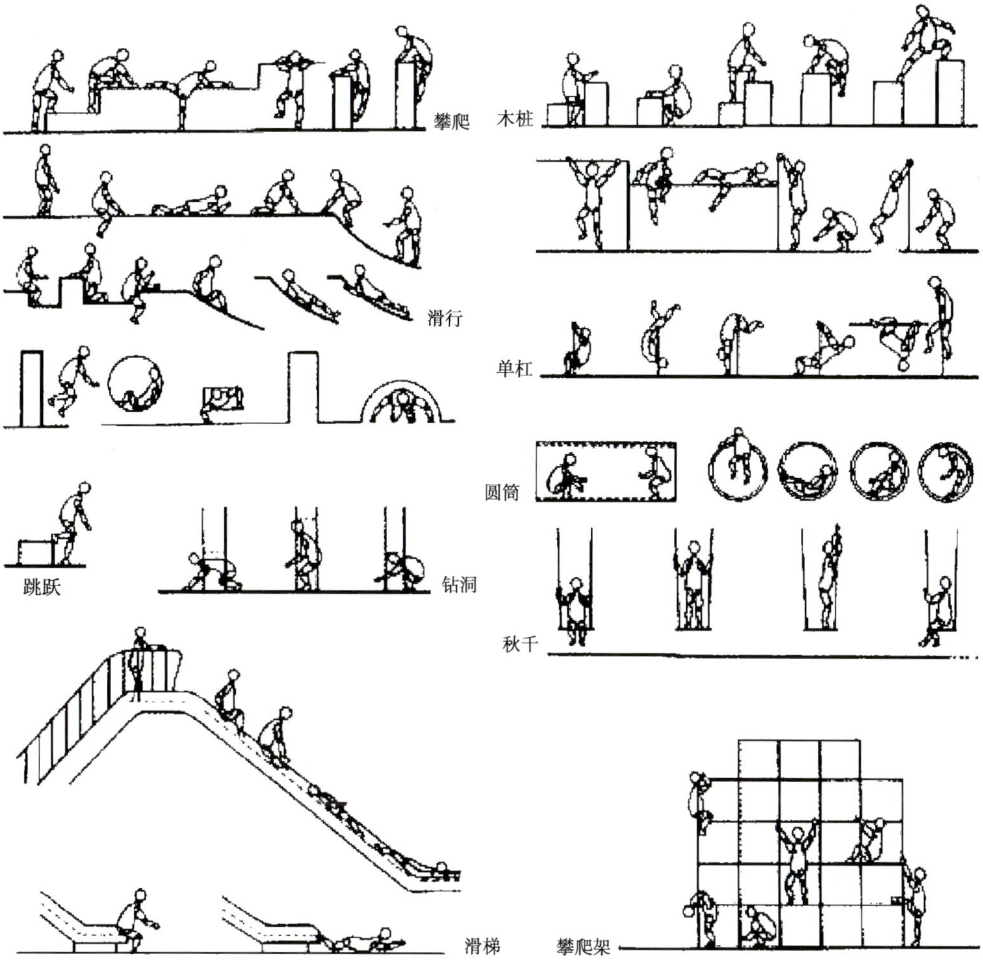

攀爬 木桩

滑行

单杠

圆筒

跳跃 钻洞

秋千

滑梯 攀爬架

图 4.35　儿童活动与器械尺度

图 4.36　明快的对比色彩

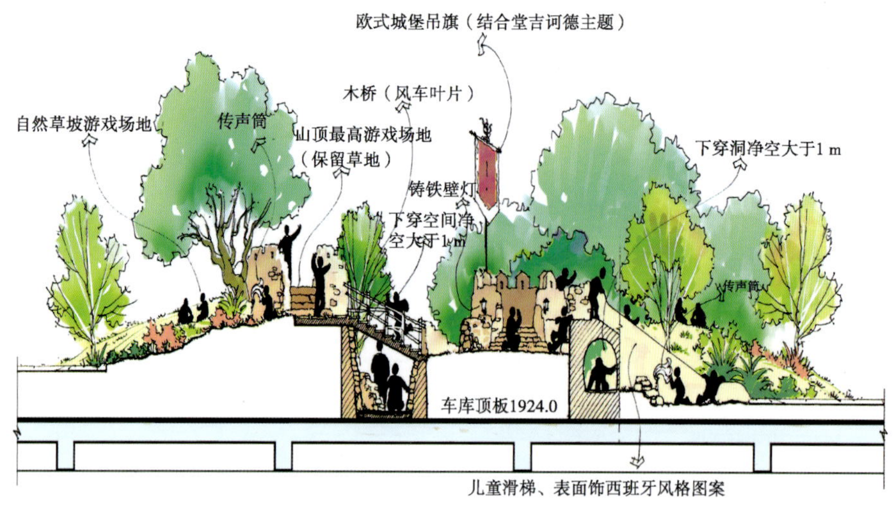

图4.37　满足儿童好奇、乐于探索心理需求的多样活动空间

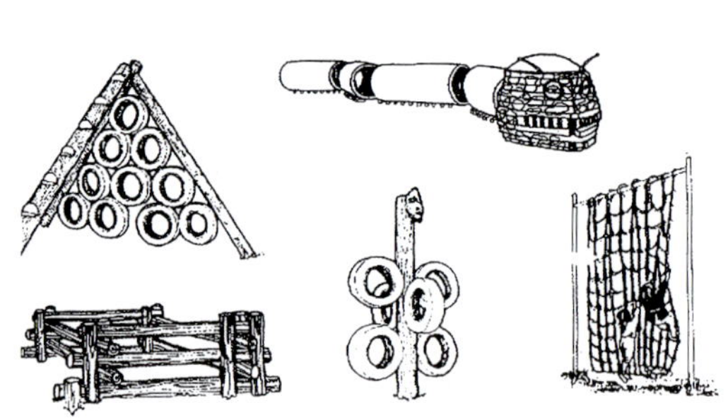

图4.38　富有创意的游戏器械

图4.39　自然材质游戏器械

(4)兼顾性设计原则　在儿童游戏场地附近应提供家长看护的空间,有一定的围合感,同时朝儿童游戏场地开敞,这类空间最受家长欢迎。这样的空间最能提供安全感和归属感,易于促发交往活动以及家长的聚留(图4.40)。

(5)生态性设计原则　儿童游戏空间设计的生态性原则,就是将人工环境与自然环境有机结合,在满足儿童游戏回归自然的精神渴望的同时,使儿童游戏贴近自然、了解自然,增加儿童对自然的认识。在设计时可顺应场地的自然条件,合理利用土壤、植被和其他自然资源,充分利用日光、自然通风和降水,同时注重乡土植物的运用。

3)居住小区儿童游戏场地景观设计的重点

(1)居住小区儿童游戏场地位置选择　由于儿童是居住小区儿童游戏场地的主要使用者,且考虑到儿童游戏空间与居住小区其他空间的关系,对儿童游戏场地的位置选择变得尤为重要。

①位置选择原则

a. 遵循可达性原则。可达性包含行为的可达性和视线的可达性。选择儿童便于就近使用的位置(图4.41),使儿童出入方便。尽量选择与其他活动场地接近的地方,便于成人看护,让儿童有安全感。

b. 遵循安全性原则。尽量远离可能行车的小区主要交通道路,对交通安全的担心也难以令家长放松,会影响儿童的使用。

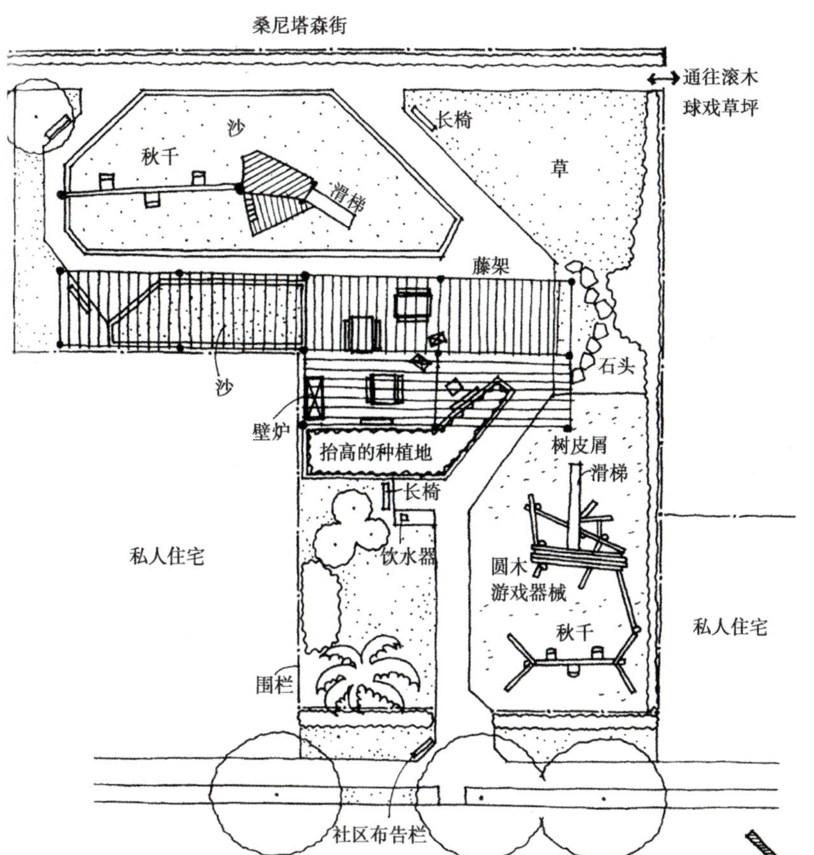

图 4.40　提供家长的看护空间

c.遵循健康性原则。选择具有充足的阳光、良好的通风条件并有适当遮阴地块的场所。游戏场地适宜向阳面,充足的阳光有益于儿童的生长发育。选择通风良好的地方,场地通风可以抑制细菌的增长(图 4.42)。

d.遵循独立性原则。对场地进行适当的围合,可以避免儿童的活动受到外界活动、噪声及其他污染源的干扰(图 4.43)。

图 4.41　选择与家门口接近的地方设置儿童活动场地

图 4.42　有充足阳光的地方宜设置儿童活动场地

e.遵循关联性原则。选择儿童游戏活动场地的时候,要考虑和周边场地的联系,与整体景

观规划设计取得协调。

②位置布局方式：儿童游戏场地在居住小区内的类型不同，其位置布局方式也不同。

a. 住宅庭院内的儿童游戏场地。这是规模最小的儿童活动场地，它的位置一般在住宅之间的庭院或架空层，面积一般几十到上百平方米（图4.44）。

图4.43　对儿童活动场地进行适当的围合

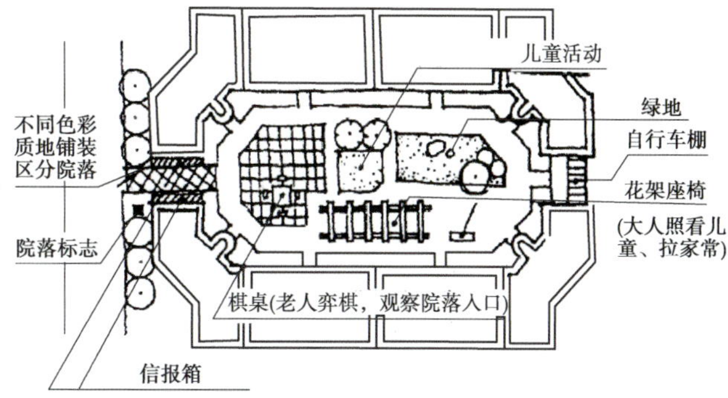

图4.44　住宅庭院内的幼儿游戏场地

b. 住宅组团内的儿童游戏场地。这种游戏场一般布置在居住组团的庭院与组团之间的空地上，是儿童使用率较高的场地（图4.45）。

图4.45　住宅组团内的幼儿游戏场

c.小区级儿童游戏场地。为小区范围内儿童服务,常与小区中心绿地结合布置,每个小区可设1~2处(图4.46)。

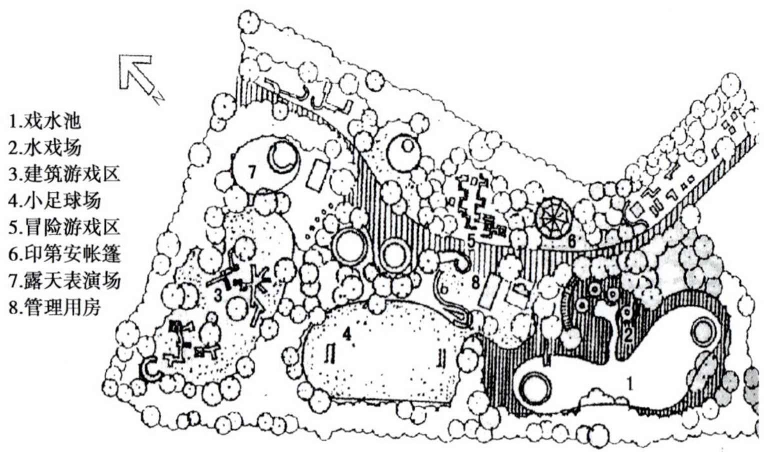

德国不莱德哈芬·雷赫尔海德儿童游戏场

图4.46　**小区级儿童游戏场**

(2)使用行为的研究

①使用时间与场所:日常儿童一般户外活动的时间为:学前儿童在午饭和晚饭前后,学龄儿童集中在傍晚或放学后。儿童活动同其他活动一样存在季节性,即夏季活动时间明显多于冬季。温度在15 ℃以上,儿童会增加户外活动时间。儿童在户外的活动频率一般是夏季>春秋>冬季。

儿童经常游戏的地方是家门口附近的空间。儿童游戏时空间一般具有连续性,他们往往从室内、入口、宅前空地、人行道一直玩到街头。儿童喜欢亲近自然,接近草地、水池、泥沙,喜欢在草地上奔跑,做各项活动。

②使用行为特点

a.阶段性。由于各年龄段儿童的心理与体能特征不同,常常表现出不同的行为特征(表4.1)。

表4.1　**不同年龄儿童的行为特征**

游戏形态 / 年龄	游戏种类	结伙游戏	组群内的场地		
			游戏范围	自立度(有无同伴)	攀、登、爬
小于1.5岁	椅子、沙坑、草坪、广场游戏	单独玩耍,或与成年人在住宅附近玩	必须有保护者陪伴	不能独立	不能
1.5~3.5岁	沙坑、广场、草坪、椅子等静的游戏,固定游戏器械	单独玩耍,偶尔和别的孩子一起玩,和熟悉的人在住宅附近玩	在亲人能照顾的住地附近	在分散游戏场,有半数可自立,集中游戏场可自立	不能
3.5~5.5岁	经常玩秋千、压板和变化多样的器具,4岁后玩沙坑比较多	参加结伙游戏,同伴人数逐渐增加(往往是邻里孩子)	游戏中心,在住房周围	在分散游戏场可以自立,集中游戏场完全能自立	部分能

续表

游戏形态 年龄	游戏种类	结伙游戏	组群内的场地		
			游戏范围	自立度(有无同伴)	攀、登、爬
小学一、二年级儿童	开始出现性别差异,女孩利用游戏器具玩,男孩捉迷藏为主	同伴多,有邻居、同学、朋友,结伙游戏较多	可在住处较远处玩	有一定自主能力	能
小学三、四年级儿童	女孩利用器具玩耍较多,跳皮筋、跳房子等。男孩喜欢运动性强的活动	同上	以同伴为中心玩,会选择游戏场地及游戏品种	自主	完全能

b.同龄聚集性。年龄常常成为儿童户外活动分组的依据,年龄相仿的儿童多在一起游戏。年龄段不同,游戏内容也不同。例如,3~6岁的儿童多喜欢玩秋千、跷跷板、沙坑等,但由于年龄小,独立活动能力弱,常需家长伴随;7~12岁的儿童以在户外较宽阔的场地活动为主,如跳格、跳绳、小型球类游戏等,他们独立活动的能力较强,有群聚性(图4.47)。

图4.47 儿童的同龄聚集性

c.动态性。儿童生来就有好动、好模仿、好奇心强、持久性差、喜野外活动等特点,这些特点使儿童在游戏中不断地去尝试、发现、练习和表现,并通过这些来表达自身的意愿,宣泄情绪,展示能力。因此,应依据儿童年龄和心理特点设计儿童户外游戏场地,使其满足多方面需求,启发并激励儿童学习,锻炼儿童的动作技能、社会技能和求知技能。

(3)合理配置景观要素

a.游戏设施。居住小区内儿童游戏设施主要有组合游戏器具、沙、水、游戏墙等。

组合游戏器具是用组合起来的竖立和横放的预制品,组合成房屋、拱券、城堡、迷宫、斜坡、踏步等各种游戏用具。为了安全,必须把所有构件的边缘都做成光滑的,还必须防止儿童从1 m以上高度坠落,或从坡度陡的混凝土踏步上滑下的可能(图4.48)。

沙是儿童游戏场中重要的游戏设施,玩沙能激发儿童的想象力和创造力。沙坑不宜太小,一般规模为10~20 m^2,深度以0.4~0.5 m为宜。在大沙坑中可将沙坑与其他设施结合起来,进行多样的游戏(图4.49)。

图 4.48 组合游戏器械

图 4.49 沙坑游戏活动场地

水与沙一样，同样深受儿童喜爱，儿童自幼酷爱玩水，对水有亲近感。儿童游戏场内常设涉水池，儿童可在池中嬉水(图 4.50)。涉水池常有两种：一种水池深度一致，20 cm 左右；另一种池底逐渐坡向中央，池边浅，可修成各种形状，也可用雕塑装饰，或与喷泉、淋浴相结合。不同水深的涉水池，适合不同年龄段的儿童使用。

游戏墙也是儿童游戏场上常见的游戏设施。为适合儿童的兴趣爱好，设置各种形状的游戏墙，供儿童钻、爬、攀登。游戏墙不仅可以起到挡风、阻隔噪声扩散的作用，还可以分割和组织空间，甚至还可以做成适合儿童绘画的墙面或者组合成迷宫，引导和培养儿童的艺术爱好，激发儿童的探索乐趣(图 4.51)。

图 4.50 儿童在水中嬉戏

图 4.51 游戏墙激发儿童的探索乐趣

除了上面几种儿童游戏设施外，还有一些儿童游戏器械，如以秋千为代表的摇荡式器械、以滑梯为代表的滑行式器械、以转椅为代表的回转式器械、以攀登架为代表的攀登式器械，等等。具体设计要点详见表 4.2。

表 4.2 居住小区儿童游戏设施设计要求表

摘自《居住区环境景观设计导则》2006 版（建设部住宅产业促进中心 编写）

序号	设施名称	设计要点	适用年龄
1	沙 坑	①居住区沙坑一般规模为 10 ~ 20 m^2，沙坑中安置游乐器具的要适当加大，以确保基本活动空间，利于儿童之间的相互接触。②沙坑深 40 ~ 45 cm，沙子必须以中细沙为主，并经过冲洗。沙坑四周应竖 10 ~ 15 cm 的围沿，防止沙土流失或雨水灌入。围沿一般采用混凝土、塑料和木制，上可铺橡胶软垫。③沙坑内应敷设暗沟排水，防止动物在坑内排泄	3 ~ 6 岁

续表

序号	设施名称	设计要点	适用年龄
2	滑　梯	①滑梯由攀登段、平台段和下滑段组成，一般采用木材、不锈钢、人造水磨石、玻璃纤维、增强塑料制作，保证滑板表面平滑。②滑梯攀登梯架倾角为70°左右，宽40 cm，踢板高6 cm，双侧设扶手栏杆。休息平台周围设80 cm高防护栏杆。滑板倾角30°～35°，宽40 cm，两侧直缘为18 cm，便于儿童双脚制动。③成品滑板和自制滑梯都应在梯下部铺厚度不小于3 cm的胶垫，或40 cm的沙土，防止儿童坠落受伤	3～6岁
3	秋　千	①秋千分板式、座椅式、轮胎式几种，其场地尺寸根据秋千摆动幅度及与周围游乐设施间距确定。②秋千一般高2.5 m，长3.5～6.7 m（分单座、双座、多座），周边安全护栏高60 cm，踏板距地35～45 cm。幼儿用距地为25 cm。③地面需设排水系统和铺设柔性材料	6～15岁
4	攀登架	①攀登架标准尺寸为2.5 m×2.5 m（高×宽），格架宽为50 cm，架杆选用钢骨和木制。多组格架可组成攀登架式迷宫。②架下必须铺装柔性材料	8～12岁
5	跷跷板	①普通双连式跷跷板宽为1.8 m，长3.6 m，中心轴高45 cm。②跷跷板端部应放置旧轮胎等设备作缓冲垫	8～12岁
6	游戏墙	①墙体高控制在1.2 m以下，供儿童跨越或骑乘，厚度为15～35 cm。②墙上可适当开孔洞，供儿童穿越和窥视产生游乐兴趣。③墙体顶部边沿应做成圆角，墙下铺软垫。④墙上绘制的图案不易褪色	6～10岁
7	滑板场	①滑板场为专用场地，要利用绿化种植、栏杆等与其他休闲区分隔开。②场地用硬质材料铺装，表面平整，并具有较好的摩擦力。③设置固定的滑板练习器具，铁管滑架、曲面滑道和台阶总高度不宜超过60 cm，并留出足够的滑跑安全距离	10～15岁
8	迷　宫	①迷宫由灌木丛墙或实墙组成，墙高一般在0.9～1.5 m，以能遮挡儿童视线为准，通道宽为1.2 m。②灌木丛墙需进行修剪，以免划伤儿童。③地面以碎石、卵石、水刷石等材料铺砌	6～12岁

b. 铺装。小区儿童游戏场地铺装是指通向儿童活动场地的道路和儿童活动场地内硬质地面的铺砌材料。考虑儿童使用的特殊性，儿童游戏场的铺装设计要注意以下几点：

- 儿童活动场地的所有铺装要平整防滑。
- 铺装的色彩设计一般不采用纯度过低的颜色，多采用纯度和明度较高的颜色，使空间充满清新、明快、活泼的氛围。也可同时使用几种鲜明亮丽的色彩，形成明显的对比效果，构成一个充满丰富想象的空间。
- 铺装要选择硬度小、弹性好、抗滑性好的材料，如橡胶砌块、人工草坪等，以避免儿童玩耍时跌倒受伤。
- 铺装上可以点缀一些有趣的儿童图案，以增强游戏区的趣味性。
- 铺装要考虑游戏场的排水问题。为了防止游戏场内积水，游戏场的界面设计必须保持一定的坡度。同时要注意透水透气的设计,如嵌草铺装增加地面的透气排水性(图4.52)。

c.休息设施。休息设施是居住小区内儿童游戏场地的一个重要的内容,它为家长提供了一定的休息及相互间交流的可能性。其形式多样,主要包括座椅、花架、木平台、遮阳避雨等设施。休息设施尽量布置在活动范围外。大树和绿篱旁为最合适的位置,但在视线上要和整个场地保持通透。休息设施宜结合儿童喜爱的童话、寓言中的人物、动物形象设计,以活泼的体态,鲜艳的色彩,成为游戏场空间环境的点缀(图4.53)。

图4.52　嵌草铺装儿童活动空间

图4.53　丰富的儿童休息设施

d.无障碍设计。在进入有高差的儿童活动区要设置坡道、盲道,路沿石围合的活动场应设置手推车或轮椅可以进入的开口,道路的宽窄要满足手推车或轮椅通过要求,主要进入道路应避免使用鹅卵石铺地,以提高使用频率。

另外,为了促进儿童知觉发育和动作协调发育,游戏设施应尽量选择那些用自然材料制造的产品,这些设施能够提供范围广泛的刺激和多种感官的体验,同时也能满足某些感官残疾儿童的使用。

e.植物。在儿童游戏场地的植物选择和配置时要注意以下几方面:

• 选用生长健壮,少病虫害、耐干旱、耐贫瘠、便于管理、具有地方特色的乡土树种为主。

• 选用树形优美、冠大荫浓的遮阴树种。有利于夏季遮阳、降尘、减噪,为儿童创造空气清新、环境安静的游戏场地。

• 选用无毒、无刺、无刺激性物种以及落果少、无飞絮物的树种。如不宜选择银杏、夹竹桃、雌株柳树和杨树等。

• 儿童游戏场四周要乔灌木结合种植,形成浓密的绿化效果(图4.54),这样既有利于儿童的安全,又不会使得居住小区内其他场地受到干扰。

• 植物种类不宜太多,植物配置方式要适合儿童心理,色彩鲜艳、体态活泼,便于儿童记忆和辨认。

图4.54　儿童游戏活动场地周边乔灌木结合种植

4.3　居住小区运动、健身场地景观设计

4.3.1　设置运动、健身场地的意义

1）强身健体

在居住小区中设置运动、健身场地，可供人们进行体育锻炼、增强体质。随着生活节奏的加快，人们进行体育锻炼的时间越来越少，同时人们想要通过锻炼增强体质的想法却越来越强烈，在自己居住的小区进行锻炼，简单易行，效率较高。因此，在小区中设置运动、健身场地显得尤为重要。

2）休闲放松

在居住小区中设置运动、健身场地，可以使人们进行休闲放松的活动。运动休闲首先要使紧张的身心得到放松，这种放松不仅是指体力得到恢复，还包括精神疲劳的恢复，由身体上的放松进而促进心灵上的放松。

3）培养文明健康的生活方式

居住小区中的运动、健身场地可供人们进行打球、跑步、打拳等活动，还可以发展社区体育，使人们能参与其中，感受到运动的快乐、交往的惬意；人们在场地中还可以更好地融入室外环境，呼吸新鲜空气，避免因长期接触电脑或空调而引起的身体不适，从而养成文明健康的生活方式。

4）增进交流与了解

居住小区中的运动、健身场地，不仅可供居民运动健身，同时也承担着交往空间的功能。它可以促进邻里交往，进而增进居民间的交流与了解。社会交往正是人们心理健康需求的一个重要方面，居住小区中居民交往、健身空间环境的创建在一定程度上满足了人们的这种身体和心理需求。

5）鼓励人们亲近自然

居住小区中运动、健身场地的另外一个重要意义是“亲近自然”。小区中的运动、健身场地一般都与绿地结合布置，人们在运动健身时便与自然融为一体，增强了运动健身场地的吸引力。

4.3.2 居住小区运动、健身场地的类型

根据居住小区运动健身场地的用途不同，可分为专用健身运动场地、一般健身运动场地、游泳池等。

1）专用健身运动场地

居住小区专用运动场地包括居住小区内的小型足球场、篮球场、网球场、羽毛球场、门球场、微型高尔夫球场等专用场地。专用运动场地可根据居住小区的面积、人口、档次、住户需求等情况设置。规模较小的居住小区一般配有篮球、羽毛球、乒乓球等各种占地面积不大的专用运动健身场地（图4.55）；规模较大的居住小区运动健身项目类型较为齐全，可配有足球、网球、高尔夫、攀岩、壁球等一些占地面积较大、成本较高的专用运动健身场地（图4.56、图4.57）。

图4.55 配有篮球场地的小区

图4.56 配有高尔夫球场的别墅区

图4.57 成本较高的专用运动场地

2）一般健身运动场地

一般健身运动场地是居住小区内可用于锻炼、健身等活动的场地。按照健身类型的不同，将其分为配备健身器材的运动场地、做操跳舞的运动场地、散步健身的运动场地等。

（1）配备健身器材的运动场地　在居住小区中配备健身器材的运动场地可满足居住小区内各种人群的运动需求。此类运动场地应配备专门的健身器械，如腿部按摩器、太极推揉器、太空漫步机、臂力训练器等（图4.58）。

（2）做操跳舞的运动场地　居住小区内各类广场用地和开敞、平坦的场地均可用作做操、跳舞的场地，日常为小区邻里交往、娱乐、休闲的场地，清晨和傍晚则成为中老年人做操、跳舞，青少年轮滑的健身运动场地（图4.59）。

图4.58 配有健身器材的运动场地

图4.59 小区内做操跳舞的运动场地

(3)散步健身的运动场地 居住小区常设置运动健身路径,如滨水游步道、绿色健康跑道等(图4.60),供小区住户散步、跑步之用。此类健身场地为线性路径空间,中间间插点状小节点空间供人们休憩、观景、停留。

图4.60 小区内散步道

3)游泳池

在居住小区中,游泳池与景观设计结合非常紧密,它往往作为小区中重要的景观要素存在。一般来说,游泳池与儿童戏水池、小区景观水体结合布置,可成为居住小区展示形象、展现活力的窗口(图4.61)。

图4.61 与景观结合的游泳健身场地

4.3.3 居住小区运动、健身场地的景观设计

1)运动、健身场地规划设计原则

(1)针对需求设计　运动、健身场地设置的目的在于满足社区居民不同层次的体育运动和健身活动的需求,因此要结合人体工程学、生理学、心理学等相关知识综合设计,要对社区居民的构成(包括数量、年龄组成、收入、职业状况)情况进行深入调查,同时还要对已有的体育设施及市场情况进行调查,以做出适合大多数居民需求的设计。

(2)空间秩序明确　在小区运动、健身场地的设计中,不同类型、不同功能的场地间应做到主次分明、重点突出。要以小区中心活动场地或大型运动场地及设施为主,以小型活动场地及健身设施为辅;以少年儿童和老年人的健身场地及设施为主,同时兼顾中青年人的健身需求。不同类型的场地间要进行合理的组织,使彼此间能够相互促进、相互带动。这样,不仅组织管理方便有效,场地及设施利用率高,而且层次分明、管理有序的健身场所有利于增进居民间的交往沟通,自然形成住区内的向心力、凝聚力。

(3)突出小区文化　在运动、健身场地设施的建设设计中,要充分了解和把握本社区的社会文化特征与景观环境风貌,对优秀的社区传统信息进行提炼、吸收,创造具有地域性、民族性和时代性的社区体育建筑符号,使之融入社区的整体环境中,进而保持整个社区历史文脉的延续性,给居民以强烈的认同感。

2)运动、健身场地规划设计重点

(1)运动、健身场地选址　运动、健身场地中进行的活动常常会对场地周边的居民造成一定影响,场地内部及其周围环境的地形、微气候等因素也会对在场地中运动、健身、休憩的居民造成影响,因此合理恰当地选址在运动、健身场地的规划设计中非常重要,它能够为居民提供良好的运动、健身环境,并且减少对外界的影响(图4.62)。

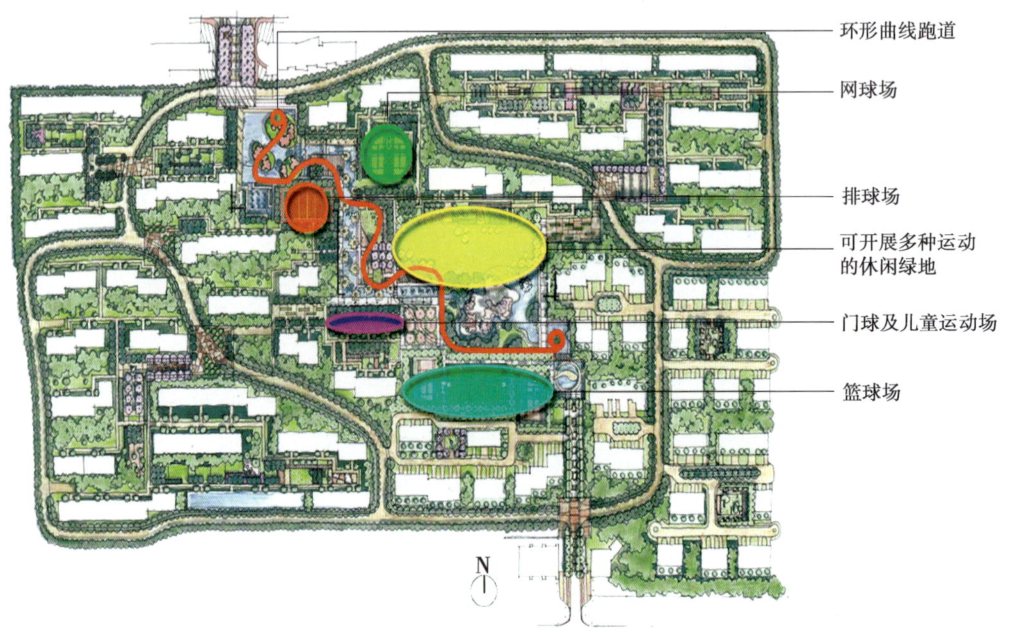

图4.62　某小区的运动场地布局

在规划设计中,居住小区运动、健身场地选址应遵循以下原则:

①"可达性"原则。根据各级社区体育设施布置的服务半径的要求显示,居住小区级为400~500 m;居住组团级为150~200 m。为保证居民方便到达,居住小区的运动、健身场地选择在临近主要道路,或从小区的主要出入口进入即可看见且容易到达的地方。

②降低干扰原则。运动、健身场地应尽量避免对周边环境产生干扰。噪声较大的活动场地应位于居住小区的边缘,以防喧闹声和人流拥挤干扰居住小区安静的环境。篮球场、足球场等作为少年和成年人常去的地方,要与儿童游戏场、老年活动区有一定的距离,以防球伤到儿童或老人。另外,球类活动场地应远离易落叶的树木,以减少修剪、清扫树叶等维护工作,并且应远离居住小区建筑,以避免球打破窗户或灯具。

③地形及微气候适宜原则。运动、健身场地应处在阳光充足、通风良好的地块。其自身应考虑至少有一块大小相当、相对平坦的区域,此类区域大小应与不同类型的运动、健身场地相适应。场地还应考虑具有适当面积的遮阴地块,可供休息。一些特殊运动项目的场地设置应选择与微气候相适宜的地块,如羽毛球场应避开风口,器械健身场地应避开高温直射等。

④复合性利用原则。居住小区的运动、健身场地要与小区内的绿化、铺地、广场等有机结合。例如,广场可兼作太极拳、太极剑、交谊舞、自行车、滑旱冰等场地;成片树林可兼作练气功场地;散步道的节点空间可设置单杠、压腿杠等;草坡在冬天可设滑雪橇或雪板等。

(2)运动场地的尺度 不同的运动健身项目,对场地的规模有不同的要求。居住小区中的各种运动健身场地可根据实际情况灵活设置。

专用健身运动场地所需用地规模,可在标准尺寸上有所扩展,通过对周边场地的合理设计,形成休息空间和观看空间。

配备健身器材的场地尺度,应根据该小区服务的居民人数来确定。配备健身器材的场地,在小区中一般按居住单元、片区或组团成分散点状布局,也可结合小区休闲广场、散步路径布置。单就健身器材区域的面积来讲一般较小,几十至上百平方米不等,周边可适当设计休息、观看区域(图4.63)。

图4.63 设置有休息设施的运动场地

居住小区内各类广场用地和开敞、平坦的场地均可用作做操、跳舞的场地。此类场地功能复合,既承担居民日常交往、休息功能,也成为中老年人清晨和傍晚时分舞剑、练太极拳、做操、跳舞的好去处,青少年、儿童开展各种游戏、轮滑、街舞等健身运动的良好场所(图4.64)。各类广场的尺度应综合该小区面积大小、服务居民人数、场地位置等因素来确定。对于人口较多、居住人口构成老龄化的小区,尺度应适当加大,各种广场数量也应增多,以满足小区人群运动健身的需求。小区中其他开敞、平坦的场地可补充居民对运动健身场地的需求,此类场地一般尺度较小,面积十几平方米到几十平方米不等,由于其围合度和私密性较好,常成为喜欢安静的老年人晨练的好去处。

居住小区中散步健身的运动场地一般为线性路径空间,中间穿插点状节点空间,供人休憩、观景、停留,也可作为老年人晨练使用(图4.65)。小区内可供散步健身的道路有滨水游步道、居住小区游园、组团绿地游步道等,宽度一般为1.5~2.5 m。中间节点尺度较小,面积几平方米至几十平方米不等。设计一定面积的空地,可供居民打太极拳、做操,并可放置少量健身器材,满足居民健身运动需求。

图4.64 儿童在居住区入口广场学习轮滑

图4.65 配有休憩设施的节点空间

居住小区的游泳池往往和戏水池、小区景观水体结合布置。由于居住小区规模不同,其尺度相差较大。表4.3介绍了一些主要运动健身活动场地的一般要求。

表4.3 居住小区中主要运动健身场地所需要的最小用地面积

序 号	项目名称	最小面积/m^2	备 注
1	5人足球场地	924	42 m×22 m
2	篮球场地	400	28 m×15 m
3	羽毛球场地	82	13.4 m×6.1 m
4	网球场地	670	36.6 m×18.3 m
5	乒乓球场地	72	12 m×6 m
6	门球场地	300	15 m×20 m
7	微型高尔夫球场地	300	每条球道长10 m,宽2 m
8	健身场地	140	约30人
9	跳舞场地	80	约20人
10	游泳池	400	20 m×20 m

(资料来源:《园林中的健康运动空间——城市健康运动公园》)

(3)合理配置景观要素

①铺装:居住小区专用健身运动场地中的小型足球场、网球场、篮球场、高尔夫球场等,对地面铺装有专业的要求。运动场地设计应考虑场地的方向性、面层材料及排水系统。场地面层有草地、土地、硬质木板地、沙地、防滑硬质铺装、塑胶面层等。场地排水坡度宜为0.3%~0.4%,且黏土场地应设地下排水暗管。专业运动场地应根据其不同场地的要求,进行地面铺设。由于专业场地铺设的费用较大,后期管理养护也较为困难,因此,专门铺设的场地一般有小区专人看护管理,对小区居民多采取收费使用的制度。中低档的居住小区对某些要求不高的专用运动场地采用简易的铺装。如在足球场地中用沙地代替草皮和塑胶铺装;在篮球场、羽毛球场中用混凝土地面代替专业的场地铺装,等等。虽然这些场地的简易铺装对人的保护性不够,但场地对

小区内外均免费开放使用,因此大大提升了居民运动健身的概率。

配备健身器材的场地要有防护措施,健身器材尽量不要直接放置在硬质铺装地面上,最好采用保护性地面铺装,如沙地、树皮屑、弹性塑胶地垫等(图4.66),以减少从设施上跌落的伤害性。如放置在硬质地面上,要保证地面平整、防滑、雨天不积水。

图4.66 铺设弹性塑胶地垫的健身器材运动场地

图4.67 铺设硬质材料的做操跳舞运动场地

做操跳舞等活动较多的广场铺装以硬质材料为主(图4.67),地面铺设形式和色彩搭配要有较高的观赏价值,不宜选用无防滑措施的光面石材、镜面砖等。条件好的可采用木质地板,增加地面的舒适度。广场地面要平坦,雨天不积水。

散步健身的运动场地,如滨水游步道、居住小区游园、组团绿地游步道等,经常会有老人、儿童跑步、行走,铺设时要考虑老人使用方便、安全。游步道宽度不能小于1.5 m,滨河步道离水面要有一定宽度的绿地,否则要设置护栏。道路要顺畅、便捷、平坦,避免高差的突然变化,尽量不要设置台阶。地面要防滑、不反光、雨天不积水。跑步健身步道的地面用平整、防滑的硬质材料铺设;休闲健身步道是目前最为流行的足底按摩健身方式。地面用鹅卵石铺设(图4.68),通过行走在卵石路上按摩足底穴位,达到健身目的。另外,对于过长的道路路面要有变化,而且每隔一段距离,可在路边设置休息椅或设置节点休憩空间,避免长时间行走的单调和疲劳。

图4.68 铺设鹅卵石的健身步道

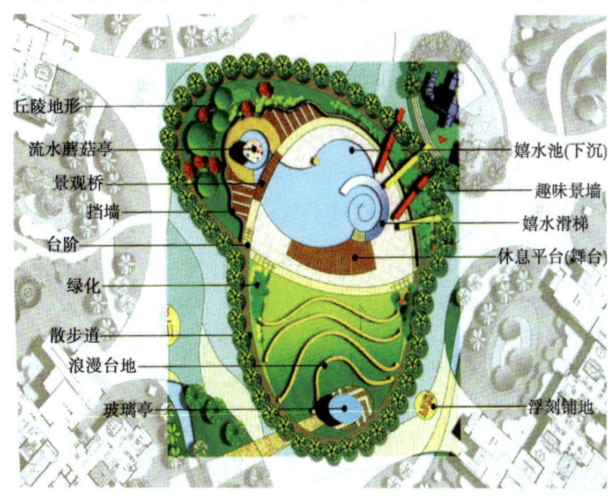

图4.69 景观游泳池平面图

②游泳池:游泳池的水通常情况下为静态的水,它为人们工作之余提供休闲和放松的环境,跟水池、湖面等一些观赏性的水景相比,还具有娱乐和健身的功能,也是邻里之间的重要交往

场所。

居住小区游泳池设计首先要考虑安全性，在入口处、池岸边、水池底部的铺装一定要做好防滑处理，以避免事故发生。在池的岸边或水中如果有花台的，必须经过打磨做圆角处理，以防擦刮伤居民。

小区中游泳池的设计与景观设计结合相当紧密，可与戏水池和小区景观水体结合设置，成为小区一景。因此，游泳池的造型和水面设计应具有观赏价值。大多数游泳池的造型都是采用比较流畅、优美的曲线形式，以加强水的动感和景观设计的灵活性（图4.69、图4.70）。在水池的底部铺贴美丽的花纹图案来丰富水景的色彩。泳池根据功能需要尽可能分为儿童泳池和成人泳池，儿童泳池深度0.6～0.9 m为宜，成人泳池深度1.2～2.0 m为宜。儿童池与成人池可以考虑统一设计，一般将儿童池放在较高位置，水经阶梯式或斜坡式跌水流入成人泳池，既保证了安全，又可丰富泳池的造型。此外，居住小区的水景设计中一定要充分考虑到儿童戏水玩乐的水景设施，使他们能够在水中畅游或赤脚在水中嬉戏，直接感受水的清澈和纯净。同时，在水边还可以设计一些以动物为主题的小品雕塑，起到烘托水景的作用，也可增加景观的趣味性（图4.71）。

③公共设施：居住小区中的运动、健身场地能够吸引更多的居民到户外运动、游戏，提升小区空间的人气。与此同时，也增加了对公共设施的需求。完善的公共设施设置能更好地体现社区的人性化特点。

图4.70 景观游泳池效果图

图4.71 具有景观趣味性的游泳池

在设计运动健身场地的公共设施时要注意整体化设计的概念，应从小区整体环境景观风格和场地自身需求出发，选择公共设施。要注意造型、材料、色彩等方面的统一协调，做到与小区整体环境景观风格统一。

居住小区运动场地应配备的基本公共设施包括座椅、垃圾箱、灯具、指示牌、饮水设施等。在运动场地周边应设置适当数量的座椅，位置应设在大树下，向阳避风，供运动的人乘凉、休息，并使人容易观看到运动。专用运动场地的座椅造型样式应简洁大气，体现运动感与时尚感（图4.72）。设计时要在符合人体工程学的基础上，进行艺术化处理，提高设施的装饰性。适宜的高度在30～45 cm，宽度应保证在40～60 cm，以保证座椅的舒适性与实用性。座椅材料多为木材、玻璃钢、不锈钢、塑料等，选择木材时应作防腐处理，座椅转角处应作磨边倒角处理，以免划伤。

垃圾箱一般设在运动健身场地出入口附近和场地周围休憩区的位置，要同时符合垃圾分类收集的要求。垃圾箱分为固定式和移动式两种。垃圾箱设计不但要求美观，更要功能兼备，以及能与周围景观相协调，材料选择要坚固耐用，一般可采用不锈钢、木材、石材、陶瓷材料制作，

图 4.72 体现运动感与时尚感的座椅

便于清洗。

小区运动健身场地中的照明灯具主要为高杆照明灯,配合使用装饰灯。小区中运动健身场地的照明主要起到以下作用:

a. 照明可以增强对物体的辨别性,突出要表现的场地和设施;

b. 照明可以提高夜间出行的安全度,良好的照明是夜晚运动健身的基本保证;

c. 充足的亮度不仅可以保证居民在运动健身场地活动的正常开展,也可以为其他公共设施提供照明服务,如丰巢、车棚等;

d. 运动健身场地的照明作为景观设计中的一部分,在设计时选择造型优美别致的灯具,同样可以成为小区中一道亮丽的风景线。

小区运动健身场地中的指示牌包括指引指示牌和警示指示牌。场地中指示牌安放的位置、尺寸、色调都应服务于场地的功能、美学要求。指示牌的色彩应较为明亮醒目,造型应富于动感。指示牌的用材牢固,耐腐蚀,不易破损,方便更换维修。各种指示牌应确定统一的格调和背景色调以突出居住小区整体形象,并与小区色彩规划协调统一(图 4.73)。

图 4.73 运动场地的指示牌

饮水设施是运动健身场地为满足人的生理卫生要求而设置的供水设施,同时也是小区环境的重要装点之一(图 4.74)。饮水器宜放置在场地周边较为醒目处,以方便取水及直接饮用。直饮水设施要配合饮用水过滤设备,以保证水质健康安全,其高度宜在 800 mm 左右,供儿童使用的饮水器高度宜在 650 mm 左右,结构和高度还应考虑轮椅使用者的方便。直饮设施也可以作为雕塑小品来进行造型表现,这样更能体现人文风格和情趣。

④体育设施:居住小区运动健身场地的体育设施主要是供居民使用的运动健身设施。健身

图4.74 运动场地的直饮设施

设施设置是否合理关系到居民健身运动能否顺利展开，健身设施的数量、位置、适合居民的程度直接影响到他们健身活动的质量。体育设施应保持多样性，给居住小区各类人群留有选择的余地。对此类设施设计时，要注意考虑各种因素，使其既能充分发挥使用功能，又能很好地融入小区自身的环境中。

由于健身器械本身是一种人工味很浓的硬质景观，难免会破坏小区的自然景致，所以在设计时，要综合考虑铺装的形式、树池的形状以及器械的位置，等等，整体进行设计，一般建议选择蓝色作为器械的外观颜色，使其更好地融入环境，进而创造清爽宜人的健身场地。同时，对于各种健身器械要按照服务对象分区设置，如可以为中老年人设置健身型的器械，而为青年人设置力量型的器械。

对于球类活动用的网架设施而言，要结合其整体设计来选择，尤其要注意材料的选择，可考虑能较好融入环境中的健康环保、再生循环使用的材料。如室外乒乓球台可以选用石质材料并用砖、石材料砌筑，网球场的外围护网采用绿色，篮球架可采用木质，等等，都能使设施很好地与环境相协调。

此外，在设计时还应注意以下几点：体育设施周边应设置一定面积的休息区以促进运动间歇的邻里交往和过往居民的观看交流；球类运动场地应远离儿童活动区域，以免造成伤害；应充分考虑宅间体育设施的设置，以方便老人使用。

⑤植物配置：居住小区的绿化种植搭配多样、空间变化丰富，能够较好地展现自然之美和体现人与自然的和谐关系。绿化配置上，植物配置突出“草铺底、乔遮阴、花藤灌木巧点缀”的绿化特点，同时尽量使其能发挥最佳生态效益。居住小区中运动健身场所的植物配置设计原则是贴近自然风貌，弱化人工干预的痕迹，体现运动精神。运动场所周围的植物配置，要考虑到运动本身的形式特点，还要注意运动给居住者提供何种服务的环境特点。

适合专用健身运动场地栽植的树种要落叶少，树种应少污染，最好是树冠美丽的常绿树种，也要避免栽植大量扬花、落果、落花的树木，以减少对运动场地的不利影响以及场地的清扫工作。场地边植物配植需要注意灌木、花卉与乔木合理搭配，速生、慢生树种远近结合考虑，常绿、落叶植物搭配比例以及季相变化可为场地景观带来美感；注意四季景观的变化，特别是人们使用室外活动场地较长的季节；树种体量的选择应同运动场地的尺度相协调，层次分明，重点突出；地被则可以使用一些具有野趣的草本植物；对周围环境可能有一定影响的运动场地周边可选择利用树木围合成独立的空间，既能够创造较好的视觉感受，又能有一定的隔音作用。另外植物还能吸附空气中的粉尘，对空气起净化作用，也能降低风沙对小区居民运动健身活动的影响（图4.75）。

一般健身运动场地的植物配置则需要考虑将健身、观赏与游憩结为一体，既要注重在配置中体现运动精神，又要注重植物的美观亲切。配备健身器材的运动场地与散步健身的运动场地周边可设游廊、花架等，或种植较具观赏性的中小型乔木，并进行合理配置和组织，保证夏季有足够的遮阴，冬季有足够的阳光。

游泳健身场地周边的植物首先要保证落叶少、污染少、扬花少、落果少，其次由于人在水中活动，水会对眼睛有一定刺激，周边的植物配置要选择颜色柔和清新的品种，帮助提升视觉上的

舒适度。游泳池周边植物的配置也需要针对游泳池本身的性质进行设计,如较为开放的、较多儿童戏耍的游泳池周边可以选择一些低矮的观赏型地被与灌木,以适应人在游泳池中的视线高度;而半开放型的、以休闲为主的游泳池周边则可选用颜色较为活泼的绿篱,如法国冬青、大叶黄杨等,可以根据需要修剪为半人至一人高(图4.76)。

图4.75　健身运动场地植物配置效果

图4.76　游泳池周边植物配置效果

⑥无障碍设计:在居住小区的公共环境中无障碍设施是必不可少的一部分,运动健身场所中的无障碍设施的设置则更为重要,因为身体障碍者更需要享受户外运动的乐趣和舒适的环境空间。

无障碍通道的设计应安全、平坦。在设计时采用在物理上和心理上都令人感到安心的防滑、防碰撞地面材料,如防滑的特殊软质橡胶地砖,即表面为凹凸条纹状地砖,缓解地砖对腋下拐的撞击;为便于轮椅通行,地面应平坦无高差,有高差的地面应设置缓坡。坡道侧设置扶手,高的为高龄者和身体障碍者使用,矮的为坐轮椅者和儿童使用;器械健身场地中,器械之间应留有足够轮椅通过或驻留的空间,通往各处的动线应简单明了,标示设置位置合理、通俗易懂。

除上述措施之外,体育设施本身也应当针对弱势群体进行针对性的调整,使普通人通过了解这种特殊设施的建设目的,参与这些特殊活动过程,更加深刻地认识到身体健康的重要性,从而更加坚定人生的奋斗目标。总之,体育设施应力图为弱势群体提供最方便的服务,为他们的相互交流创造轻松、愉快、和谐的氛围。

4.4　居住小区交通系统设计

4.4.1　居住小区道路类型和分级

1)居住小区的道路类型

居住小区道路一般分为车行道和步行道两类(图4.77)。车行道担负着小区与外界及小区内部机动与非机动车的交通联系,是居住小区道路系统的主体和骨架。步行道沟通居住小区的居住单元、各类绿地空间、户外活动场地和公共建筑。在人车分流的小区交通组织体系中,车行交通与步行交通互不干扰,车行道与步行道在居住小区各自独立形成完整的道路系统,此时的步行道往往具有交通和休闲双重功能。在人车混行的居住小区交通组织体系中,车行道几乎担负了小区内外联系的所有交通功能,步行道则作为各类绿地和户外活动场地的内部交通和局部联系道路,更具有休闲功能。

2)居住小区的道路分级

小区道路通常可分3级,即居住小区级道路、组团级道路和宅间小路。规划中各级道路宜

分级衔接，以形成良好的交通组织系统，并构成层次分明的空间。

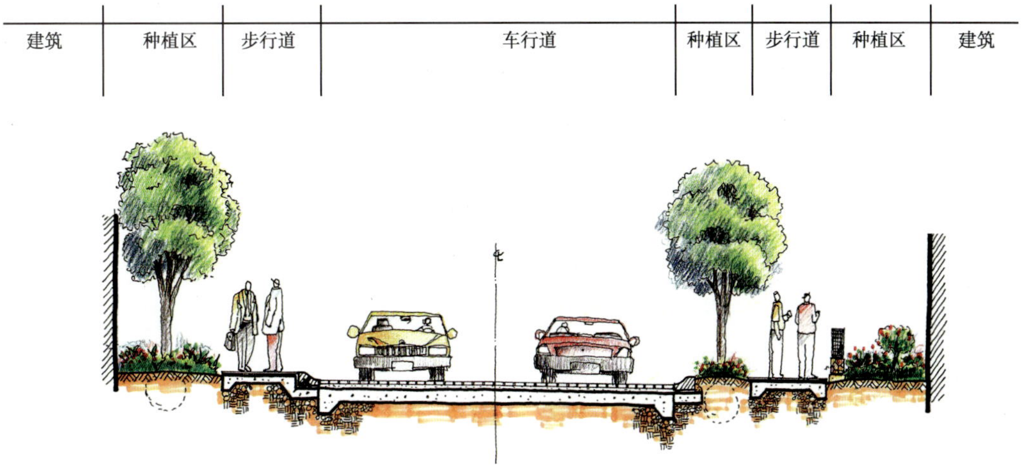

建筑	种植区	步行道	车行道	种植区	步行道	种植区	建筑

图4.77 标准道路断面图

(1)居住小区(级)道路　路面宽度6~9 m，建筑控制线之间的宽度，需敷设供热管线的不宜小于的不宜小于14 m；无供热管线的不宜小于10 m。

(2)组团(级)道路　路面宽度3~5 m；建筑控制线之间的宽度，需敷设供热管线的不宜小于10 m，无供热管线的不宜小于8 m。

(3)宅间小路　路面宽度不宜小于2.5 m。

4.4.2 居住小区交通系统设计原则

1)安全性原则

①居住小区内避免过境车辆的穿行。当公共交通线路引入居住小区级道路时，应减少交通噪声对居民的干扰。

②居住小区的内外联系道路应安全便捷，既要避免往返迂回和外部车辆及行人的穿行，也要避免对穿的路网布局。

③在地震烈度高于6度的地区，应考虑防灾救灾要求，保证有通畅的疏散通道，保证消防、救护和工程救险等车辆的出入。

2)系统性原则

①根据居住小区地形、气候、用地规模、人口规划、规划组织结构类型、规划布局、用地周围的交通条件、居民出行方式与行动轨迹以及交通设施发展水平等因素，规划设计经济、便捷的道路系统和道路断面形式。

②道路的布置应分级设置，以满足居住区内不同的交通功能要求，形成安全、安静的交通系统和居住环境。

③有利于居住小区内各类用地的划分和有机联系，以及建筑物布置的多样化。

④应满足地下工程管线的竖向及埋设要求。

⑤在旧城改建地区，道路网规划应综合考虑原有地上地下建筑及市政条件和原有道路特点，保留和利用有历史文化价值的街道。

3)功能性原则

①满足居民日常出行以及区内商店货车、消防车、救护车、搬家车、垃圾车和市政工程车辆通行要求,并考虑居民小汽车通行需要。

②区内道路布置应满足创造良好的居住卫生环境的要求,区内道路走向应有利于住宅的通风、日照。

③区内道路网的规划设计应有利于区内各种设施的合理安排,并为建筑物、公共绿地等的布置及创造有特色的环境空间提供有利条件。

④区内道路布置应有利于寻访、识别街道命名、编号及编排楼门号码。

4)生态性原则

居住小区内的道路在满足路面路基强度和稳定性等道路的功能性要求前提下,应落实低影响开发理念及控制目标,减少道路径流及污染物外排量,路面、地面停车场应满足透水要求。

4.4.3　居住小区车行道路及设施的规划设计

1)机动车道的规划要求

①居住小区内道路与外围道路至少应有两个出入口,以保证有良好的内外联系。当居住小区级道路在城市交通性干道上开出口时,其出口间距在 150 m 以上。当居住小区道路与城市道路相交接时,其交角不宜小于 75°(图 4.78)。这样可以避免对城市交通的干扰,保证安全。

图 4.78　道路交叉路口平面示意

②在居住小区的公共活动中心内,应设置为残疾人通行服务的无障碍通道,通行轮椅的坡道宽度不应小于 2.5 m,纵坡要求应满足相关规范。

表 4.4 居住小区内道路纵横坡控制指标

单位:%

道路类型	最小纵坡	最大纵坡	多雪严寒地区最大纵坡
机动车道	≥0.2	≤8.0 L≤200 m	≤5.0 L≤600 m
非机动车道	≥0.2	≤3.0 L≤50 m	≤2.0 L≤100 m
步行道	≥0.2	≤8.0	≤4.0

注:L 为坡长

③区内尽端式车道长度不宜超过 120 m,在尽端应设 12 m×12 m 的回车场地。

④当区内用地坡度大于 8% 时,应辅以梯步解决竖向交通,并宜在梯步旁附设自行车推行车道。

⑤在多雪地区,考虑堆积清扫道路积雪面积,区内道路可酌情放宽。

⑥小区内需考虑私人小汽车和单位通勤车的停放场地。

⑦区内道路的纵坡应符合居住小区内道路纵坡控制指标(表 4.4)。

⑧对机动车与非机动车混行的道路纵坡,宜按非机动车道纵坡控制指标或分段按非机动车道纵坡控制指标要求控制;对山区和丘陵地区的道路系统规划设计,人行与车行宜自成系统,分开设置,路网布局形式应因地制宜,主要道路宜平缓,路面可酌情缩窄,但同时应安排必要的排水沟和会车位置。

⑨在多雪严寒的山坡地区,区内道路路面应考虑防滑措施;在地震设防地区,区内主要道路宜采用柔性路面。

⑩区内道路边缘至建筑物、构筑物的最小距离,应符合有关规定,以满足建筑底层开门开窗、行人出入,不影响道路通行以及安排地下工程管线、地面绿化,减少对底层住户视线干扰等要求。

⑪沿街建筑物长度超过 150 m 时,应设宽度与高度均不小于 4 m 的消防车通道。

⑫人行出口间距不宜超过 80 m,当建筑物长度超过 80 m 时,应在建筑物底层设人行通道,以满足消防规范的有关规定。

⑬充分利用道路自身及周边绿地空间落实低影响开发设施,结合道路横断面和排水方向,利用不同等级道路的绿化带、车行道、人行道和停车场建设下沉式绿地、植草沟、雨水湿地、透水铺装、渗管(渠)等低影响开发设施,通过渗透、调蓄、净化方式,实现道路低影响开发控制目标。

2)居住小区道路系统规划

小区道路系统规划通常是在居住小区交通组织规划下进行的,小区的交通组织规划可分为"人车分流"和"人车混流"两大类。在这两类交通组织体系下综合考虑城市道路交通、地形、住宅特征和功能布局等因素,居住小区的道路系统在联系形式上有互通式、尽端式和综合式(图 4.79)3 种,在布局上可有三叉形、环形(图 4.80)、半环形、树枝形、风车形、自由形等多种形式。

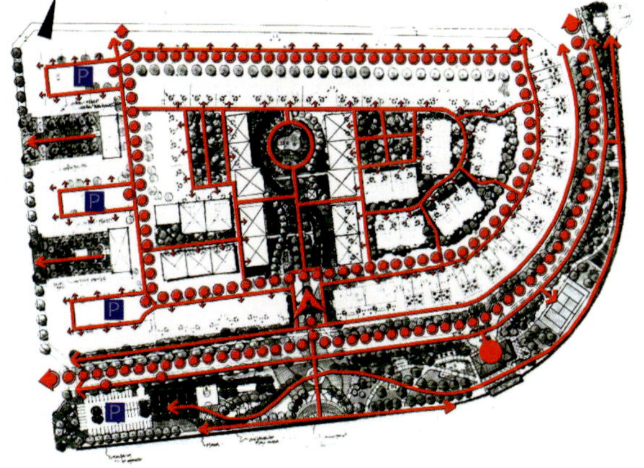

图 4.79 混合型道路布局

(1)人车分流的道路形式 "人车分流"的交通组织形式是 20 世纪 20 年代在美国首先提出并在纽约郊区的雷德朋居住小区实施。

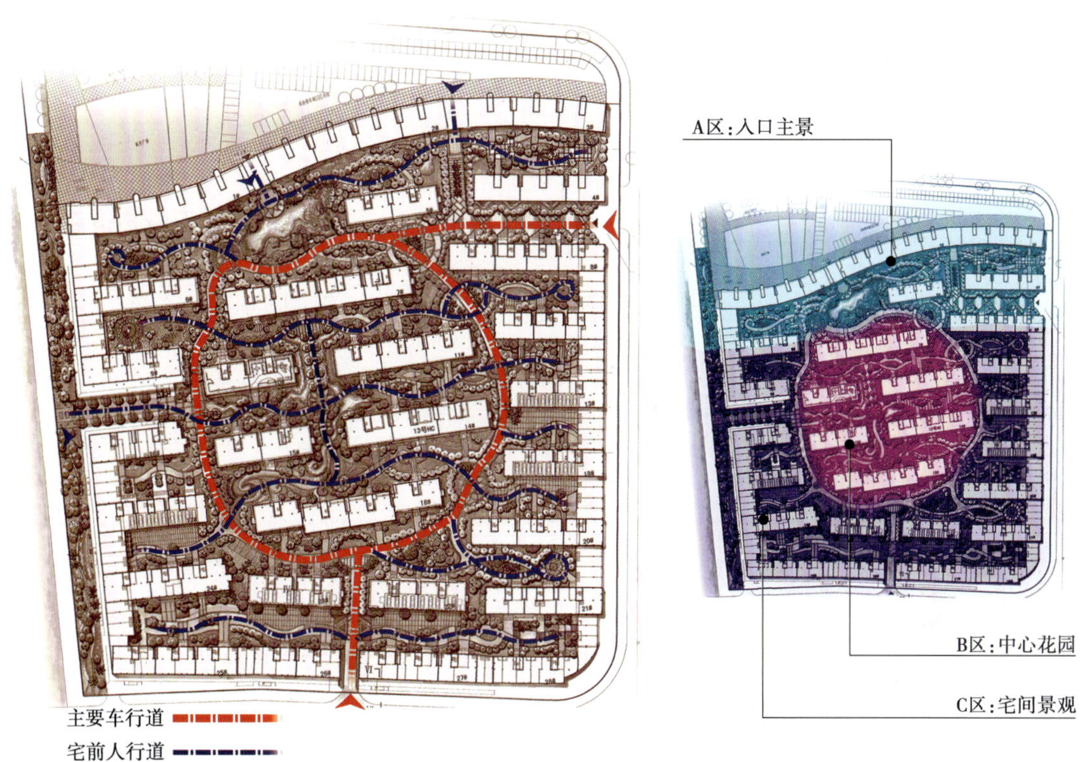

图4.80 环形道路布局

“人车分流”体系力图保持居住小区内安全和安静,保证社区内各项生活与交往活动正常舒适地进行,避免居住小区大量私人汽车交通对居住生活环境的影响(图4.81)。小区内汽车和行人分开,车行道分级明确,常设置在小区或住宅组群周围,且以枝状或环状尽端式道路伸入小区或住宅组群内部,在尽端式道路尽端需设停车场或回车场。步行道则常贯穿小区内部,将绿地、户外活动场地、公共建筑和住宅联系起来。

图4.81 人车分流模式

(2)人车混行的道路形式 “人车混行”是一种最常见的居住小区交通组织体系。与“人车分行”的交通组织体系相比,在私人汽车不多的地区,采用这种交通组织方式既经济又方便(图4.82)。小区内车行道分级明显,并贯穿于居住小区内部,道路系统多采用互通式、环状尽端式或两者结合使用。

图4.82 人车混流模式

3)居住小区道路设计规范

(1)居住小区道路最小宽度要求　道路宽度是道路空间的重要因素。从人体工学的角度来衡量,道路空间尺度应符合人、车及道路设施在道路空间的交通行为,它包括人与车的流量、速度、数量、尺度,以及各种道路设施的数量、尺度和技术要求。居住小区各类道路的最小尺寸为:

①机动车行道:单车道宽3~3.5 m,双车道宽6~6.5 m。

②非机动车道:自行车单车道宽1.5 m,双车道宽2.5 m。

③人行道:一条人行道宽度建议值为0.6~0.8 m,设于车行道一侧或两侧的人行道最小宽度为1 m。

④人行梯道:当居住小区用地坡度或道路坡度≥8%时,应辅以梯步并附设坡道供非机动车上下推行,坡道坡度比≤15/34。长梯道每12~18级需设一平台。

(2)平曲线半径的选择　当道路由一段直线转到另一段直线上去时,其转角的连接部分均采用圆弧形曲线,这种圆弧的半径称为平曲线半径。自然式园路曲折迂回,在平曲线变化时主要由下列因素决定:

①园林造景的需要。

②当地地形、地物条件的要求。

③在通行机动车的地段上,要注意行车安全。在条件困难的个别地段上,在园内可以不考虑行车速度,只要满足汽车本身的最小转弯半径就行。因此,其转弯半径不得小于6 m。

(3)道路折线长度　折线或蛇形等曲折线形道路要保证必要的转折长度,以便于车辆顺利通过。

(4)道路尽端　尽端式道路为方便行车进退、转弯或调头,应在该道路的尽端设置回车场,回车场的面积应不小于12 m×12 m。

(5)道路纵横坡度　一般路面应有8%以下的纵坡和1% ~4%的横坡,以保证路面水的排除。不同材料路面的排水能力不同,因此,各类型路面对纵横坡度的要求也不同,见表4.5。

表4.5　路拱横向坡度的数值参考

路面面层类型	i_0 路拱坡度/%	路面面层类型	i_0 路拱坡度/%
水泥混凝土	1.0 ~1.5	手摆块石路面	1.5 ~4.0
沥青混凝土	1.0 ~1.5	碎、砾石等粒料路面	2.0 ~4.0
其他黑色路面	1.5 ~2.5	加固土路面	3.0 ~5.0
整齐石块路面	2.0 ~3.0		

(以上数据来源于《景观与园景建筑工程规划设计》)

(6)低影响开发要求

①路面排水宜采用生态排水的方式。路面雨水首先汇入道路绿化带及周边绿地内的低影响开发设施,并通过设施内的溢流排放系统与其他低影响开发设施或城市雨水管渠系统、超标雨水径流排放系统相衔接。

②人行道路面宜采用透水铺装,透水铺装路面设计应满足路基路面强度和稳定性等要求。

4)机动车道的竖向设计与排水

居住小区道路的竖向设计应包括地形地貌的利用、确定道路控制高程和地面排水规划等内容。路面排水宜采用生态排水的方式,将道路雨水引入道路周边绿地内的低影响开发设施进行消纳。设计时应遵循以下原则:

①根据现有地形和功能需求,减少道路施工土方量。

②符合适用坡度的规定。

③满足道路纵向和横向排水的要求。

④满足排水管线的埋设要求。

⑤对外联系道路的高程与城市道路标高相衔接。

⑥道路横断面设计应优化道路横坡坡向、路面与道路绿化带及周边绿地的竖向关系等,便于径流雨水汇入绿地内低影响开发设施。

5)机动车停车设施的布置形式与原则

(1)机动车停车方式与基本尺寸

①标准车型及停车面积的确定见表4.6。

表4.6　车辆外轮廓设计尺寸

种　类	机动车		非机动车	
车　型	小型汽车	普通汽车	自行车	三轮车
总长/m	5	12	<2	<3.4
总宽/m	1.8	2.5	<0.6	<1.25

注:总长:机动车为车辆前后保险杠之间的距离;自行车为前轮前缘和后轮后缘之间的距离;三轮车为前轮前缘至车厢后缘之间的距离;板车、畜力车为车把前端至车厢后缘的距离。

总宽:自行车为车把之间的宽度,其余均为车厢宽度(不包括后视镜)。

(以上数据来源于《景观与园景建筑工程规划设计》)

②停车场面积的确定见表4.7。停车场面积取决于单位停车面积和计划停车数量，单位停车面积取决于车辆尺寸、车辆最小转弯半径、车辆停放排列方式、发车方式和车辆集散要求。初步计算停车场面积，一般按25～30 m^2/停车位计算，具体换算系数分别为：

表4.7 停车场面积计算表

序号	项目 \ 所需尺寸	停车方向		
		平行道路中心线	垂直道路中心线	与道路中心线斜交呈45°～60°角
1	单行停车道宽度/m	2.5～3	7～9	6～8
2	双行停车道宽度/m	5～6	14～18	12～16
3	单向行车时两行车停车道之间通行道宽度/m	3.5～4	5～6.5	4.5～6
4	一辆汽车所需面积(包括通车道)/m^2	22	22	26
	小汽车、公共汽车、载重汽车/m^2	40	36	28
5	100辆汽车停车场所需面积/m^2	0.3	0.2	0.3～0.4
	小汽车、公共汽车、载重汽车/m^2	0.4	0.3	0.7～1.0特大型
6	100辆自行车停车场所需面积/ha	0.14～0.18		

(以上数据来源于《景观与园景建筑工程规划设计》)

微型车:0.7;小汽车:1.0;中型汽车:2.0;大型汽车:2.5。

③机动车停车方式与基本尺寸见表4.8。

表4.8 小型车停车场设计参数

车类	停车角	停车方式	停车带宽	平行于通道的停车宽 *B*/m	通道宽 *S*/m	单位停车宽度 *W*/m	单位停车面积 *A*/m^2
小轿车I类	30°	FS	6.1	6.6	5.0	17.2	56.8
	45°	FS	6.9	4.7	5.0	18.8	44.2
	45°交叉	FS	5.8	4.7	5.0	16.6	39.0
	60°	FS	7.3	3.8	6.0	20.6	39.1
	60°	LS	7.3	3.8	5.5	20.1	38.2
	90°	FS	6.5	3.3	10.0	23.0	38.0
	90°	LS	6.5	3.3	7.0	20.0	33.0
	平行	FS	3.3	9.5	4.0	10.6	50.4

续表

车类	停车角	停车方式	停车带宽	平行于通道的停车宽 B/m	通道宽 S/m	单位停车宽度 W/m	单位停车面积 A/m^2
小轿车Ⅱ类	30°	FS	5.2	5.6	4.0	14.4	40.3
	45°	FS	5.9	4.0	4.0	15.0	31.6
	45°交叉	FS	4.9	4.0	4.0	13.8	27.6
	60°	FS	6.2	3.2	5.0	17.4	27.8
	60°	LS	6.2	3.2	4.5	16.9	27.0
	90°	FS	5.5	2.8	9.5	20.5	20.7
	90°	LS	5.5	2.8	6.0	17.0	23.8
	平行	FS	2.8	7.5	4.0	9.6	36.0
大型车Ⅰ类	30°	FS	8.8	7.2	5.5	$W_1=13.6$	$A_1=97.9$
		FF	8.8	7.2	4.0		
	45°	FS	10.6	5.1	6.5	$W_1=16.9$	$A_1=86.2$
		FF	10.6	5.5	6.0		
	60°	FS	11.7	4.2	9.0	$W_1=19.7$	$A_1=86.2$
		FF	11.7	4.2	7.0		
	90°	FS	11.4	3.6	12.0	$W_1=23.4$	$A_1=84.2$
		FF	11.4	3.6	11.9		
	0°	LS	3.6	15.4	4.5	$W_2=11.7$	$A_2=90.1$
		FF	3.6	15.4	4.5		
大型车Ⅱ类	30°	FS	7.6	7.0	5.0	$W_1=12.1$	$A_1=84.7$
		FF	7.6	7.0	4.0		
	45°	FS	9.0	5.0	6.0	$W_1=14.8$	$A_1=73.3$
		FF	9.0	5.0	5.5		
	60°	FS	9.75	4.0	8.0	$W_1=17.0$	$A_1=68.0$
		FF	9.75	4.0	6.5		
	90°	FS	9.0	3.5	10.0	$W_1=19.1$	$A_1=66.9$
		FF	9.2	3.5	9.7		
	0°	LS	3.5	13.2	4.5	$W_2=11.5$	$A_2=75.9$
		FS	3.5	13.2	4.5		

（以上数据来源于《景观与园景建筑工程规划设计》）

④机动车停车设施的几种基本形式。机动车停车设施一般有集中或分散式停车库、集中或分散式停车场、路边分散式停车位和分散式私人停车房几种形式。在低层花园式居住小区中，较多采用分散式的私人停车房或路边停车位；在多层居住小区中，多采用分散式的停车场或停

车库;在高层居住小区中或大型公建周围,较多采用集中式的停车场或停车库。

(2)机动车停车设计的规划布置形式和原则　居住小区机动车停车库(位)的规划布置应根据整个居住小区的整体道路交通组织规划来安排,以方便、经济、安全为规划原则。有分散于住宅组团中或绿地中的停车库或露天停车位,也有集中于独立地段的大中型停车场或停车库。

①机动车停车库(场、位)一般采用集中与分散相结合的规划布置方式。集中的停车库(场)一般设于小区的主要出入口或服务中心周围,以方便并限制车辆进入小区;分散式的停车场(库)一般设于住宅组团内或组团外围,靠近组团出入口以方便使用,同时应注意设置步行道与住宅出入口及区内步行系统相联系,以创造良好的居住环境。

②为减少车辆对小区内部的交通干扰,应在小区进出口边缘地带及通向尽端式道路附近设置专用停车场地或留有备用地。

③停车场应按不同类型及性质的车辆,分别安排场地停车,以确保进出安全与交通疏散,提高停车场使用效率,同时应尽可能远离交叉口,避免交通组织复杂化。

④停车场内交通路线必须明确,宜采用单向行驶路线,避免交叉,并与进出口行驶的方向一致。

⑤停车场设计须综合考虑场内路面结构、绿化、照明、排水以及停车场的性质,配置相应的附属设施(图4.83)。

⑥停车场面层可选用透水铺装和透水水泥混凝土铺装(图4.84),可补充地下水并具有一定的峰值流量削减和雨水净化作用,但易堵塞,寒冷地区有被冻融破坏的风险。

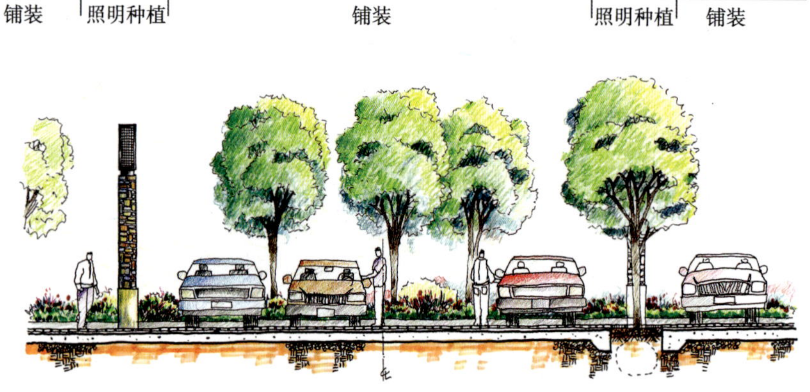

图4.83　停车场断面图

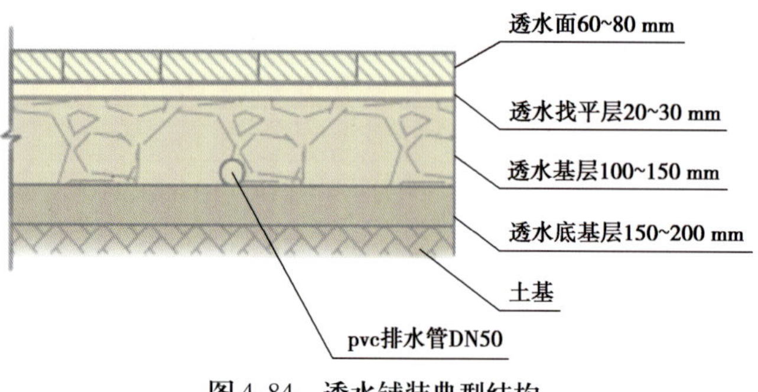

图4.84　透水铺装典型结构

4.4.4 自行车道及停车设施的规划设计

1) 自行车道设计的技术规范

(1) 自行车道基本尺寸　设计中采用的自行车车道宽度为:

1 车道:0.6 m + 0.45 m + 0.45 m = 1.5 m

2 车道:0.6 m × 2 + 0.45 m × 3 = 2.55 m

3 车道:0.6 m × 3 + 0.45 m × 4 = 3.6 m

4 车道:0.6 m × 4 + 0.45 m × 5 = 4.65 m

(2) 自行车道的允许坡度　最小纵坡≥0.3%;最大纵坡≤3%(坡长不大于 50 m)。

(3) 自行车道的平曲线半径　最小半径≥10 m。

2) 自行车停车设施

(1) 自行车停车的基本尺度

①自行车基本尺寸见表 4.9。

②自行车停车面积计算:

一辆标准自行车停放面积 = 0.6 m × 1.86 m = 1.1 m^2

重叠停放面积 = 0.74 × (n − 1) + 1.1

斜式停放面积 = 0.54n × 1.32

表 4.9　自行车基本尺寸

类　型	长/mm	宽/mm	高/mm
28 英寸	1 940	520 ~ 600	1 150
26 英寸	1 820	520 ~ 600	1 000
20 英寸	1 470	520 ~ 600	1 000

(以上数据来源于《景观与园景建筑工程规划设计》)

(2) 不同的停车方式及停车尺寸(表 4.10、表 4.11)

表 4.10　自行车单位停车面积(以 28 英寸车为标准)

停车方式(与通道所成角度)	单位停车面积/(m^2 · 辆$^{-1}$)	
	单排停车	双排停车
90°(垂直)	2.10	1.71
60°	1.60	1.35
45°	1.30	1.10
30°	1.10	0.95

(以上数据来源于《景观与园景建筑工程规划设计》)

表 4.11　自行车停车带宽度和通道宽度

停车方式(与通道所成角度)	停车带宽度/m		车辆/m	车辆宽度/m	
	单　排	双　排	间　距	单面使用	双面使用
90°(垂直)	2.0	3.2	0.6	1.5	2.5
60°	1.7	2.9	0.5	1.5	2.5
45°	1.4	2.4	0.5	1.2	2.0
30°	1.0	1.8	0.5	1.2	2.0

3) 自行车停车设施规划布局形式与原则

自行车停车设施有独立停车库、停车棚、住宅底层、地下或半地下停车房和住宅出入口露天停放几种常见形式。停车方式有集中停放和分散停放两大类。大中型集中式独立停车库和停车棚通常设于居住小区或集中式组团中部或主要出入口处,并具有合适的服务半径为整个小区或组团的居民服务;中小型集中式停车棚或露天停车场常设于公共建筑前后或住宅组团内,为组团内和使用公共建筑的居民服务;小型分散式停车棚、住宅底层(地下、半地下)停车房和露天停车位常为一栋住宅内的居民服务。

以上各类停车形式各有利弊,并常常结合使用,规划应以方便、经济、安全为原则。

4.4.5 居住小区步道及设施的规划设计

1)步行道的基本尺寸

(1)行人步距(表4.12)

(2)行人的横向净空值(表4.13、图4.85)

表4.12 行人步距值 L

性别 \ 步距 L/m	年龄构成	
	青壮年	老年
男	0.93～1.02	0.88～0.70
女	0.86～0.90	0.84～0.50

表4.13 行人的横向净空值

行人类型(游人)	横向净空/m		行人类型(游人)	横向净空/m	
	男	女		男	女
空身	0.65	0.65	抱小孩	0.70	0.70
带一提包	0.70	0.70	带小孩	0.90	0.95

(以上数据来源于《景观与园景建筑工程规划设计》)

图4.85 行人净空

(3)步行道允许的坡度　步行道最大限制坡度为8%,坡度超过6%必须铺设防滑设施,坡度超过8%一般应设台阶。

(4)步行速度(表4.14)

表4.14 步行速度

道路性质 \ 步行速度/(km·h^{-1})	行人类型			
	老　年	青壮年	抱小孩	带小孩
区域性道路	3.0	3.8	3.0	2.8
	3.2	4.1	3.2	3.0
居住小区道路	3.2	4.2	3.5	3.0
园路	2.5	3.0	2.5	2.5

(以上数据来源于《景观与园景建筑工程规划设计》)

2)步行道的宽度和通过能力

(1)通行能力建议值

区域性干道:700～1 100人/(条·h)或800～1 200人/(条·h)。

居住小区道路:750～1 250人。

游步道:650～950人。

(2)步行道宽度建议值(表4.15)

表4.15 步行道宽度建议值

人行道/条	1	2	3	4	5	6
人行道宽度/m	0.6~0.8	1.5	2.3	3.0	3.7	4.5

(以上数据来源于《景观与园景建筑工程规划设计》)

3)步行道的路面铺装

(1)砖瓦铺路　采用建筑用砖或特殊块砖铺装而成。风格朴素淡雅,施工简便,适用于庭院和古建筑附近。但耐磨性差,容易吸水,适用于冰冻不严重和排水良好之处。

(2)冰纹路　用块料碎片模仿冰裂纹样铺砌的路面,碎片间接缝呈不规则折线。可用水泥仿制,在未干时模印冰裂花纹,表面拉毛,适用于池畔、山谷、草地、林中游步道。

(3)乱石路　用天然块石大小相间铺筑的路面。

(4)条石路　用经过人工加工后的长方形石料铺筑的路面,多用于广场、殿堂和纪念性建筑周围,如图4.86所示。

图4.86　条石铺装形式

(5)预制混凝土方砖路　用水泥混凝土预制的规格几何形砖铺筑的路面(图4.87),适用于园林中的广场和规则式路段。

图4.87　预制混凝土铺装

(6)步石、汀步　步石是置于陆地上的天然或人工整形的石块,多用于草坪、林间、岸边或庭院等。汀步是设在水中的岩石,可自由地布置在溪涧、滩地和浅池中。

(7)道路人行道宜采用透水铺装,透水铺装按照面层材料不同可分为透水砖铺装、透水水泥混凝土铺装和透水沥青混凝土铺装,嵌草砖、园林铺装中的鹅卵石、碎石铺装等也属于渗透铺装(图4.87)。

(8)步行道路面铺装的几种变化处理　各种铺装形式如图4.88所示。

图4.88　各种铺装形式

4.5　居住小区照明设计

图4.89　居住小区夜景照明

4.5.1　景观照明的目的和原则

1)景观照明的目的

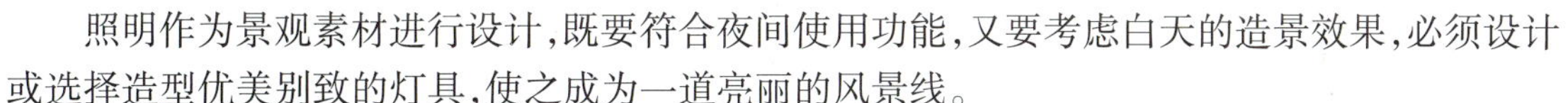

照明作为景观素材进行设计,既要符合夜间使用功能,又要考虑白天的造景效果,必须设计或选择造型优美别致的灯具,使之成为一道亮丽的风景线。

景观照明的目的主要有以下几个方面:

(1)增强对物体的识别性　提供不同等级的照明效果有助于提高使用者的方向感,以适应不同的分区和场地的利用。而微妙的照明差异有助于区分主干道和次干道、支路和各个功能区,在具体应用中可以通过不同的灯光亮度、高度、距离和灯的颜色来实现。

(2)提高夜间出行的安全度　清晰的照明形式和有效的光照覆盖,有利于确保行人安全。在适当的地方安装照明灯具,消除潜在的照明死角,能够明显地提高居民的安全感。

(3)保证居民晚间活动的正常开展　场地照明是居民夜间活动的必要保证,适度的夜间照明,能为居民社交、集会及夜间活动提供一个舒适、安全、便利的活动场所。

(4)营造环境氛围　白天室外空间的设计意图,可通过夜晚对特色景物强烈的照明、背景空间的适当衬托以及和谐的色彩得以强化。

2)景观照明的原则

(1)景观的整体性　景观的整体感是靠共性体现出来的,要求景物元素之间的呼应。整体感表现得好,才能创造协调气氛。比如建筑外体照明不能单纯考虑所涉及的一幢建筑的一个或几个面,还要考虑周围其他景物(建筑、小品、植物等元素)的情况(图4.90)。

(2)景观的层次感和立体感　层次感是指景物空间中主景与配景之间的关系。层次感可

图 4.90　夜景照明的整体性

通过虚实、明暗、轻重、大面积的给光和勾画轮廓等多种手法来体现。要结合建筑本身的造型、结构进行具体分析，不能将建筑物投光后变成一个大平面，失去了美而真的效果。

同时，要考虑建筑物和空间的关系，不能使主景孤独地处在黑暗中，像在黑底色中间涂了一片绿色、黄色或其他颜色的黑板（图 4.91）。

（3）景观的趣味性和韵律感　通过光线和照明灯具的组合，创造具有动感和观赏性的光线组合（图 4.92）；也可利用光线的有节奏的变化，形成视觉上的韵律感。

（4）灯具设施的隐蔽性　夜景照明的灯具设施尽可能地结合环境特征和结构设计隐蔽起来，尽量做到见光不见灯。

（5）节约能源，提倡绿色照明　夜景照明需要消耗数量可观的电能。通过对灯具光源的选择和灯光的组织，设计符合绿色生态理念的夜间环境。

图 4.91　利用灯光营造景观的层次感

图4.92　具有观赏性的光线组合

4.5.2　景观照明的基本知识

1)光与视知觉的概念

(1)视觉　光以及被照射到的物体反射后刺激人的视觉系统,就产生了视觉。产生良好舒适的视觉效果是进行夜景照明的最终目的,其效果直接决定着夜景照明的质量,并且影响了大多数人的夜心理与夜行为。

(2)明视觉与暗视觉　人的眼睛有两种视觉:明视觉和暗视觉。

在照度较高的条件下(视场亮度在100 cd/m^2以上),眼睛处于明视觉状态,锥状细胞工作,有丰富的色感;而在低照度下,眼睛处于暗视觉状态,杆状细胞工作,对色彩的分辨较白日有很大程度降低,而对动态的物体感觉敏锐。夜晚,人的眼睛一般处于暗视觉状态,应注重色彩对比和亮度对比,以及适当增加动态设计,使用对人眼视觉灵敏度高的光线,能在夜晚突出建筑物的精彩部位营造景观的高潮。

(3)光的本质　光本质是作用于人眼产生视觉的电磁辐射。任何物体发射和反射足够数量的合适波长的辐射能,作用于人眼睛的感受器官,就可看见该物体。

(4)光度量　光度量是基于人眼视觉的量化参数。光度量的名称释义和单位符号见表4.16。

表4.16　光度量的名称释义和单位符号

名　称	释　义	单　位
光通量	单位时间内光源发出光(辐射)的总量	流明(Lm)
光强	光源光通量在空间的分布密度(立体角)	坎德拉(cd)
照度	被照射面接收的光通量	勒克斯(Lx)
亮度	光源或被照面的明亮程度	坎德拉每平方米(cd/m^2)

(5)光的显色性　显色性是指光源的光照射在物体上所产生的客观效果。光源对于物体颜色呈现的程度称为显色性,也就是颜色逼真的程度。显色性高的光源对颜色的表现较好,所看到的颜色就接近自然颜色,显色性低的对颜色的表现较差,所看到的颜色偏差也较大。例如,钠灯发出的光主要是黄色,当黄光照在蓝布上,蓝布将黄光吸收,虽然蓝布能反射蓝光,但钠灯发出的光中基本上没有蓝光,因此在钠灯的照射下就变成黑布了。

(6)光的运用

①光是材料:砖石、灰泥、混凝土、钢与玻璃等为构建景观提供了丰富的素材,光与影同样是素材,并且能够通过对其他材料的表现,提高或改变材料的塑造力。

②光与影的结合:光与影是相对立的,设计阴影就是设计灯光,通光明亮的表现没有光影的塑造效果强。

③光法自然:黄昏、落日、朝霞夕暮,人工光的原形都有可能是对自然的模仿。人工光与自然光相比,犹如被细分的小件,可以精确地控制和组合。

④光的生态:用最小消耗的光,取得最大程度的舒适,同时减少对环境的破坏和影响。

2)光源与景观照明效果

(1)人工电光源的分类(表4.17)

表4.17 人工电光源分类

<table>
<tr><td colspan="12">电光源</td></tr>
<tr><td colspan="4">热辐射固体电光源</td><td colspan="8">气体放电电光源</td></tr>
<tr><td colspan="2" rowspan="2">白炽类</td><td rowspan="3">LED灯</td><td rowspan="3">场致发光</td><td colspan="6">弧光放电灯</td><td colspan="2">辉光放电灯</td></tr>
<tr><td colspan="3">低气压灯具</td><td colspan="3">高气压灯具</td><td colspan="2">高气压灯具</td></tr>
<tr><td>普通和充气白炽灯</td><td>卤钨灯(碘钨灯、溴钨灯)</td><td>低压钠灯</td><td>普通荧光灯</td><td>三基色荧光灯</td><td>高压钠灯</td><td>高压荧光汞灯</td><td>金属卤化物灯</td><td>霓虹灯</td><td>氙灯</td></tr>
</table>

①白炽灯显色性好,但光效率低,使用寿命短。结合灯泡的着色成彩色灯泡,被用于节日的彩灯装饰。由于光效差,常安排以点光源出现。

②卤钨灯在保持较好的显色性的基础上,提升了光源的光效,被广泛地用于大面积照明和定向照明。

③荧光灯的灯具尺寸较大,光效好,光色均匀,有较好的显色性。但灯管易受温度及湿度的影响,照明时多加有保护,如用于灯箱广告。

④三基色荧光灯体积小,光效高,显色性好。

⑤高压汞灯有较高的光效,但其光色较差,主要用于交通性道路、广场。

⑥金属卤化物灯由于是金属原子放电发光,而金属原子种类多,可以制成百万种光色不同的光源,显色性好,适合用于重点强调照明。广泛用于步行商业街,文化、休憩场所等。

⑦低压钠灯发光效能最高,但由于只能发出单一颜色的光,显色性较低,一般用于不太注重色彩的丰富性的基础环境的场合,例如出入口、广场照明。

⑧高压钠灯在高强度气体放电灯中光效最高,寿命长,光色优于低压钠灯,且高压钠灯体积小,亮度高,紫外线辐射小,应用最为广泛,例如生活性道路、广场等。

⑨场致发光:有些荧光粉在足够强的交流电场下能被激发发光。现在景观照明中主要包括场致光管和发光二极管LED。由于它耗电少,易于控制,光色均匀,结合电脑控制技术以及结合不同的工艺造型,适于局部照明和线状照明装饰。

⑩辉光放电灯包括霓虹灯和氙灯,这类光源通常需要很高的电压。霓虹灯又称为氖灯,涂

敷不同的荧光粉可以产生不同颜色的光。霓虹灯的启动电压和工作电压非常高,所以需要配备高压变压器工作。氙灯属于最常用的惰性气体放电光源,氙灯与金属钠灯相比,启动时间短,光的显色性好,与日光相近,但光效较差。

⑪柔光管。柔光管是克服荧光灯管外壳怕水的缺点,在室外的应用发展,有所区别的是柔光灯外壳选用防爆玻璃材料 PC。按内部的电光源不同柔光灯可以划分为冷阴极管柔光管、阴极管柔光管和 LED 柔光管。

冷阴极管柔光管和 LED 光色鲜艳,寿命长,适合频繁地开关,应用在动态的灯光组合中。阴极管柔光管价格相对较低,光效高。但由于属于启辉器预热电路,主要应用于静态的连续轮廓中。

(2)眩光　由于视野中亮度分布或亮度范围的不适宜,或存在极端的对比,以致引起不舒适感觉或降低观察细部及目标能力的视觉现象,称为眩光。

产生眩光的原因主要是由光源的不合理定位所造成,投射灯具发出的光线出现在人们的普通视域之内,人们在无意间的回眸或侧视中遇到强烈的灯光而引起眩光。在许多场所中,最易引发眩光的灯具主要是各种泛光投射灯具,这一类的灯具具有镜面抛光的反光罩,采用高、强气体放电光源,光效高,照射面大,一般搁置在低矮处,自下而上发光投射到被照物体的表面完成照明。夜景观设计中,合理地设计投光灯具的投射角度与安放位置,是避免产生眩光的重要举措。

在居住小区中亮度不需要很高,应避免使用大功率的光源,可通过增加光源的数量、降低功率,同样保证场所具有足够的照度,以减少眩光的产生。

(3)光的表现　夜景观环境下,光作为一种材料,在照亮其他物体的同时,自身也是景观表达的一部分。按表现可以划分为点、线、束(体)3 类。

①点光:泛指没有特定指定方向的,配光曲线为全球体的灯具光源。

②线光:通过光强统一的连续点串联形成的线,善于表达轮廓和界线。

③束(体)光:气体放电灯具的光束,通过灯具的配光可以将光束调节为矩形锥体光束和圆锥光束,按配光可以划分为宽束光、中束光和窄束光。

(4)材料的光学性质对照明的影响　光照射到材料物体上,会发生反射、吸收和透射现象。依据不同材料的表面构造,材料可以划分为定向反射材料、扩散反射材料、定向透射材料和扩散透射材料。

①定向反射材料:光线照射到玻璃、抛光金属等材料的表面会产生定向的反射。从与入射角相对称的反射角度,可以清楚地看见光源的影像。这种材料在光源直接照射时容易在某些角度区域产生高光或眩光。但可以通过对被照射的物体的二次反射产生影像的效果。

②扩散反射材料:光线照射到多数的建筑材料,如砖、毛面石材、混凝土、毛面的人工劈离砖等表面时,光线向四面八方反射和扩散。材料着光相对均匀,没有光源的影像。

③定向透射材料:光线照射到玻璃或水面后,在入射角的某个角度区域产生定向的透射。在光源的对面可以看见光源的影像,光源的强度和亮度有所降低。这种材料的特性现在多被用于内透光表现。如玻璃幕墙和水下彩灯等。

④扩散透射材料:光线照射到乳白玻璃、彩色有机玻璃、花玻璃、毛玻璃、张拉膜布等材料时,光线通过各个方向透过材料,看不见或不能完全看见光源的影像。这种材料表现上也以内透光为主。

(5)基础照明和重点气氛照明

①基础照明:基础照明首先要满足使用者的安全需求,功能性大于装饰性,并且具有空间连续性与引导性,根据使用功能的差异,又分为路灯、庭园灯、扶手灯、草坪灯、地灯等。

②重点气氛照明:重点气氛照明多在基础照明的前提下,通过灯具的光色、亮度和动态对比,强化诸如入口、主要景点等夜景观环境。

③夜景照明伴随着灯具与光源的发展,经历了从白炽灯、霓虹灯、高强度气体放电灯,到以电脑控制的综合照明系统4个阶段。现代的照明设计通过电脑控制的灯光,使照明技术为艺术效果的表达提供了成熟的技术支持。

3)灯具

(1)灯具和灯具组　灯具是光源、反光灯罩、滤镜、格栅以及附件的总称,是透光、分配和改进光分布的器具。灯具的反射板在光源相同的情况下,具有通过调节光的反射率和反射角度,增加照明的效率和控制光的投射角度和方向,大幅度提高照明效率的功能。而设在灯具前面的格栅可以将光线进行导向遮拦,避免不必要的光损和眩光。

灯具组是指通过灯具的组合以及灯具的集合控制,以整体的形式构成的灯具组合。由于可以进行组合变化,组织和传达不同信息,在夜景观环境中显得越发重要。

(2)灯具的配光特征　厂家在提供的灯具说明书中会提供如下数据,图示化地描述灯具的光学特性。

①配光曲线:描述光强在空间中的分布特征的曲线,所以也称作光强分布曲线。

②亮度分布与遮光角:灯具表面亮度分布及遮光角直接影响到眩光的产生。

③灯具效率:指相同条件下,灯具发出的总光通量与灯具内所有光源发出的总光通量之比。

(3)景观照明灯具　景观照明灯具指的是通过灯具的配光组织,将室外其他物体照亮达到景观效果的灯具(表4.18)。

表4.18　夜景观灯具分类

景观照明灯具	景观装饰灯具	商业广告灯具	交通指示灯具
广场灯	美耐灯、满天星	内光式广告灯箱	
道路照明灯具	光纤、霓虹灯	外光式广告灯箱	交通信号灯具
泛光灯、聚光灯	LED景观灯具	霓虹灯广告组	指示诱导灯具
庭院灯、草坪灯	景观灯光雕塑	电子广告屏	反光式交通标牌
地埋灯、水下照明灯	电脑组合灯具	其他组合灯具	
特种灯具	激光图案投射灯;焰火礼花;烛光、火光		

①广场灯:常常是一种大功率的投射灯具组,采用高强度的气体放电光源,光效高,照射面大。按广场灯的不同位置可以通过配光划分为对称式和非对称式广场灯具。

②路灯:路灯的功能主要是满足街道的照明需要,但对于反映地域特色的街道,还需考虑造型要求,因而路灯也分为两类:一类是功能性道路灯具;另一类是装饰性道路灯具。

功能性道路灯具需要有良好的配光,光源多选用钠灯和汞灯等光效高的电光源,发出的光均匀地投射在道路上。

装饰性道路灯造型美观,可以结合不同的氛围和风格选用。主要安装在重要的建筑或广场

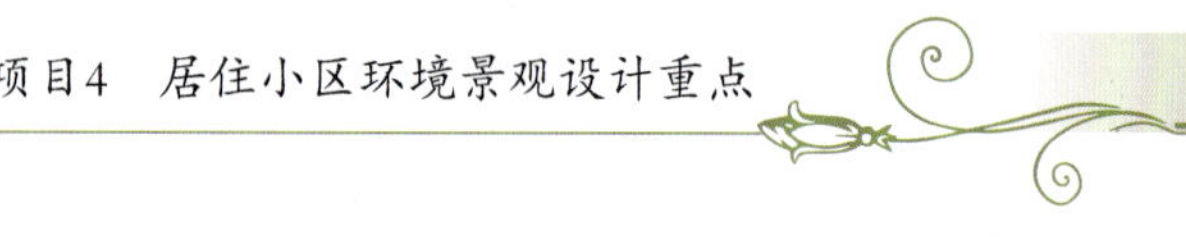

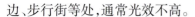

边、步行街等处，通常光效不高。

③泛光灯(Floodlight)：多选用高压气体放电光源，通过灯具的配光，产生中配光和宽配光光束。对包括建筑立面、树木等景点进行基础性照明的灯具，光束分为矩形锥体和圆锥形两种。通常要注意光线的有效投射和遮蔽，避免光污染。

④聚光灯(Spotlight)：功率较泛光灯小，多为窄配光光束，且光的平面衰减较少。光的方向感强，能对小品或重要景点进行重点照明。同样要注意光污染。

⑤庭院灯(Courtyard Luminaire)：多安装在公园、居住小区小花园的小路边，高2～4 m，光线较柔和，具备CIE的直接、半直接、半间接、间接四类灯具形式。

⑥草坪灯(Lawn light)：高度在1 m以内，安装在草坪、灌木丛等低矮处，光线多为宽配光，避免人的视线眩目，具有指示和美化的双重功能。

⑦地埋灯(In-ground Luminaire)：比草坪灯更矮，有的直接安置在地平面中。包括三种：一种是起引导视线和提醒注意的作用的指示地灯，应用在步行街、人行道、大型建筑物入口和地面有高差变化之处；一种是微突出于地面，通过光栅的遮挡，可以装饰照明广场或草坪；还有一种是投射地灯，通过配光后可以投射地面上的小品。

⑧水下照明灯(Underwater light)：通常安装在水下，具有防水的密闭性。多选用光谱效果好的卤钨灯。光的功率较高，配合彩色滤镜，投射喷泉或叠瀑，经过水的折射形成五彩缤纷的光色水柱效果。

(4)景观装饰灯具　景观装饰灯具指的是灯具光源的光衰减较明显，近似于自发光灯具。观赏的是灯具本身及灯具的变幻，不考虑或很少考虑其对其他物体的投射照明。

①美耐灯：又称塑料霓虹灯管，可塑性强，多用于轮廓照明，但由于白天的观感较差，多用于台阶下等隐蔽场所提供轮廓线光源。

②满天星：由许多小型的白炽灯组成，缠绕在树的枝干上，节日里可以烘托火树银花的效果。同样由于白天的观瞻较差，多用于节庆场合。

③光纤：由液体高分子化合物聚合组成，分为实心侧光光纤和点光光纤。光纤导光性强，低能耗，不发热，可弯曲，寿命长，免维护，导光不导电，尤其可在水体中创造多姿多彩的景观效果。因此作为照明时，是不带热量不带电的安全照明系统。

④霓虹灯：霓虹灯光色鲜艳，常用于线形轮廓。结合三基色荧光粉可以配置成缤纷的色彩。结合频闪可以组织动态的装饰效果。

⑤LED(Lighting Emitting Diode)景观灯具：现代技术通过单个LED发光二极管的不同组合，可以制作包括点、线光源，以及电脑控制的多种高效低耗的变色装饰灯具，具有广泛的应用前景。

⑥激光图案投射灯：应用于建筑、广场、大型文艺演出，以强烈的视觉冲击力作为表演灯光。结合音乐水幕、焰火与烟雾，产生以光为主体的动感效果。

⑦景观灯光雕塑：以灯具为主体，或结合其他功用的设施、环境小品，以光或各种控制系统，在夜晚黑色的背景下展现各种主题。

⑧烛光、火光、光焰火礼花：属于光源系列，划分在装饰灯具里，强调节日环境下，自身的景观效果。

(5)照明控制　适当的照明控制方式是表现夜景观环境照明的有效手段，也是节能的有效措施。现代照明控制技术，包括传感器(信号输入)、控制管理器(信号处理)、远程遥控技术(信号输出)、灯具光电控制器4部分。

①传感器:选用感光元件的光感器和人员移动传感器等对环境进行监测,按不同环境需要通过改变光源数量及光通量输出,降低能耗和营造人性化环境。

②控制器:采用单元微机技术,选用可编程的存储器,存储执行逻辑运算,顺序控制。这样一来,各个单独灯具光源的控制作用被组合在一起,要改变控制功能只需改变程序即可。

③无线通信遥控技术和计算机自动化控制管理:通过预先设计的不同夜景观场景,以远程无线电将指令传送到照明开关控制器,减少人员操作和线路能耗。

4.5.3 不同功能区照明设计的要点

1)建筑照明

通过照明的亮度变化、光影变化来展示建筑物的特点,真实或戏剧性地表现建筑中蕴涵的生活场景是夜景观内在和外在展示的重要内容。因此规划设计时必须对建筑物的使用功能、建筑风格、结构特点、表面装饰材料、建筑物周围的环境等情况进行综合考虑,提倡在建筑设计中直接融合夜景的表达(图4.93)。

图4.93 照明与环境氛围营造

建筑照明按灯具投射方式可以分为:泛光照明、集中照明、装饰照明、轮廓照明、内透光照明、激光投射图案照明。

结合建筑面层材料的特征,选取具有代表性的特征建筑表述不同的照明方式。

(1)泛光照明 欧洲古典建筑,建筑以体积感、雕塑感强为特征,面层材料以毛面石材等扩散反射材料为主。照明灯具多以高压气体放电灯具。毛面石材的扩散反射材料特性使得建筑在气体放电灯具投射的光柱照射下,能够产生以下效果:

①通过照射在建筑物立面上的灯光的明暗变化产生立体感。

②通过照射在建筑物立面上的灯光的位置不同产生层次效果。

③照射建筑物的主要细部,使人们看清细部材料的颜色、质感和纹理。

建筑物泛光照明应遵循以下原则:

①轮廓完整性。要表现建筑物的整体形式,必须将其轮廓也呈现出来,强调出边和角,并揭示出拐角两侧的侧面,使两侧面在亮度上有一定的差异,产生透视感。如果建筑带有坡形屋顶或缩进去的屋顶,则应表现出屋顶的边线,同时在亮度上也应有所变化,保持建筑的完整性和立体感。

②装饰趣味性。建筑物表面上的阴影是富有魅力的部分,应充分利用表面的装饰和结构创造出合适的阴影,对于建筑立面存在线条结构的情况,可以利用阴影表现出这些线条(图4.94);要想突出表现建筑的趣味中心,可以采取局部加光或减弱周围区域的亮度的手法。

③舒适性。如果建筑物表面设置了大面积的玻璃窗,应注意反射眩光;如果建筑物立面有

图4.94 利用灯光突出建筑物的立面造型

丰富的凹凸部分，且尺度可观，应避免过分的阴影；如果建筑物体量很大，且表面较平淡，应避免整个表面产生单调的均匀感；泛光照明的效果在很大程度上由投光器来控制，还与投光器的布置场所、投光器与建筑物的距离、受照面的表面状态、建筑物的形态、行人的观看方向等因素有关(图4.95)。

图4.95 大面积墙面照明

(2)轮廓照明 轮廓照明是以黑暗的夜空为背景，利用建(构)筑物轮廓周边布置的串灯来勾画建筑物轮廓的一种照明方式。选用灯具为白炽灯串、霓虹灯、LED灯、美耐灯、光纤和光导管等。

我国古建筑的特点在于上部造型变化丰富的大屋顶，依据建筑的材料特性和建筑特征，在夜景表现上，以轮廓照明为主，结合局部泛光装饰照明，可以勾画出美丽、丰富、跳跃的线条，充分表达中国建筑屋顶起翘的轻盈特点，获得很好的艺术效果。

(3)内透光照明 内透光照明是利用室内靠近窗口的照明灯放射出的光线，透过窗口在夜晚形成排列整齐的亮点的一种照明方式。有大片玻璃窗或玻璃幕墙的现代建筑，采用这种内透光照明方式比室外泛光照明效果更加生动，同时也比较经济，便于维修。

2)水体照明

景观环境中的水景,喷、瀑、叠、跌,或静或动,平淡的空间借助水的变化产生无穷的魅力。夜间的水景照明突显水在景观中的诗意和灵气的部分。夜间水景的表现方式见表4.19。

表4.19　夜间水景表现方式

水的状态	投射方式	灯具位置	灯　具	景观效果
动态喷泉、叠瀑	直接投射	水下、暗藏	水下卤素灯	晶莹剔透,活泼跳跃
静态池塘、水面	间接反射	陆地投射景物	金卤灯	岸边景物倒影入水中
细小水流	线形轮廓	水中,轮廓水岸	光纤	晶莹流畅
激光水幕表演	激光投射		激光	场景恢弘,动感强烈

①动态的喷泉、叠瀑:表现方式多为直接投射,流动的水富有气泡,在灯光的直接投射下晶莹剔透,在不同色彩的灯光照射下,白色和暖色的灯光可以表现水明丽欢快的特质;增加蓝色的滤光镜可以使水看起来更加清爽;红色使水变得沸腾热烈。为避免产生不必要的眩光,灯具位置尤为重要。

图4.96　静态水体照明

②静态的池塘水面:如果简单地投射水面,往往适得其反。最好的表现手法是将水边的景物通过投射照亮,让观景者欣赏水边的景物和水里婆娑的倒影。实与虚、静与动的对比更增加了夜景的效果(图4.96)。

③水中放置低照度的灯具,高光效、高显色性的实心侧光光纤,导光不导电,在水体中尤其善于表现曲线的岸线景观效果(图4.97)。由竖向光纤结合细长的水流可以组合成丰富的景观小品。

④由激光投射灯具和水幕组成的激光水幕系统,结合音乐可以展现奇妙的影像效果,具有极强的观演效果(图4.98)。

图4.97　水下灯光效果

图4.98　成都夜景

3)道路夜景观规划设计

道路以线的形式出现,是区域功能结构的重要组成部分,也是居民公共生活的主要空

图4.99　道路照明

间。道路网络体系可以划分为两类:一个是车行道为主的交通体系,包括车行道和非机动车道组成的网络;另一个是以步行为主的道路体系,包括人行道、广场、组团道路及院落组成的空间网络(图4.99)。

(1)设计原则

①保证各种场地功能和活动所需的照度水平,满足视觉要求(图4.100)。

②保证场地标志、交通标志的诱导性不受干扰。

③避免光污染。

④选择经济适用的电光源,并合理选择灯的安装位置,与白天的景观统一。

⑤灯饰造型统一,强化识别性,平常与节日相结合。

⑥分级规划沿街广告照明。

(2)路灯平面布置方式　夜景观的道路灯具平面布置上宜强化景观轴的作用。灯具以相对布灯视觉引导感最强,中线和单侧布灯次之,交错布灯的引导感最弱(图4.101)。

图4.100　道路照明应有足够的照度水平

图4.101　路灯具有导向作用

(3)道路节点景观　在形成道路景观轴的线型环境中,存在着诸如道路交叉点、出入口等位置。通过利用对其重点加强灯光的表现,即视觉上的兴奋点的设置,可以增加标识性(图4.102)。道路上及其两侧的视觉兴奋点的出现频率应主要参考视点运动的速度及角度来确定。兴奋点的间隔应针对行车的速度。不同的速度对应不同的景观尺度。

图4.102　独特的灯具具有良好的标志特点

4)公共设施小品照明

居住小区内的公共设施小品,是构成公共空间景观的基本元素,也是整个景观系统包括步行交通、种植绿化、景观照明、无障碍环境、环境信息识别等系统内容的具体体现(图4.103)。

图 4.103　步行体系的小品照明

(1)照明设计原则

①设施综合统一,强化识别性:在保持各类系统系列特性的基础上强调设施小品的整体统一性。在造型、材料、色彩组合上采用类似和接近的题材设计,既可以丰富街道景观,又能强化场所主题和识别性,形成独特的景观特点。

②满足夜视要求,使用安全:要满足人们对各种公共设施夜间使用的明视要求,同时确保灯具的安全防护和使用安全。

③设施照明与广告综合设置:部分设施在满足自身功能的前提下,与广告结合,设立结合广告的设施综合体,有利于设施的维护和发挥经济效益。

④避免眩光:避免造成对居民的不舒适眩光照明,控制灯具光源的照度并合理选择安装位置。

⑤平时与节日场景统一安排:通过对公共环境中不同的场景要求,包括节日与平时,晚间的不同时段,选择反映不同功能特点的场景灯具,综合设置灯光控制系统(图 4.104)。

图 4.104　不同题材的景观小品照明

(2)照明方式要求

①低照度:公共环境的景观照明灯光繁杂,环境的漫反射灯光能够提供基本的照度要求,灯具照度相对可以较低。

②低色温:公共设施的安置区域多集中在中心区的休憩区域,休憩的顾客对光线的倾向多

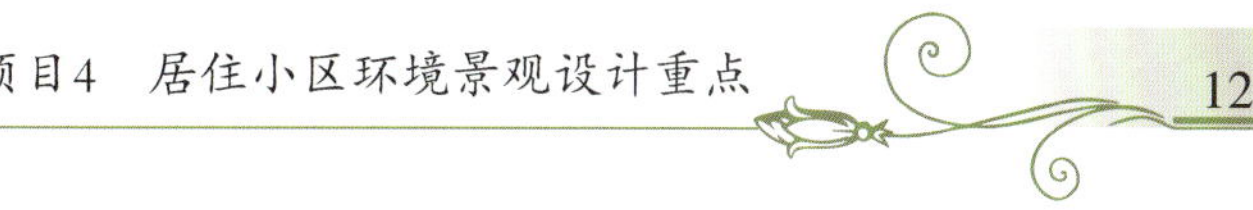

以高显色性的暖色为基调。

③低设置：休憩区域内人的视线要求较低。在对公共设施提供照明时，可以结合设施选用内透光、暗藏式投射灯具、自发光灯具等，投射方式选用间接照明和向下投射的方式，以避免眩光（图4.105）。

图4.105 不同的照明方式营造出舒适的夜间环境

5）广场空间夜景照明设计

（1）广场照明的特点 广场是居民社会活动的中心，一般都布置有标志性建筑物和小品设施，是小区文化和艺术面貌的集中表现。广场功能因其性质不同而异，可以用于组织集会、集散交通，组织居民游览、休憩和交流等活动，因此在夜景观规划设计中，应遵循以下原则：

①广场夜景观气氛：一般是指广场夜晚的环境主题特征与氛围。通过各种灯光技法强化广场夜间环境主题，以形成主题突出的夜环境。

②空间序列：任何一种城市空间都是由若干空间单元组合而成的。由于广场空间的多功能性和多元性，必须以一定的空间序列来展开，根据模式、尺度、个性功能方面与形式，形成相匹配的广场夜景景观效果（图4.106）。

图4.106 利用照明方式的变化以区别广场空间序列

③整体效应：整体效应也是景观设计所遵循的一个重要原则。广场应尽可能地满足人们夜生活的各种需求，因此广场夜空间应具有多样性、灵活性。但如果没有一条主线把它们联系起来，则会由于过于分散而使广场夜景观规划设计失败。规划过程中，首先明确广场的属性、特

征，分析出广场重点和组成要素之间的主从关系，营造广场气氛、特色及主配景整体效果，为照明设计提供明确的理念原则和依据(图4.107)。

图4.107 广场照明应满足不同活动的要求

(2)行为活动和行为照明　广场中人的行为活动可以划分为必要性活动、选择性活动和社交性活动三类，三种行为特征往往同时发生，需要针对不同的行为特点和要求，设置匹配或强化的照明，提高夜景观环境的品位和质量。在行为照明中，要考虑以下行为特征：

①安全性：对于残疾弱势人群的无障碍设计的照明，务必力求规范与行为接轨，在广场中的照度水平与密度，应满足明确显示道路潜在的危险(障碍物)和避免照明盲点的要求。

②视觉定向：广场的照明应能够满足人们一进入广场就能粗略地感知整个广场空间方位。因此，对广场周边以及广场中央标志物的垂直面进行适度的照明是很必要的，协助不熟悉环境的人尽快确定方向，识别所处位置。

③个人特征识别：居民在广场上的活动，无论白天与晚上，个人独处或公共交往的社会行为，都具有私密性和公共性的双重品格，具有场所的安全感和公共活动的特征。夜间广场的照明应能满足在近距离接触之前能相互识别，并提供足够的视觉信息来判断一定距离内人的肢体轮廓。CIE的研究表明，夜间最大识别距离是在观察者前方4 m，最小照度接近3 lx。

(3)广场灯具选择　广场中的灯具选型要结合广场的性质、气氛和特征，在总体上要趋于统一，强化标识性。

①围合空间的灯具组：广场边界或相对独立的空间可以用绿化带加以隔离，既保证空间的场所感加强，还能保证视线的通透。在绿化带的外侧设置灯具，多选用低柱庭院灯和草坪灯组成带状灯具组，通过线状照明加强对空间的限定。光源选用汞灯或金卤灯。

②广场庭院灯：为满足广场铺地与道路的安全照明要求，需要选择水平照度结合垂直照度的配光灯具，光源按具体的场合选用。庭院灯尤其要注意灯具的造型与光效的结合以及太阳光能的收集利用。

③指示、导向灯具：出于对视觉定向的需要，广场中采用的指示灯具按安装位置分为地埋灯、嵌墙灯、反射式指示牌等。地埋灯可以融入图案化广场铺地，同时形成广场视觉上的指示向导。嵌墙灯包括暗藏在台阶上和边缘界定的指示灯，能及时提示台阶的高度变化，提高场所的安全性。

光源上建议选用低能耗、寿命长的LED灯源。同时由于光强不高，可以有效避免眩光。

④灯具的尺度：广场空间设置不同高度的灯具可以产生不同层次的照明效果。灯具的尺寸对应于人的尺度。广场庭院灯的高度在3～5 m，草坪灯选用宽配光的灯具，高度在1 m以下。

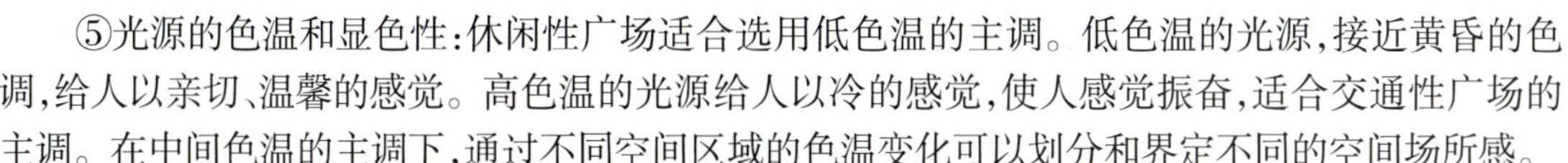

⑤光源的色温和显色性：休闲性广场适合选用低色温的主调。低色温的光源，接近黄昏的色调，给人以亲切、温馨的感觉。高色温的光源给人以冷的感觉，使人感觉振奋，适合交通性广场的主调。在中间色温的主调下，通过不同空间区域的色温变化可以划分和界定不同的空间场所感。

在夜间的暗视觉条件下，人的视觉对色彩的辨别感较低。对广场中人流密集的地区需要可提高照度和显色指数，对植物照明要针对不同的树种色彩确定不同的灯具投射，花草需要显色性高的光源，显色指数 $Ra>60\sim80$。

选用的光源包括金卤灯、三基色荧光灯、白炽灯和高显色钠灯等。

⑥场景与动态：丰富的场景灯光和动态的灯光可以极大地丰富节日期间的热烈气氛。通过灯具的控制装置组合设置不同的灯光场景，可以适应广场不同性质的活动以及节庆的需求。

动态的灯光设置上多为临时性安装，表现活泼趣味。注意照明灯具射向天空的逸散光对周围居住环境造成的光干扰，通过对环境整体的规划设计来控制光污染的发生。

6）园林绿地灯光环境与夜景观细化设计

（1）园林绿地照明灯具的选择　园林绿地照明灯具，要求夜晚能够满足功能性照明及艺术性照明。光源的选择要遵循高效、节能的原则，同时选择适宜的光色来更好地体现设计意图，烘托环境气氛（表4.20）。

表4.20　光源与灯具选择表

灯具种类	常用光源	适用场合	说　明
庭院灯（杆式照明器）	白炽灯、荧光灯、金属卤化物灯	可布置于园路、广场、水边以及庭院一隅，适于照射路面、铺装场地、草坪等	高度为4.0～5.0 m，光照方向主要有下照型和防止眩光的漫射型
草坪灯	汞灯、白炽灯、金属卤化物灯	主要用于照射草坪	高度≤1.2 m
泛光灯（投光灯）	金属卤化物灯、高低压钠灯	主要用来照射园林建筑、景观构筑物、园林小品、雕塑、树木、草地等	按光束的宽度可分为窄光束、中度宽光束和宽光束
埋地灯	汞灯、高低压钠灯、金属卤化物灯	用于硬质铺装场地中构筑物、园林小品照明，以及草地中置石、树丛照明	部分灯型可用作埋地射灯
彩色串灯	微型灯泡	可用于树冠、花带、花廊等轮廓装饰	彩色串灯又称防水树灯，是一种新型高档的节日彩灯，采用经过环氧树脂绝缘处理的微型灯泡（4 mm 6 V 100 mA）串并联而成，形成一条条色彩丰富的路灯带
光带	紧凑型节能灯、霓虹灯管、美耐灯、导光管	适合于园林建筑、墙垣的轮廓照明及道路台阶、水池等的引导性照明	美耐灯又称为塑料霓虹灯（或彩虹管），是将若干由钨丝发光的微型灯泡串藏于软性PVC材料管中，通电可发光的一种柔性灯带
造型灯（景观灯）	光纤、美耐灯、发光二极管（LED）	可做成各种造型，如礼花灯、椰树灯、红灯笼等，用于绿地夜景装饰	主要用于饰景照明

(2)园林绿地环境照明方式　灯光在绿地中的主要作用不仅仅是在夜间提供合适的照度，更重要的是运用各种照明方式表现各造园要素，即树、花、草、水景，以及各式园林小品的魅力，创造出以植物为主体的绚丽多彩的光环境。园林绿地灯光环境，根据所选用照明灯具及投射方式的不同，可分为泛光照明、轮廓照明、内透光照射和饰景照明。

①泛光照明：运用泛(投)光灯、庭院灯、草坪灯等照射被照物，体现被照物的形态、体量、造型、质感等特征。常用于照射园林建筑、雕塑小品、树木、草地等。

②轮廓照明：运用紧凑型节能灯、霓虹灯管、美耐灯、发光光纤管、导光管等发光器具，勾勒被照物的形体和轮廓，体现构筑物的造型美或园路、墙垣的方向感。这种照明方式，一般结合泛光照明应用。常用于园林建筑、大型景观构筑物、绿地墙垣、园路等照明。

③内透光照明：把灯具放置在灯光载体(被照物)的内部，使光线由内向外照射。这种方式加强了被照物的空间感和体量感。常用于园林构筑物、树木、喷泉等照明。

④饰景照明：运用彩色串灯、霓虹灯、LED(发光二极管)灯等照明器具，营造灯光雕塑、灯饰造型、灯光小品等。此种方式有利于烘托环境气氛(图4.108)。

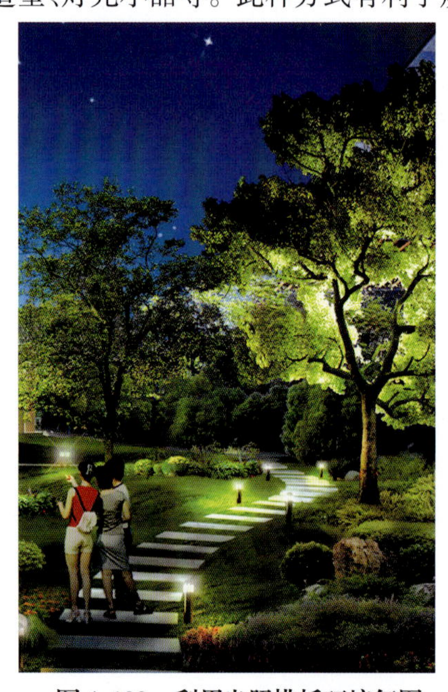

图4.108　利用光照烘托环境氛围

(3)不同植物种植方式的照明设计　在夜景元素中植物是唯一有生命的景观，它的颜色和外观随着季节而变化，成为环境景观的一大特色，也是环境生命活力的一种体现。

①单棵植物的照明方式：单棵植物的照明方式通常有以下6种(以不同的观景位置，可获得不同的夜间效果)：

a.特定方向上照：可以只让人们看到某一方向的树形。

b.被光式上照：灯光从树后投射，树木的灯光与阴影结合有剪影效果。

c.下照式：将灯具固定在树冠或树枝中，透过树叶往下照，地面上会出现枝叶交错的阴影，仿佛月下树影，达到月光洒下的效果。这种效果适合枝叶茂盛的长绿树种，在步行街、居住小区、公园等较雅静的场所使用。

d.全方位上照：将两个以上的灯具置于树下，照亮整个树体。立体感较强，是强调植物整体的照明方式。

e.剪影效果：选择植物枝干明晰的植物，将后面的墙面照亮，枝叶成为黑色的影子。

f.轮廓式：用满天星缠绕在树的枝干上，塑造火树银花的节日效果。或将小串灯或灯笼挂在树上，取发财树的吉祥寓意。

②树群照明

a.规则树群：树群呈规则的行列式布置，如行道树。灯具多以规则的方式布置，形成夜间的景观视觉通廊(图4.109)。

b.不规则树群：在自然形态的公园或其他场所，树群多以不规则的方式组合，高低错落，表现上多以分散布灯，相对集中成组的方式强调树群的群植效果。

c.庭阴树群：在有人群进入的种植庭荫广场，灯具布置将模仿月照式和上照式相结合。同时注意灯具的眩光控制。

③草坪和灌木：对于在夜间环境中的花坛及低矮植物，由于人们观看的视线是自上向下，所以它们一般采用蘑菇式灯具向下照射，灯具置于花坛中央或侧边，高度视花草而定。

图4.109　规则树群形成的视廊

在夜景中植物通常属于点缀物，其实运用不同照明方式的组合，它本身也能展现自我，成为夜间一大景观。

现代景观的植物夜景由于受到空间尺度、建筑尺度的影响，一般有别于中国古典小桥流水、枯树假山的植物夜景，它们给人的视觉震撼不同、意境不同，在尺度控制上更是惊人，接近于雕塑、艺术品的做法，需要不同的照明方式，但以低尺度、低照度、低能耗为原则。

4.6　居住小区植物配置设计

4.6.1　居住小区绿化的功能及作用

居住小区绿地是在居住小区用地上栽植花草树木，改善区域小气候，并创造自然优美的绿化环境。它是居住小区绿地的重要组成部分，是改善居住小区生态环境的重要环节。同时，也是居民使用频率最高的户外活动空间，是衡量小区环境质量的重要评价内容。

1）实用功能

①利用植物创造居民要求的各种空间。居住小区的室外空间是居民活动最频繁的场所，居民对空间的要求既要有私密性、半私密性的个人、家庭和小集体活动空间，又要有社会性的交往空间。植物是一种“软质”空间分隔材料，可以通过种植草坪、地被来营造开敞空间；通过绿篱、树篱、树墙、垂直绿化、花篱等营造围合空间或半开敞空间；通过乔木的枝叶、棚架营造郁闭空间。应用植物以及植物与建筑的围合，可以创造出变化多样的空间环境，满足居民的需要（图4.110）。

图4.110　居住小区绿地为居民营造良好的休憩空间

②利用植物软化硬质空间。植物可以使建筑、道路和铺装的硬质空间得以软化，向绿色空间过渡。

③利用植物对不雅之物进行遮蔽。居住小区建筑、服务设施和各种管线施工后，会留下井盖、挡土墙、采光井等，可利用植物对其进行遮蔽修饰。

④空间序列的组织。小区中的建筑和绿地在布局、大小、性状、景观及内涵上既统一又有变化，通过合理组织，形成一个完整的景观和游览空间序列。

⑤居住小区绿化具有防震、防火、防御放射性污染、防空等作用。1923 年日本关东大地震时引起大火灾，公园绿地成为居民的避难所。从此，防灾避难就成为园林绿地的一项重要功能。

树木具有耐火、防火及阻挡火灾的作用。不同树种具有不同的耐火性，防火的效果有所差别。测试结果表明：常绿阔叶树的树叶自燃临界温度为 455 ℃，落叶阔叶树的树叶自燃临界温度为 407 ℃，因此树木的防火耐火能力相当强。居住小区是生命财产密集的区域，防火防灾非常重要，而绿地则具有这种功能。

植物还能过滤、吸收和阻隔放射性物质，降低光辐射的传播和冲击波对人的杀伤力。

2）生态功能（改善环境）

居住小区绿地是以种植植物为主，植物通过枝叶对外部有害因子的吸滞、反射、折射、阻隔等一系列的物理作用以及植物特有的生理生化作用（光合作用等），对居住环境起到改善与保护作用。主要表现在以下几方面：

①植物通过遮阳、降温、增湿和导风等途径，从而起到调节气温、改善小气候、促进空气交换形成微风等作用。当小区的绿地覆盖率达 30% 以上时，可为居民提供一个清爽宜人的生活环境。

②植物能够吸滞灰尘、吸收有害气体和进行光合作用产生氧气，从而净化空气，提高环境质量。当绿地覆盖率达到 30% 时，空气中的二氧化碳可下降 90%，总悬浮颗粒下降 60%，负离子增加，可为居民创造干净卫生的环境。

③居住区绿地是构建低影响开发雨水系统、建设海绵城市的重要场地。在满足绿地生态、景观、游憩和其他基本功能的前提下，合理地预留或创造空间条件，对绿地自身及周边硬化区域的径流进行渗透、调蓄、净化。

④绿地能防风、防火、隔声，保护生态环境（图 4.111）。

图 4.111　广东大澳山庄通过周边绿化完成边坡处理

3）美学功能

在居住小区绿地中运用植物的形状、色彩、风韵和拟人特征，因地制宜地配置，创造出优美的植物景观，再点缀适当的山石、水体、建筑小品、铺地等，创建美好的户外环境，美化小区的面貌，让居民得到美的视觉感受，愉悦心情，促进身心健康。小区绿地的美化作用通过完善、统一、强调、标志、软化、聚焦和联想等作用,美化小区建筑和环境(图4.112)。

图4.112　别墅区的植物配置呈现浓郁的热带风情

(1)统一作用　通过植物色彩、线条、风格和其他观赏特征,将环境中所有不同的部分在视觉上连接在一起。或者把植物作为一种恒定因素,可以把其他杂乱的景色统一起来。

(2)强调作用　借助植物截然不同的大小、形态、色彩或邻近环绕物不相同的质地来强调或突出某些特殊的景物。所选用植物的特性应格外引人注目。或者利用植物形成众多的遮挡物,从而达到将观赏者的注意力集中到景物的目的。

(3)标志作用　植物能使空间更显而易见,更易被识别和辨别。植物特殊的大小、形状、色彩、质地或排列都能发挥识别作用。

(4)软化作用　在户外空间中利用植物软化形态粗糙及僵硬的构筑物,种植树木使那些呆板、生硬的建筑物和硬化的城市环境显得柔和并富有人情味。

(5)联想作用　将园林情景交融的意境美应用于居住环境的绿化。将各种植物与建筑、山水等构成优美的景观,借鉴山水画、文学艺术等增添审美情趣,借景传情,创造具有诗情画意的意境。如将松、竹、梅比作"岁寒三友",将荷花喻为"出淤泥而不染"等。以不同的植物配置方式构成的空间给人以不同的美的感受。

4)经济作用

在住房商品化发展的今天,住宅区的绿化环境是直接影响房地产价格的主要因素。同时,随着物质和文化水平的提高,居民购房时对居住小区环境的要求也越来越高,绿化成为影响居民购房的主要因素之一。据2005年昆明市针对影响消费者购房因素的一份调查报告显示,环境因素已成为购房的首选因素(占调查对象的44%)。

另外,在居住小区种植经济作物,既可起到绿化作用,又能增加经济收益。

4.6.2　居住小区绿地的分类与构成

居住小区内的绿地按其功能、性质和规模,可划分为小区游园、宅旁绿地、道路绿地和配套公建附属绿地(图4.113)。

1)小区游园

小区游园是指供居民共享的中心绿地,要求位置适中,能兼顾各个组团居民的使用,靠近并连接小区的主干道。

由于小区游园在设置时往往位置适中,靠近小区主要道路,适宜各年龄组的居民前去使用,集中反映了小区绿地质量水平,景观效果明显。所以,有很多小区游园又以集中绿地、中心绿地、中心花园等形式出现。

图 4.113 **小区内的游园绿地**

2) 宅旁绿地

宅旁绿地也称宅间绿地，是最基本的绿地类型，多指在行列式建筑前后两排住宅之间的绿地，其大小和宽度取决于楼间距，一般包括宅前、宅后以及建筑物本身的绿化，只供四周居民使用。它是居住小区内总面积最大、居民最经常使用的一种绿地，尤其是对学龄前儿童和老人。有时将宅旁绿地集中使用，可形成组团中心绿地，这是一种更受居民欢迎的形式（图 4.114）。

3) 道路绿地

道路绿地是小区内道路规划范围以内的绿地，具有遮阴、防护、丰富道路景观等功能，根据道路的分级、地形、交通情况等进行布置（图 4.115）。

图 4.114 **宅旁绿地形成的私密空间**

图 4.115 **居住小区的道路绿化**

4) 配套公建附属绿地

小区内各类配套公共建筑和公共设施四周的绿地称为配套公建附属绿地，如俱乐部、会所、商店等周围的绿地，还有其他块状观赏绿地等。其绿化布置要满足公共建筑和公共设施的功能要求,并考虑与周围环境的关系(图4.116)。

图4.116 小区会所的室内景观

4.6.3 居住小区绿地规划设计的原则

1)整体性

居住小区绿地规划应在居住小区总体规划阶段统一规划,同时进行,使绿地指标、功能在总体规划中得到统筹考虑。小区绿地规划的整体性主要有两个方面:一是小区的绿化与城市的绿化体系相结合,使小区内的绿化与城镇绿化相协调;二是小区内的绿化要从居住小区规划的总体要求出发,处理好与空间环境的关系,处理好绿化的层次与组织结构的关系(图4.117)。

小区各组团绿地既要保持统一的风格,又要在立意构思、布局方式、植物选择等方面做到多样化,在统一中追求变化。

图4.117 台湾太子兰坊住宅区,造园要素的统一强化了景观效果

图4.118 采用相对集中的公园绿地,突出强调热带风格

2)系统性

系统性是指小区内的绿地应该是一个完整的体系。它一般通过集中与分散,重点与一般,点、线、面相结合的原则来实现(图4.118)。

(1)集中与分散 集中——游园绿地;分散——宅旁、宅间绿化。

(2)重点与一般 重点——对住宅区内的游园绿地,从形式到内容进行重点“包装”,形成绿化系统的“亮点”和居民的游憩中心;一般——对住宅区内的宅旁、宅间绿化及道路绿化采取一般性、简单的处理手法,使“重点”更加突出。

(3)点、线、面相结合 对住宅区内的点——游园绿地,线——道路绿化、滨河绿化,面——宅旁宅间绿化、配套公建附属绿地配合设置,形成系统。

3）可达性

小区的游园绿地，无论是集中设置，还是分散设置，都必须选址于居民日常出行能经过并可顺利到达的地方。那些位置偏僻、到达性差的小区游园，即使有良好的设施条件，其使用效果也不会太理想（图4.119）。

居住小区的绿地建设应以宅旁绿地为基础，以小区游园为核心，以道路绿化为网络，使小区绿化自然成系统，并与城区绿地系统相协调。为了方便群众，增强吸引力，便于他们随时自由地使用，小区游园必须相对开敞，绿地的四周最好没有围墙，尽量设计集中绿地，为居民提供绿地面积相对集中、较开敞的游憩空间和一个相互沟通、了解的活动场所，以提高小区游园的使用率。

4）实用性

居住小区的各项绿地，特别是公共绿地，必须具有明确的使用功能，即具有可活动性，如游戏、运动、散步、健身、休闲等。因此，要充分利用原有的自然条件因地制宜，充分利用地形、原有树木、建筑，以节约用地和投资。绿化应以植物造景为主进行布局，并利用植物组织和分隔空间，改善环境小气候及环境质量（图4.120）。

图4.119　完善的路网系统是居住小区交通组织的保证

图4.120　居住小区的游泳池，既提供良好的休憩空间，又是居民健身运动的极佳场所

充分利用垂直绿化、屋顶、天台、阳台、墙面绿化等方式，增加绿地景观效果，美化居住环境。

4.6.4　居住小区植物的选择原则

合理的植物配置既要考虑植物的生态效益，又要考虑绿化的艺术效果；既要考虑植物自身美，又要考虑植物之间的组合关系和植物与环境因素的协调，还要考虑场地本身的现有条件。选择合理的树种，通过科学的配植，充分发挥植物的生态特性，创造丰富的植物景观。乔灌结合，常绿与落叶、速生植物与慢生植物结合，适当地点缀和配植地被花卉。

①植物种类不宜繁多，但要避免单调，更不能雷同，要做到多样统一（图4.121）。

②在统一基调的前提下，树种力求变化，创造出多样的林冠线和林缘线，形成富有韵律感的自然景观效果（图4.122）。

图4.121　简单几株植物，体现出丰富的植物层次

图4.122　以变化丰富的风景林作背景，突出植物的景观层次

③除设计上要求的行列式种植方式外，尽量避免植物的等距离种植，创造丰富多样的自然式植物景观。

④滨水区域、下沉式绿地、雨水湿地等容易浸水的区域，适宜选择乡土植物和耐水蚀植物，避免植物受到长时间浸泡而影响正常生长，影响景观效果。

充分利用植物的自然观赏特性，合理利用植物在色彩和季节变化的特点，丰富户外空间的色彩变化。

4.6.5　居住小区各类绿地的植物配置

小区植物配置应该注意以下几点：适应绿化的功能要求，适应所在地区气候、土壤条件和自然植被分布特点，选择乡土树种等抗病虫害能力强、易养护管理的植物，体现地域特点。充分利用植物的各种功能和观赏特点，合理配置，乔灌结合，常绿与落叶、速生与慢生相结合，适当点缀和配置地被花卉，构成多层次的复合生态结构，以达到人工配置的植物群落自然和谐的效果（图4.123）；植物品种的选择要在统一的基调上力求丰富多样，单一化的配置最不可取；要注重种植位置的选择，以免影响室内的采光通风和其他设施的管理维护。

居住小区绿化分几种类型：绿篱设置、宅旁绿化、隔离绿化、架空空间绿化、平台绿化、屋顶绿化、停车场绿化、道路绿化。

1）绿篱设置

绿篱以行列式密植植物为主，分为整形绿篱和自然绿篱。整形绿篱常用生长缓慢、分枝点低、枝叶结构紧密的低矮类灌乔木，适合人工修剪整形（图4.124）。自然绿篱选用植物的体量要求相对高大（图4.125）。

图4.123　绿篱植物能形成明显的限制和导向作用

图4.124　广州白天鹅花园中心绿地采用规则式布局，利用绿篱体现欧式古典庭院风格

在居住小区中心地段，亦可在小区一侧沿街布置以形成防护隔离带，美化街景，方便居民及游人休息，同时可减少道路上的噪声及尘土对住户的影响（图4.126）。当小游园贯穿小区时，居民前往的路程大为缩短，如绿色长廊一样形成一条景观带，使整个小区的风貌更为丰满。

图4.125　利用地形营造优美的滨水空间

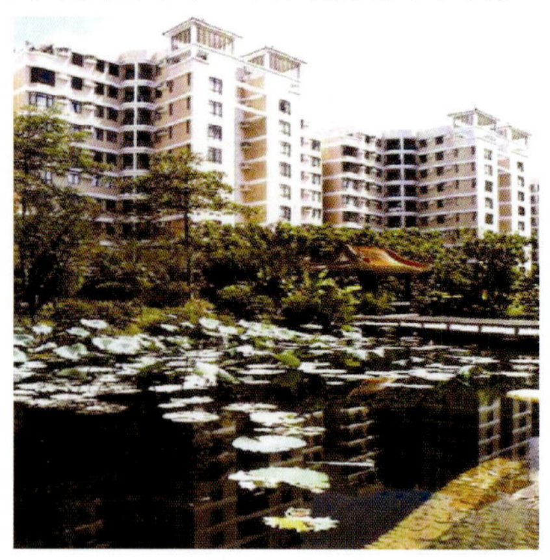

图4.126　外向型小区游园，既满足了居民使用，又美化了街道景观

2）宅旁绿化

宅旁绿地贴近居民，具有通达性和实用观赏性。宅旁绿地的种植应考虑建筑物的朝向。在近窗不宜种高大乔灌木，以免影响采光；而在建筑物的西面，需要种高大阔叶乔木，对夏季降温有明显效果，在冬季则可以享受温暖的阳光。宅旁绿地应设计方便居民行走及滞留的适量硬质铺地，并配植耐践踏的草坪，而且在阴影区宜种植耐阴植物（图4.127至图4.130）。

图4.127　组团绿地是小区内使用频率较高的户外空间

图4.128 建筑物东面的组团绿地尽量不影响室内的采光

图4.129 植物与建筑物门窗的关系

图4.130 利用绿篱围合成具有领域性的宅旁绿地

3)隔离绿化

居住小区道路两侧应栽种乔木、灌木和草本植物,以减少机动车行驶造成的尘土、噪声及有害气体,有利于沿街住宅室内保持安静和卫生。行道树应尽量选择枝冠水平伸展的乔木,起到遮阳降温的作用。公共建筑与住宅之间应设置隔离绿地,多用乔木和灌木构成浓密的绿色屏障,以保持居住小区的安静,居住小区内的垃圾站、锅炉房、变电站、变电箱等欠美观地区可用灌木或乔木加以隐蔽。

4)架空空间绿化

住宅底层架空广泛适用于南方亚热带气候区的住宅,利于居住院落的通风和小气候的调节,方便居住者遮阳避雨,并起到绿化景观的相互渗透作用(图4.131)。架空层内宜种植耐阴的花草灌木,局部不通风的地段可布置山水景观。架空层作为居住者在户外活动的半公共空间,可配置适量的活动和休闲设施。

5)平台绿化

平台绿化一般要结合地形特点及使用要求设计,平台下部分空间可作为停车库、辅助设备用房、商场或活动健身场地等;平台上部空间作为安全美观的行人活动场所,要把握"人流居中、绿地靠窗"的原则,即将人流限制在平台中部,以防止对平台首层居民的干扰;绿地靠窗设置,并种植一定数量的灌木和乔木,减少户外人员对室内居民的视线干扰(图4.132)。

图 4.131　利用耐阴植物营造住宅架空空间绿化

图 4.132　利用天台营造的组团绿地

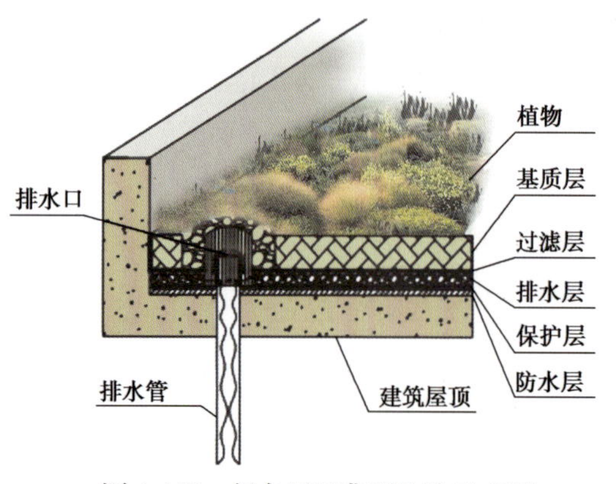

图 4.133　绿色屋顶典型构造示意图

6）屋顶绿化

绿色屋顶也称种植屋面、屋顶绿化等，绿色屋顶可有效减少屋面径流总量和径流污染负荷，具有节能减排的作用，但对屋顶荷载、防水、坡度、空间条件等有严格要求。根据种植基质深度和景观复杂程度，绿色屋顶又分为简单式和花园式，基质深度根据植物需求及屋顶荷载确定，简单式绿色屋顶的基质深度一般不大于 150 mm，花园式绿色屋顶在种植乔木时基质深度可超过 600 mm，绿色屋顶的设计可参考《种植屋面工程技术规程》（JGJ155）。

绿色屋顶适用于符合屋顶荷载、防水等条件的平屋顶建筑和坡度≤15°的坡屋顶建筑。按屋面形式，屋顶绿地分为坡屋面绿化和平屋面绿化两种，应根据环境及生态条件种植耐旱、耐移栽、生命力强、抗风力强、外形较低矮的植物。坡屋面多选择贴伏状藤木或攀缘植物。平屋顶以种植观赏性较强的花木为主，并适当配置水池、花架等小品，形成周边式和庭园式绿化（图 4.133、图 4.134）。

图 4.134　以小乔木和灌木构成的屋顶绿化

图 4.135　小区道路绿化

7)道路景观绿化

道路绿地设计时,有的步行路与交叉口可适当放宽,并与休息活动场地结合,形成小景点(图4.135)。主路两旁行道树不应与城市道路的树种相同,要体现居住小区的植物特色。路旁种植设计要灵活自然,与两侧的建筑物、各种设施相结合,疏密相间、高低错落、富有变化[图4.136(a)]。道路绿化还应考虑增加或弥补住宅建筑的区别,有利于居民识别自己的家,因此在配置方式与植物材料选择、搭配上应有特点,采取多样化,以不同的行道树、花灌木、绿篱、地被、草坪组合不同的绿色景观,加强识别性[图4.136(b)]。在树种的选择上,由于道路较窄,可选种中小型乔木。

(1)落叶乔木与常绿灌木相结合　以修剪整齐的绿篱和落叶乔木将车行道与人行道隔离开来,减少粉尘与噪声对行人的干扰,又能防止行人随意穿越街道(图4.137)。

(2)以常绿植物为主的种植　种植常绿乔木和绿地,其中点缀观花灌木,能产生较好的艺术效果。但常绿乔木初期冠幅较小,遮阴效果差,因此可在常绿树种之间间种窄冠幅的落叶乔木以改善景观效果(图4.138)。

(a)

(b)

图4.136　组团道路绿化

图4.137　宅前小路

图4.138　乔木与灌木分行栽植

(3)落叶乔木与灌木的种植　落叶树种季相特征明显，富于变化，但冬季落叶后景观效果较为单调，因此可在重点地段点缀一些大乔木或小乔木，以改善冬季景观(图4.139)。

(4)草地和花卉　对于地下管网较多，地下设施表层、土层较薄或不适宜栽种乔木的地带，可采用草地和花灌木种植，以形成较好的景观效果(图4.140)。

图4.139　落叶乔木与灌木相结合

图4.140　呈带状种植的灌木

(5)带状自然式种植　对于道路线形较为复杂的非主干道两侧，将植物高低错落、三五成丛地自由种植，能形成较好的自然植被效果，但对植物的搭配要求较高(图4.141)。

(6)块状自然式种植　对于绿化带较为宽阔的道路，可以花境的形式分块完成道路绿化带的种植，或衬以草坪为底，突出花境的艺术效果(图4.142、图4.143)。

图4.141　自然式种植的道路绿化

图4.142　块状种植的地被植物与花卉

图4.143　块状道路绿化

(7)应在满足道路交通安全等基本功能的基础上，充分利用道路自身及周边绿地空间落实低影响开发设施，结合道路横断面和排水方向，利用不同等级道路的绿化带建设下沉式绿地、植草沟、雨水湿地等低影响开发设施，通过渗透、调蓄、净化方式，实现道路低影响开发控制目标。道路径流雨水进入绿地内的低影响开发设施前，应利用沉淀池、前置塘等对进入绿地内的径流雨水进行预处理，防止径流雨水对绿地环境造成破坏。有降雪的城市还应采取措施对含融雪剂的融雪水进行弃流，弃流的融雪水宜经处理(如沉淀等)后排入市政污水管网。

8)低影响开发绿地(海绵城市)设计

(1)下沉式绿地　下沉式绿地具有狭义和广义之分，狭义的下沉式绿地指低于周边铺砌地面或道路在200 mm以内的绿地；广义的下沉式绿地泛指具有一定的调蓄容积，且可用于调蓄和净化径流雨水的绿地，包括生物滞留设施、渗透塘、湿塘、雨水湿地、调节塘等。

狭义的下沉式绿地应满足以下要求：

①下沉式绿地的下凹深度应根据植物耐淹性能和土壤渗透性能确定，一般为 100 ~ 200 mm。

②下沉式绿地内一般应设置溢流口（如雨水口），保证暴雨时径流的溢流排放，溢流口顶部标高一般应高于绿地 50 ~ 100 mm（图 4.144）。

图 4.144　狭义的下沉式绿地典型构造示意图

适用范围：下沉式绿地可广泛应用于小区广场、绿地内和道路绿化。对于径流污染严重、设施底部渗透面距离季节性最高地下水位或岩石层小于 1 m 及距离建筑物基础小于 3 m（水平距离）的区域，应采取必要的措施防止次生灾害的发生。

下沉式绿地适用区域广，其建设费用和维护费用均较低，但大面积应用时，易受地形等条件的影响，实际调蓄容积较小（图 4.145）。

图 4.145　下凹式绿地（图片来源于中国给排水）

（2）生物滞留设施　生物滞留设施指在地势较低的区域，通过植物、土壤和微生物系统蓄渗、净化径流雨水的设施。生物滞留设施分为简易型生物滞留设施和复杂型生物滞留设施，按应用位置不同又称作雨水花园（图 4.146）、生物滞留带（图 4.147）、高位花坛（图 4.148）、生态树池（图 4.149）等。

图 4.146　雨水花园（图片来源于中国给排水）

图 4.147　生物滞留带（图片来源于中国给排水）

图 4.148 生态树池
（图片来源于中国给排水）

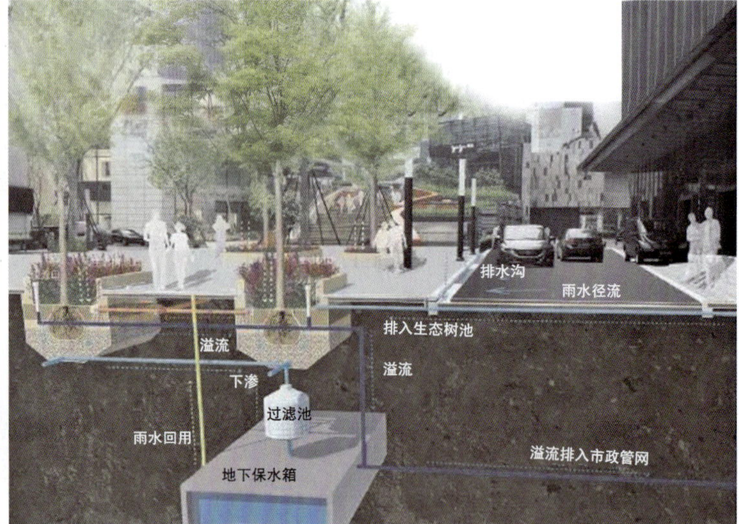

图 4.149 高位树池
（图片来源于中国给排水）

生物滞留设施应满足以下要求：

①对于污染严重的汇水区应选用植草沟、植被缓冲带或沉淀池等对径流雨水进行预处理，去除大颗粒的污染物并减缓流速；应采取弃流、排盐等措施防止融雪剂或石油类等高浓度污染物侵害植物。

②屋面径流雨水可由雨落管接入生物滞留设施，道路径流雨水可通过路缘石豁口进入，路缘石豁口尺寸和数量应根据道路纵坡等经计算确定。

③生物滞留设施应用于道路绿化带时，若道路纵坡大于 1%，应设置挡水堰/台坎，以减缓流速并增加雨水渗透量；设施靠近路基部分应进行防渗处理，防止对道路路基稳定性造成影响。

④生物滞留设施内应设置溢流设施，可采用溢流竖管、盖篦溢流井或雨水口等，溢流设施顶一般应低于汇水面 100 mm。

⑤生物滞留设施宜分散布置且规模不宜过大，生物滞留设施面积与汇水面面积之比一般为 5%～10%。

⑥复杂型生物滞留设施结构层外侧及底部应设置透水土工布，防止周围原土侵入。如经评估认为下渗会对周围建（构）筑物造成塌陷风险，或者拟将底部出水进行集蓄回用时，可在生物滞留设施底部和周边设置防渗膜（图 4.150）。

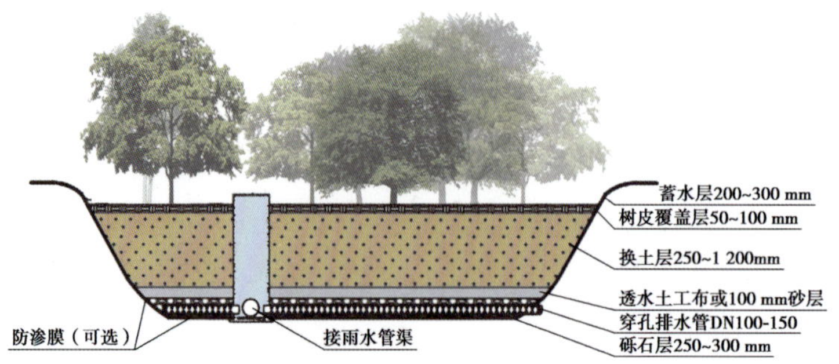

图 4.150 复杂型生物滞留设施典型构造示意图

生物滞留设施的蓄水层深度应根据植物耐淹性能和土壤渗透性能来确定，一般为 200～

300mm，并应设 100 mm 的超高；换土层介质类型及深度应满足出水水质要求，还应符合植物种植及园林绿化养护管理技术要求；为防止换土层介质流失，换土层底部一般设置透水土工布隔离层，也可采用厚度不小于 100 mm 的砂层（细砂和粗砂）代替；砾石层起到排水作用，厚度一般为 250～300 mm，可在其底部埋置管径为 100～150 mm 的穿孔排水管，砾石应洗净且粒径不小穿孔管的开孔孔径；为提高生物滞留设施的调蓄作用，在穿孔管底部可增设一定厚度的砾石调蓄层。

生物滞留设施主要适用于小区内建筑、道路及停车场的周边绿地，对于径流污染严重、设施底部渗透面距离季节性最高地下水位或岩石层小于 1 m 及距离建筑物基础小于 3 m（水平距离）的区域，可采用底部防渗的复杂型生物滞留设施。

生物滞留设施形式多样、适用区域广、易与景观结合，径流控制效果好，建设费用与维护费用较低（图 4.151）；但地下水位与岩石层较高、土壤渗透性能差、地形较陡的地区，应采取必要的换土、防渗、设置阶梯等措施避免次生灾害的发生，将增加建设费用。

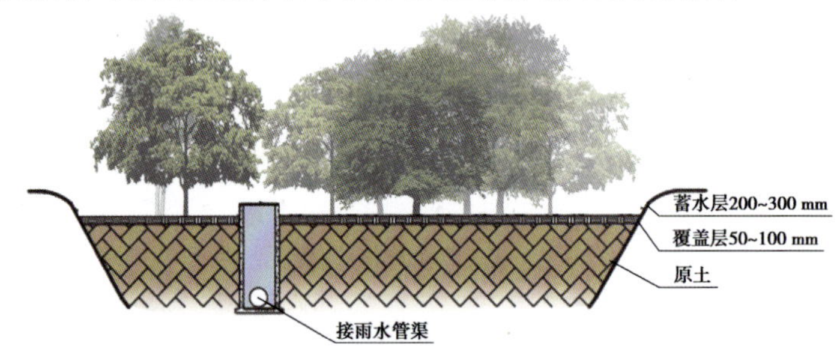

图 4.151　简易型生物滞留设施典型构造示意图

（3）雨水湿地　雨水湿地利用物理、水生植物及微生物等作用净化雨水，是一种高效的径流污染控制设施，雨水湿地分为雨水表流湿地和雨水潜流湿地，一般设计成防渗型以便维持雨水湿地植物所需要的水量，雨水湿地常与湿塘合建并设计一定的调蓄容积。

雨水湿地与湿塘的构造相似，一般由进水口、前置塘、沼泽区、出水池、溢流出水口、护坡及驳岸、维护通道等构成（图 4.152）。

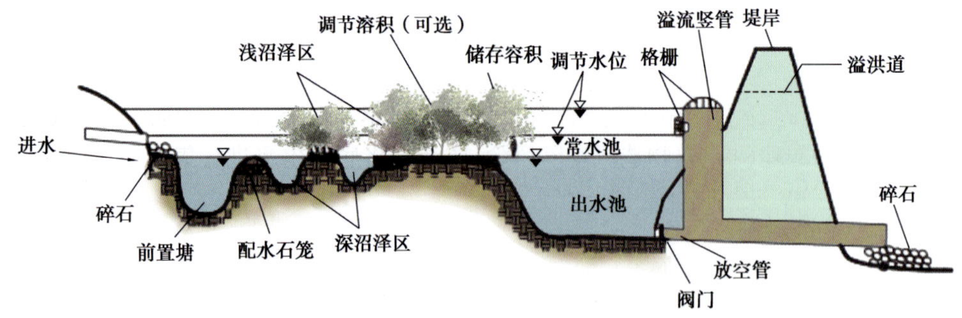

图 4.152　雨水湿地典型构造示意图

雨水湿地应满足以下要求：

①进水口和溢流出水口应设置碎石、消能坎等消能设施，防止水流冲刷和侵蚀。

②雨水湿地应设置前置塘对径流雨水进行预处理。

③沼泽区包括浅沼泽区和深沼泽区，是雨水湿地主要的净化区，其中浅沼泽区水深范围一般为 0～0.3 m，深沼泽区水深范围为一般为 0.3～0.5 m，根据水深不同种植不同类型的水生植物。

图 4.153 **雨水湿地**

(图拍来源于水工网)

④雨水湿地的调节容积应在 24 h 内排空。

⑤出水池主要起防止沉淀物的再悬浮和降低温度的作用，水深一般为 0.8 ~ 1.2 m，出水池容积约为总容积(不含调节容积)的 10%。

雨水湿地适用于具有一定空间条件的小区、道路、绿地、滨水带等区域(图 4.153)。

雨水湿地可有效削减污染物，并具有一定的径流总量和峰值流量控制效果，但建设及维护费用较高。

(4)植草沟　植草沟指种有植被的地表沟渠，可收集、输送和排放径流雨水，并具有一定的雨水净化作用，可用于衔接其他各单项设施、城市雨水管渠系统和超标雨水径流排放系统。除转输型植草沟外，还包括渗透型的干式植草沟及常有水的湿式植草沟，可分别提高径流总量和径流污染控制效果。

植草沟应满足以下要求(图 4.154)：

①浅沟断面形式宜采用倒抛物线形、三角形或梯形。

②植草沟的边坡坡度不宜大于 1∶3，纵坡不应大于 4%。纵坡较大时宜设置为阶梯型植草沟或在中途设置消能台坎。

③植草沟最大流速应小于 0.8 m/s，曼宁系数宜为 0.2 – 0.3。

④转输型植草沟内植被高度宜控制在 100 ~ 200 mm。

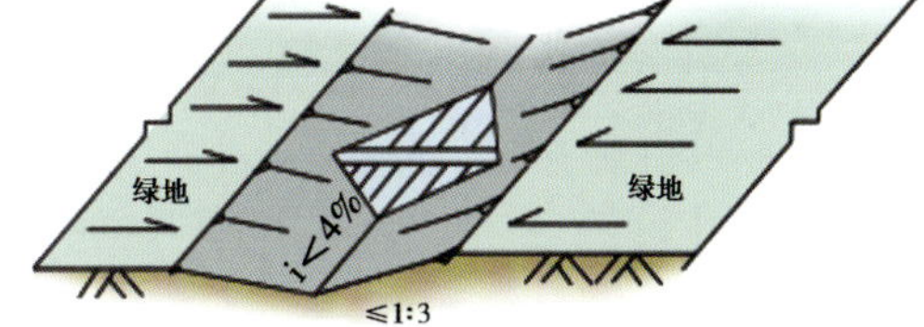

图 4.154　**传输型三角形断面植草沟典型构造示意图**

植草沟适用于小区内道路，广场、停车场等不透水面的周边(图 4.155)，也可作为生物滞留设施、湿塘等低影响开发设施的预处理设施。植草沟也可与雨水管渠联合应用，场地竖向允许且不影响安全的情况下也可代替雨水管渠。

图 4.155　**植草沟(图拍来源于水工网)**

植草沟具有建设及维护费用低，易与景观结合的优点，但开发强度较大的区域易受场地条

件制约。

(5)植被缓冲带 植被缓冲带为坡度较缓的植被区,经植被拦截及土壤下渗作用减缓地表径流流速,并去除径流中的部分污染物,植被缓冲带坡度一般为2% ~6%,宽度不宜小于2 m(图4.156)。

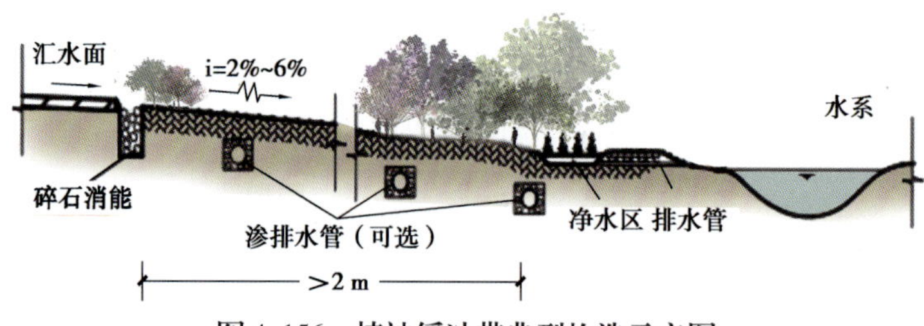

图4.156 植被缓冲带典型构造示意图

植被缓冲带适用于道路等不透水面周边,可作为生物滞留设施等低影响开发设施的预处理设施,也可作为滨水绿化带,但坡度较大(大于6%)时其雨水净化效果较差。

植被缓冲带建设与维护费用低,但对场地空间大小、坡度等条件要求较高,且径流控制效果有限。

总的来说,居住小区美化选用树木花草的品种,因地区而异,宜求精而忌繁杂。在树种的配植上,应根据栽培的目的和生长习性,尽量做到乔、灌、地被相结合,要突出"草铺底、乔遮阴、花藤灌木巧点缀"的公园式绿化特点。如需夏日遮阴的,宜选择树干高大、树冠扩展、叶形美丽、花艳清香的树种,如梧桐、泡桐、国槐、栾树、楸树,并配植花灌木紫荆、丁香、紫薇、木槿,使高低层次分明,形成绿荫花香的屏障。

选用花灌木应注意自然树形及开花季节,如西府海棠,茎干直立,树形细瘦,早春满树粉花,如少女亭亭玉立;垂丝海棠树形如伞,春花时,一簇红花花丝下垂,脉脉含情。夏花树种如紫薇、木槿、珍珠梅等,花期较长,尤其是紫薇,花期可长达100 d。锦带花的花期正值春花凋零、夏花不多之际,可以适当点缀,使居住小区繁花似锦。

美化居住小区还应注意选用攀援植物,如爬山虎、凌霄、常春藤、野蔷薇等可附墙而上的植物;紫藤、葡萄、金银花、猕猴桃可作观赏棚架,架下可休息乘凉。许多草本爬蔓植物如茑萝、牵牛、香豌豆、小葫芦等攀上竹篱或花墙,为居住小区的美化增添几分自然情趣,符合以人为本的思想。

项目小结

本项目为居住小区环境景观设计的主要组成部分,重点介绍小区入口、儿童游戏场地、运动健身场地和小区的交通空间等几个最主要的、对小区环境景观影响最大的功能空间,主要内容包括功能空间、景观特征、设计原则、设计要点以及小区照明和植物配置等。通过学习,使学生掌握居住小区环境景观设计中小区入口、儿童游戏场地、运动健身场地、小区的交通空间以及小区照明和植物配置的设计原则和手法,能够将其运用到案例解析和设计实践。

知识点拓展

1. 基于老龄群体特殊行为的居住小区步行空间设计。

基于老龄群体特殊行为的
居住小区步行空间设计

2. 以全龄化为导向的城市居住小区儿童活动区植物设计。

以全龄化为导向的城市居住
小区儿童活动区植物设计

3. 康养植物在居住小区中的设计研究——以保安社区为例。

康养植物在居住小区中的设计
研究——以保安社区为例

4. 高寒地区居住小区海绵化改造建设研究——以西宁市安泰华庭小区为例。

高寒地区居住小区海绵化改造建设研究
——以西宁市安泰华庭小区为例

5. 雨水花园在居住区景观设计中的应用——以石家庄淳茂生态城为例。

雨水花园在居住区景观设计中的应用
——以石家庄淳茂生态城为例

思考与讨论

1. 组织学生参观居住小区实际项目，分析讨论其入口、道路、植物配置、儿童游戏场地及健身场地等重点景观设计值得借鉴的手法及存在的问题。

2. 列举2～3个居住小区景观设计案例，分析其主入口景观构成要素及组织方式、儿童游戏场地的具体空间组织与活动的关系、健身场地的类型与尺度以及其各类绿地的植物选择和配置的设计手法。

3. 通过知识点拓展资料阅读，分组讨论居住小区景观设计对儿童及老龄群体需求的回应。

研读知识点拓展的相关材料，展开自由讨论，主题围绕居住小区环境景观设计中的雨水花园建设。

项目实践：案例篇

项目 5 居住小区环境景观设计实例解析

【项目导读】

本项目为集中实例分析部分，分别选取有代表性的低层、多层、高层及混合式住宅小区环境景观设计，介绍了基本情况、构思主题、功能空间、植物配置。结合各实例特点重点介绍了小区入口、儿童游戏场地、运动健身场地和交通节点空间等对小区环境景观最有影响的功能空间，并附简要点评。

任务 1　别墅与低层集合住宅小区环境景观设计

实例 1　香山 81 号院

档　案

实例 1

建设地点：北京市海淀区

景观设计：北京清华城市规划设计研究院景观学 vs 设计学研究中心

用地面积：27 000 m^2

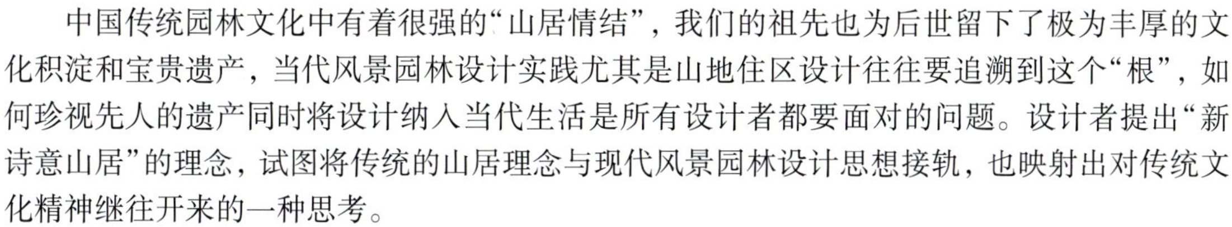

中国传统园林文化中有着很强的“山居情结”，我们的祖先也为后世留下了极为丰厚的文化积淀和宝贵遗产，当代风景园林设计实践尤其是山地住区设计往往要追溯到这个“根”，如何珍视先人的遗产同时将设计纳入当代生活是所有设计者都要面对的问题。设计者提出“新诗意山居”的理念，试图将传统的山居理念与现代风景园林设计思想接轨，也映射出对传统文化精神继往开来的一种思考。

设计者与“半山枫林”项目颇有些渊源，初次造访时，便想起了唐 · 李洞的《山居喜友人见访》诗句送予主人：“入云晴劚茯苓还，日暮逢迎木石间。看待诗人无别物，半潭秋水一房山。”细品此地，尤觉“半山枫林”是一块宝地，京城西北的山水形胜，有“三山五园”为证，尽管现在已是满目疮痍，但仍不失其深厚的文化底蕴，细数今日可左揽“玉泉”，右携“静宜”，北枕半山，南临五环者，想已是寥寥无几了。

香山81号院总平面图

在祖先传承于我们并使我们受用无尽的丰厚的山居文化遗产中，唐代大文豪李翱对山居理想的总结很是凝练和独到。在一次郊游灵鹫寺时他有感而发，写下“凡山居以怪石奇峰、走泉、深潭、老木、嘉草、新花、视远为幽，自江之南而多好山居之所，翱之对者七焉，皆天下山居之尤者也”，后人遂称之为“山居七胜”。七胜中有山石一，水泉二，草木三，而最后的“视远”至为有趣，意指山居与周遭环境的良好视线关系，实是山居形胜之切要。

对照一下不难看出“视远”也正是“半山枫林”的最大优势，作为住区，它位于玉泉山和香山的视廊上，左右必视其一。“山居七胜”是天造，当年的李翱就感叹山居兼得七者之不易，所谓“乃知物之全能难也”，而从造景的角度，在得“视远”的情况下，得兼“山居七胜”是可能的。

“半山枫林”（二期）住区共享空间的景观结构是相当清晰的，基本成“两纵两横”的主体景观骨架，“两纵”保证和拓展了住区的南北景深，“两横”则疏通了住区空间与玉泉山和香山的借景之路。由此我们施以了诗意的设想：“ 仰山迫”“一潭天”“引泉间”“天木霖”“�香径”“卉莳

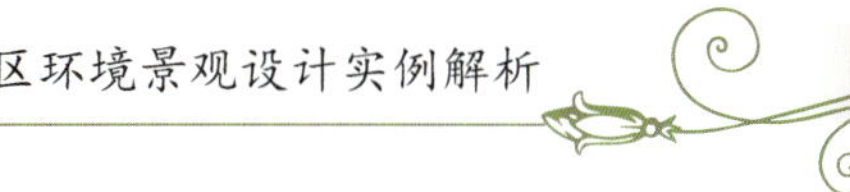

谷”“静远想”七景错落其间，“视远”的理念则贯穿其中。

景，贵不在多，而在得体。对“半山枫林”中“山居七胜”的重新诠释将成为“新诗意山居”环境设计创作的重要切入点。而从问名看，“半山枫林”确已有了一种淡泊的诗韵，可以说“半山枫林”建“诗意山居”属“天造”，关键是如何谈“新”。

一般而言，住区环境以建筑风格为空间性格的主导，很难想象和建筑风格产生明显冲突的环境设计会获得整体和谐的社区效果。香山81号院（半山枫林二期）主体建筑群采用了与我们传统无关却流淌着东方血液的赖特草原别墅风格作为基调，水平向大尺度挑檐形成强烈的景观特征，客观上讲和山区环境非常协调，而传统园林风格在这里从视觉上是无法与之对话的。因而设计者没有套用传统园林的设计方式，而以北京山区村落质朴粗犷的景观风格为蓝本，采用了京郊山区自产的深灰色毛石依山砌筑系列化的景观挡墙，并以现代的空间设计手法塑造住区特有的强烈的整体性景观风格，这种设计风格和建筑环境共存共融，达到了和谐，同时又承载了中国山居的传统精神和地方精神。“新诗意山居”的景观气质正如“半山枫林”中的“一潭秋水”，是质朴的，淡然的。

设计评析

ASLA这样评价这个项目：“景观设计师为这种项目制定了一种新的标准。多户型住宅变得越来越重要，景观成为决定住宅舒适度的一个关键因素。多种多样的植物与材料提供了很好的视觉效果和兴趣点，让人乐在其中”。

实例2　天景雨山前

实例2

档　案

建设地点：重庆市巴南区

建筑设计：重庆博建建筑设计机构
景观设计：重庆日清城市景观设计有限公司
用地面积：约 80 000 m^2

基本情况

项目位于重庆市巴南区学府大道69号大社区之内，本地块背靠南山，地形呈自然坡地状，地块以内有天然的冲沟以及茂密的松林，项目南北高差较大。业主单位以中式风格作为项目的设计起点，结合地形、植被打造具有重庆特色的现代中式楼盘。

设计构思

明月别枝惊鹊，清风半夜鸣蝉。
稻花香里说丰年，听取蛙声一片。
七八个星天外，两三点雨山前。
旧时茅店社林边，路转溪桥忽见。

——作者　辛弃疾

辛弃疾的《西江月·夜行黄沙道中》表达了在山间和林中居住的怡然自得之情，是居者对闲适雅致生活的回归和向往。天景雨山前的案名正是源于此，它是一种对于中式文化生活的真实写照。

如何结合地形，在规划布局以及景观空间上最大程度地发挥项目地域资源优势，并且通过中式园林营造《西江月》的意境是本案重点所在。

景观设计特色

天景雨山前背靠南山风景区，环境优美，空气清新，在重庆市民心中已具有强烈的山居坡地建筑的印象。景观设计充分发挥这一独特优势，对自然的地形、植被进行仔细整理，还原南山风景区的自然风貌，让业主足不出户就能感受到山居景观的核心价值。利用植物设计，以“隐”为意境设计整个环境，尽量弱化地产对自然资源的负面影响；并且通过“收与放”的对比处理，把最能体现核心价值的自然景观资源展现给业主，使其享受到真正的山居生活之美。

景观结合项目的整体特色，在满足社区各种功能需求的情况下重点围绕“西江月”打造中式园林意境。

设计深入研究中国传统园林的造景思想，充分运用其中“起结开合，步移景异”“因地制宜，随势生机”“文景相依，诗情画意”“欲扬先抑，柳暗花明”等艺术表达形式，以现代中式的语言加以实现。

设计评析

如何在现代语境中创造性地借鉴与使用传统造园手法是当今景观设计探索的主要方向之一。天景雨山前景观设计一改常见的“中式大序列”的传统做法，结合山地地形把握步移景异的景观特色，以小尺度的空间序列实现中式核心景观的空间节奏；以休闲式的具有文化韵味的空间场所提升景观的休闲品质；并通过参与性的设计把中式文化和生活氛围结合起来，实现了中式园林休闲风格的新突破。

通过水景和景观照明让业主感受“七八个星天外，两三点雨山前”

路径变化结合建构筑物的搭配实现“旧时茅店社林边，路转溪桥忽见”的视觉惊喜

以水景结合构筑物的方式形成项目入口形象，并通过中式元素展示休闲中式生活魅力

将社区服务建筑以休闲建筑的形式进行打造，在观景的同时体现文化的内涵

结合地形创造中式休闲空间，实现景观的参与性设计

因地制宜设计休闲健身场所，展示坡地社区的独特魅力

实例3 茶博园

实例3

档 案

建设地点：安徽省黄山市

规划单位：上海翌德建筑规划设计有限公司

合作单位：法国翌德国际设计机构

用地面积：47.73 hm^2

建筑面积：5.59 万 m^2

基本情况

茶博园地块位于黄山市中心地区屯溪西郊，北距黄山机场3 km，南距徽杭高速公路1.5 km，东距黄山市中心不足2 km。基地四周道路分别为迎宾大道、屯婺路、西区一号路及西区三号路，规划总用地面积293.56 hm^2，其中一期建筑用地47.73 hm^2。

构思来源

茶博园的设计思路提取了传统元素，创造出现代主义风格的别样别墅。别墅分为西式庄园别墅、生态跌落别墅、现代山林别墅、山顶古堡别墅、阳光滨水别墅。

设计中研究了多种院落组合和可能性，根据不同坡度、不同地形形成各种院落空间和群体空间。风格上形成了拥有现代主义风格，又含有中国传统元素的别样别墅。

功能空间——“一带、一环、双核”的规划结构

一带即茶博园地块控规层面的中央景观活动带在东部一期范围的组织和延伸；一环即公共建筑与别墅会所首尾相接形成环形建筑空间；双核即中央景观带上两个重要节点——东部结合大面积水域形成的中央公园和西部一期会所围绕的组团中心。

设计重点

小区入口及交通——绿色交通完善易达

一期用地范围内出入口有4处。南侧和东侧设主入口，还在国际会议中心入口及北侧支路设置两个辅助出入口。中央水系北岸道路采用机动车和电瓶车混行，南侧会所和东侧公建的半

环行道路和一条与之相交的纵向机动车道路。联系中央水系南侧沿岸的各景观节点以及联系南部会所和水系之间设计一条步行通道。

景观处理——“两主两辅”的视线通廊

“动—静—憩”的景观特征

两条景观主轴相交于中央公园的灯塔,两条景观辅轴为8个山顶之间形成的视线通廊,是基地边际线的高度控制要素。除了基地内部规划还需适当考虑基地与外部高度控制点之间联系的可能性。

滨水公园与酒店围合着大面积的水域,形成一个以游乐为主的水上公园。后方的别墅游艇区有两道缓坡大坝与滨水栈道区紧密相连形成亲水游憩空间。最西部形成以水为主题的休闲空间。

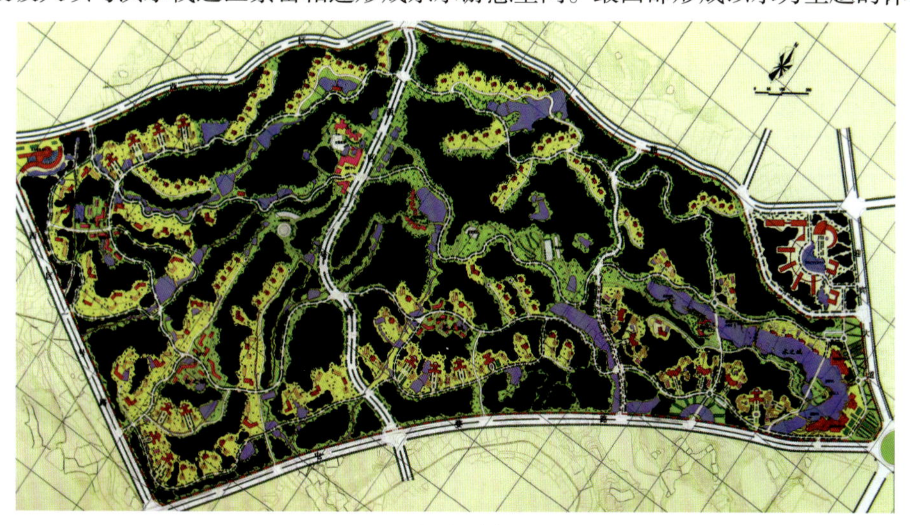

总平面图

设计评析

随着城市的高速发展,许多城市建设用地趋于紧张。在目前的高级住宅中,像茶博园这样充分结合了山水地貌特点,拥有极高品质,甚至拥有部分庄园式别墅的纯正别墅区已经非常少见。茶博园分区明确,主题深刻,设计过程中对基地的山水格局有着充分认知和理解,提取传统元素作为依托,又将现代主义风格融入各个住宅组团的布局及设计之中。景观方面,创造出与大山水格局相呼应的视线通廊和大面积亲水休闲游憩水上公园。从建设效果看,成功地呼应了其高层次的定位与高尚追求。

分区景观规划图

分区平面图

实例4 大理文献小区(一期)

实例4

档 案

建设地点:云南省大理市

设计单位:中国建筑设计研究院陈一峰工作室

用地面积:11.769 hm^2

基本情况

大理文献小区一期位于下关与大理古城之间,紧邻214国道,在进入古城第一道关口文献楼的西南侧。小区位置得天独厚,东观洱海,西枕苍山,南邻洱苍大道,西接大理学院,用地周边具有浓厚的文化气息。

构思来源——建筑与景观相交融,现代与古朴相辉映

小区东段与国道相接,面向文献楼的方向规划为时尚广场,这里布置售楼处、商业区、会所等设施,使楼盘充满了生机。它和文献楼一起构成了大理新的时尚亮点,一新一旧与古城交相辉映。这里将建筑与景观相交融,设计风格现代时尚又具有浓郁的民族风情。从总体布局上看,吸取了滇西北白族传统村落的肌理,创造出蜿蜒小巷、庭院深深的格局,充满了自然、古朴的气息。

功能空间

在地块的划分上提出“三点两带”的格局,即面向文献楼的时尚焦点、小区中部的中心景点、小区西南部面向大理学院的入口节点;两条景观带将3个节点联系起来,划分出南北6个地段。

设计重点

公共空间效果图

小区入口及交通——道路结合景观适度的组团空间

小区一期设3个入口,东西入口为车行、人行双出入,皆为景观型入口;南侧入口则为车行入口,进入社区后为林荫大道,烘托出社区的尊崇与私密感。南北两侧的主要干道形成环路,北侧干道贴近围墙,南侧道路与苍洱大道之间有一排院落式商业联排住宅,以使该排住宅具有商、住两用的功能。

景观处理——丰富多元的绿化景观

中心景观带从文献广场至大理学院层层叠落,形成小区的绿化主轴,并由此如鱼骨般伸向小区的各个组团,将组团用绿化加以分隔,并形成完整的步行系统,几条景观轴使景观带形成丰富的借景和对景。

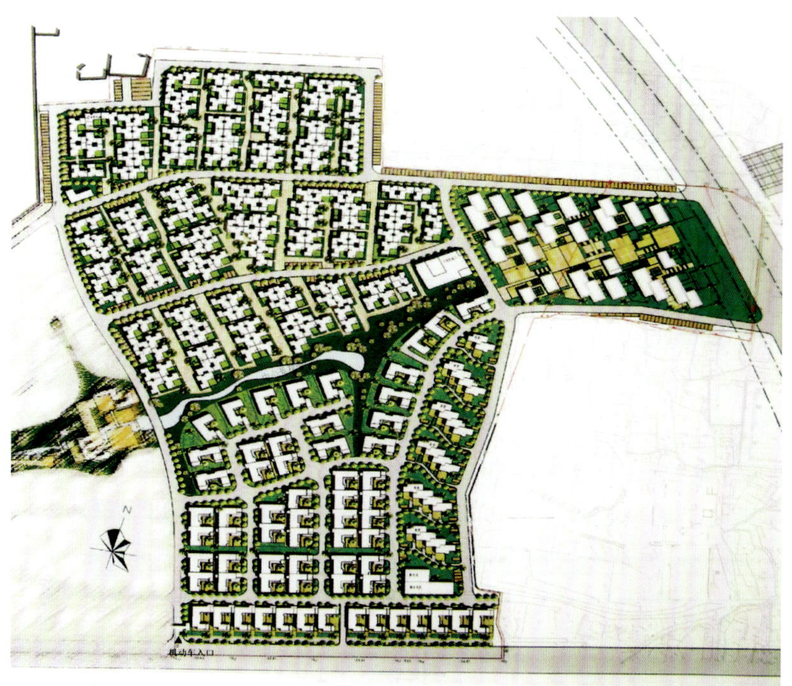

总平面图

设计评析

文献小区位于优雅古朴的大理古城旁边，区位条件得天独厚。规划及景观设计也充分融合了古朴传统的典雅风格，通过对不同尺度及高度的院落组合，丰富了空间层次和景观层次。绿化轴结合地形层层跌落，采用整体绿化策略，多角度、多方位、多层次地丰富了小区内部的景观因素。利用空间和绿化的渗透关系，结合设计的特色商业住宅，使居民生活在充满温馨情趣的住区空间中。

院落效果图

景观小品设计效果图

实例5 九龙一号

实例5

档 案

建设地点：浙江省富阳市

设计单位：杭州禾泽都林建筑景观设计有限公司

用地面积：10.035 hm^2

基本情况

九龙一号住宅小区项目位于富阳市受降镇，东临七里香溪住宅区，南至九龙大道，西面为杭州野生动物园，北面为桐板桥村。项目位于杭州主城区向西发展的主要轴线之上的核心部位，距杭州国际机场50分钟，距杭州火车站仅半小时。基地由南向北呈逐渐上升趋势，且进深狭长，南段地势最低处与九龙大道和东面的七里香溪地块高差较大。

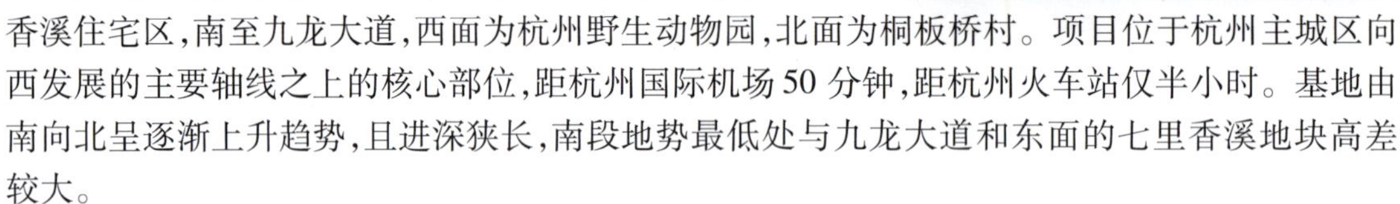

主题确定

小区的定位是：现代中式联排别墅。

设计重点

小区入口——富有个性的入口空间

含有韵味的整体布局

设计中创造性地将建筑的红线后退50 m，形成宽200多m、深50 m的完全开敞的入口空间。在主入口东侧与七里香溪之间形成5 000 m的湖面，这个湖的水面与用地和九龙大道形成3 ~4 m的高差，与整个场地形成一个“峰与谷”的图底关系，即“峰回路转”的山水空间特征。

道路系统——层次分明的道路骨架系统

清晰的整体空间特征，形成自然的路网结构，即小区主干道—组团道路—入口道路，这样层次分明的骨架系统，自然地将基地划分形成入口广场商业会所、小区内部会所及四大住宅组团。自小区主入口开始，机动车通过小区内环路自外围流动，从而将小区组团内的交通全部让给行人，体现人本主义的设计精神。

景观处理

(1)两场、三湖、三涧(谷)、一带的景观点　景观设计着重在主要空间节点上进行深入的刻画，形成两大广场、三湖、三涧(谷)、一带的景观点，形成丰富有层次的公共共享绿地，为不同层次的人提供不同的活动场所，为小区的品位提升创造良好的外部空间。

(2)错落有致的建筑及景观格局　小区建筑布局灵活，前后左右形成高差，视线开畅通透，并可以根据场地高差关系利用地下空间，提高建筑额外的使用空间。在布置好的小溪旁边前后左右错开，以不遮挡建筑景观视线，形成通透灵活的景观格局。

设计评析

随着杭州城市的发展，“西进”方向是一个至关重要的发展轴线。九龙一号小区正是位于这条杭州西部的发展带上，有着得天独厚的地理区位优势。狭长形的基地有着较大高差，此设计正好利用了地形和高差，依托两侧环境较好的动物园及高尔夫球场为景观背景，创造出“峰与谷”的主要结构，使得建筑布局与景观渗透都与之紧密结合。依托地形特点，融入传统中国风元素，营造出层次丰富的景观节点和共享空间，呈现了错落有致的建筑与景观格局。

桐板桥村
用地红线
野生动物园
会所
七里香溪别墅区
N
会所
小区主入口
高尔夫练习场

小区总平面图

全景鸟瞰图

景观效果图

实例6 无锡高山御花园

实例6

档 案

设计单位：中国建筑设计研究院陈一峰工作室

占地面积：37 873 m^2

绿化率：40%

基本情况

高山御花园位于无锡市惠山区吴文化公园内，现状为一荒废的地下采石场，是吴文化公园内一景观败笔。政府在改造资金不足的情况下，用房地产开发的形式来提高公园景观品质，将该地块定位为低密度、高品质的独栋住宅区。在有限的设计范围内最大程度提高住宅的建筑品位和文化内涵成为该项目的难点重点。

构思来源

提取传统元素

本项目的设计在发扬中国传统建筑形象的基础上，用现代手法及材料体现浓郁的传统建筑文化情结。同时为了适应当代居住要求，融合中西别墅的特色优势，创造出符合当代人生活情趣的居住空间。

太湖石与空间塑造

从太湖石丰富趣味的空间、柔美的线条、灵秀俊逸的气质，漏、透、皱等特征中获取空间创造的设计灵感，进而抽象并提取元素规范为合理的二维空间结构，然后再利用撕、拉、提等手法将其转化为融功能性、连续性、趣味性于一体的三维空间，同时将借景和框景等传统造园手法融入其间，最终创造出富有变化而舒适，并能提供多种奇妙体验的活动空间。

主题确定——蒙太奇与场景片段

在设计初期，景观建筑师通过对实际现场的了解与分析，将脑海中与该项目内容有关的景观意向的朦胧片段提取出来，描绘成一个个场景。然后以蒙太奇手法将这些场景连接起来，糅入景观创作中，借助植物丰富的季象变化，使整个环境充满诗意，不经意间将这些富含诗意的场景表露于现实中。

功能空间

地块东南角是小区主入口广场，管理用房结合共景观布置，形成公共活动区，一部分延伸进别墅区。小区东面与一条浅河相邻，将水源延伸到西边，进入小区须跨过水面，为住户带来良好的感官体验。居住区占据小区西北绝大部分区域，住宅沿地块南北两两成组布局，并且平行等高线方向向上布置。每组中间设 1 个通向地下车库的车道，转到别墅后方，使车库立面不朝道路。

总平面图

入口区景观效果图

湖岸景观效果图

设计重点

建筑空间处理

小区内的单体建筑均要求为坡屋面。在借鉴、研究中国传统坡屋面的基础上，不拘于程式化，根据平面布局特点，将双坡、四坡、单坡，或不同形式的坡屋面穿插组合，连同悬挑的阳台、凸窗，形成丰富多样的建筑外轮廓线。建筑风格吸取中国传统建筑元素，但以现代材料及手法演绎，体现浓郁的中国文化情结，同时又具有极强的时尚气息。在功能布局、开窗、挑台等设计中体现现代人的生活舒适性要求，但整体建筑比例、色彩、细部又充满中国情调。

交通组织

因用地较小，主干道沿地块南北呈环状布局，简洁流畅。主路为宽 5 m 的双车道，担负小区机动车通行。通向住宅地下停车库的次要道路宽 3.5 m，两户共用，提高利用率，并减少硬地面积。

景观处理

设计师考虑将中心景观区处理成由数个院落组成的空间形式，旨在使原有空间得到一定程度的延展。

入口区庭院空间主要由两组水池构成。通过水池东侧的廊架、北侧的玻璃屏风、竹林与水池中的树阵，西侧海棠“花树屏风”和南面居住小区围墙进行围合，共同形成第一组院落空间。

该空间利用两个巨大而平静的水池创造从水中经过的新奇体验并使空间得到延伸。

第二组院落空间由莲池、两侧的水幕墙及墙后的樱花树阵相围合组成，舒缓地表达出优雅平静的特点。

第三组院落空间则利用木格栅、石材、玻璃等材料，对空间进行收放以表达太湖石柔美而丰富的内部空间，让人们体会到穿梭在太湖石内部的奇妙体验。通过不同植物组成的 3 个不同特征的庭院空间为人们创造了舒适的观赏、休憩空间，同时这些庭院又与建筑、私家庭院互为借景、相互联系。

第四组院落位于第一院落的东侧，用地高差和木廊架界定出一个开阔的湖畔休闲空间，人们通过坡道和木廊架时有一种透过太湖石向外观看“小中见大”的空间体验。

居住小区公共交通为人车混行、四季常绿的林荫路网，使出行更为舒适。外围景观则利用环绕的山体作围合，并种植乔灌木混交林形成居住小区的绿色屏障。

设计评析

鉴于基地面积较小，设计师采用了一种新的设计思路：从“太湖石”奇趣的造型、灵动的空间中提取设计元素，并广泛运用于规划与景观设计之中，并使用“蒙太奇”的设计手法将各种景观元素进行拼接，由此在有限的基地范围内营造出公共空间的精致感与延伸感。中央景观的连续院落处理使住户有充足、不重复、不单调的休憩空间，精致的细部处理也使得人们能更好地享受家的温馨感。

全景鸟瞰图

实例7　武汉万科·润园一期

实例7

档　案

规划设计:中南建筑院建筑创作室
景观设计:北京创翌高峰
占地面积:约 20.000 hm^2
建筑面积:约 24.429 hm^2

基本情况

一方水土,铭刻一种生活;一座庭院,传承一个梦想。位于武汉市武昌城市核心区的武汉万科·润园延续了中国人的庭院情结,打造了一庭一院式的住宅。项目地块原为中国重要精密仪器制造工厂——517工厂,规划中保留了该工厂近50年种植的约800棵的原生林木、生态系统和工业印痕,沿承地块的内敛氛围和空间分隔秩序;融合建筑与原生林木的尺度关系,让生活的物理空间延伸到庭院承载的精神空间里。万科·润园的城市庭院住宅产品高低错落于精心保留的原生林木间,没有抹去珍贵的时间痕迹,而是谦逊地将新的内涵巧妙注入,并置共生。万科·润园在特殊的地块上以现代的形式,实现深宅大院的院落居住精神,诠释着“一城一宅、一家一院”的富贵内涵。

万科·润园位于武昌中心区域之一的徐东片区,东至才林街,南至润园路,西至才华街,北至原517厂区内部道路,交通便捷,自然和人文环境优越。

构思来源

规划理念:为每一幅土地,铭刻一类生活。地块有原生的林木系统,树木与厂房已连为有机整体;地块原为精密仪器制造基地,拥有制造精密仪器所要求的清新的空气、安静的环境;不被人所知;万科赋予地块新的文化,即社区文化、景观文化、建筑文化。

规划原则:尊重土地、尊重地脉、保护性开发。

规划思想:保留、传承、融合。

实现步骤:为了保留地块特征,树下建房子,用住宅替换厂房:原始土地→厂房→种树→绿荫环绕的厂房→拆除厂房→树下建房子。

功能空间

地块特征的三个保留

保留原生树木:保留树木与房子的依存关系与生命系统,让小鸟继续停留,让树叶随季节继续散落在原来的地方,保留阳光对地块斑驳的照耀方式。

保留路网:保留地块原有的车行和人行路网,甚至项目楼栋之间的道路,也是原来人们休憩漫步的路径宽度。

保留水塔等：保留地块的精神堡垒，保留地块承载过的历史，原有的结构构件也保留运用到建筑中，保留时光在这片土地上掠过之后的岁月留痕，保留地块上的工业遗产与痕迹。

通过三大系统的保留，让树木、路网和岁月留痕不是孤单留存，同时，也让新生的房子不是突兀地出现。最容易老去的是房子，能超出“房子”进行遗产保留并运用的，就变成文化与历史。

地块气质的三个沿承

沿承内敛的氛围：517 工厂原是保密单位，用高大的围墙沿承地块保密、神秘的基因，沿承这块土地与众不同的身份。

沿承优良的环境：精密仪器要求清新的空气和安静的环境，对自然环境要求很高，同时也对地块内的人有较高的层次要求。通过三个保留与引进高素质人群，沿承土地的承载要求。

沿承空间的分隔：原地块上一条条树带将厂房、办公楼、检修房、仓库、食堂等建筑进行有机相存而又在视线上进行分隔。栋与栋之间的林带，在联系社区的同时，沿承了这种分隔的功能。

地块空间三个融合

让建筑与树木融合：树木对建筑而言，是善意的限制。纵向高空融合受树木限制时，建筑向平面横向发展；在平面横向发展受树木限制时，建筑向树木间发展。

让庭院与树木融合：当庭院包合树木，当树木融合到庭院时，建筑与树木融为一体，室内空间融合到自然空间。

让物理空间与精神空间融合：建筑形成物理空间，而庭院、庭院里的树木，是一个精神的空间。

三重融合的结果是形成低层庭院，一个在城市里能寄托类似别墅与四合院的庭院，我们称之为城市庭院（city yard）。

设计重点

小区入口

原场区的入口规划为社区的主入口，原场区最有情趣的花园也被保留了下来，作为未来社区的中心花园。而社区的道路也因循着原有林荫道的走向，社区的景观主空间便在这被保留下的最精彩的原生结构中发源。社区入口并不刻意彰显，环绕社区的4.35 m高的红砖院墙已经说明了区内的品质。院墙断开，社区入口以最简单的方式出现，而穿过开口，却会发现不一样的品质：内向的双重入口庭院连续出现，2 m余高的立体艺术门扉，倒映着绿树红墙的水池，斑驳的红砖铺地，数重层进空间形成厚重幽静的专属入口空间氛围。

植物配置

对于社区内大量的现状植被，本次设计主要以保留、梳理为主。主要保留品种为：樟树、法桐、水杉、广玉兰、桂花、梅花、枇杷、紫薇、樱花、雪松、石榴、紫藤、橘树、喜树、海棠等，适当删除杂木病株，增添层次性花木、地被。

景观处理

在景观规划中最大限度地保留了原生植被，甚至是这座老院的历史脉络与气息。沉稳怀旧的红砖住宅，高低错落于精心保留的林木间，没有粗暴地抹去珍贵的时间痕迹，而是谦逊地将新的内涵巧妙注入。毕竟，在风驰电掣的时下，这一份自在与宁静、沉稳与从容，是无法替代，也是无法复制的。本项目的景观设计构思也正是来源于此。

面对岁月的痕迹、时间的积淀，我们的态度首先是尊重与倾听，尊重历史、倾听自然，从现场出发。场地中原生的景观资源如此丰富，我们的工作更多的是梳理与彰显这种自然与时间交织的原生美感，并使之与未来的居住场景有机融合。

整体景观结构包括五大主题庭院：礼仪门厅、情景廊厅、中心绿厅、公共交往厅、宅间带状庭院。在整体景观规划中突出了层进的庭院空间结构，形成“庭院深深”式的复层结构来烘托现场的岁月痕迹。

第一层次：礼仪门厅

润园的入口大门，并不彰显，环绕社区的院墙自然断开，以简单的方式提示进入的姿态。穿过入口，2 m余高的立体艺术门扉，内向的双重入口庭院连续出现；倒映着绿树红墙的水池，斑驳的红砖铺地，与自然植物结合，给人以灵动的感觉；517 工厂的元素与符号以及厂牌的摆放形成情景艺术空间；数重景观层进空间以漏或框，形成厚重幽静的专属入口空间氛围。

第二层次：情景廊厅

从礼仪门厅到保留的水塔及绿厅，情景廊厅亦构成另一层进景观的添景。林荫区与情景走廊将为社区活动提供和谐的公共活动区。红色砖径与木栈道引领人们进入到绿荫空间，舒适的木制长椅在惬意的位置出现，林前一泓水池倒映绿树，而池上悬浮的轻盈观景亭将原厂区的工业气质化，仿佛林间眨动的明眸。

第三层次：中心绿厅

入口庭院的红砖向住区深处延伸，带动脚步，来到中心庭院，称为“中心绿厅”，这里树木交盖、藤萝掩映、绿荫匝地。在这里，我们保留所有的树木与藤蔓，甚至还有藤蔓附生的廊架，而所有的“设计”只是为了让人们更好地欣赏这处难得的绿荫。穿行到林木更深处，设立了一道竖起的白色墙体，在浓荫间提出亮色，更像一方素笺，衬托出林木的姿态。倚墙是架空高起的林间平台，登台凭栏、树影婆娑。

全景鸟瞰图

局部园景效果图

第四层次：公共交往厅

架空层与绿厅连为一体，让视线在公共绿厅与小高层间通透。架空层里用轻钢等设置若干功能区，如售货亭、儿童游乐器材等。设在架空层的公共交往厅及整体景观，形成一幕情景生动的框景。

第五层次：宅间带状庭院

低层住宅间的常见小路被处理为带状的狭长庭院，被动的交通空间转换为有趣味的递进空间，是富有街坊情趣的夹景之作。入口与端头的围合形成私密的邻里专属感受，私家庭院围墙进退错落，形成路径的转折与开合，现状保留的树木与簇拥在小径边的花丛更烘托出无法复制的独特居住品质。

设计评析

基地位于武汉市的中国第一家通讯仪表厂原厂址大院。葱郁的林木交盖，数十年历史的演进，时间的痕迹层叠交错。而设计师在新的住区规划中最大限度地保留了原生植被，甚至是这座老院的历史脉络与气息，没有粗暴地抹去珍贵的时间痕迹，而是谦逊地将新的内涵与流利的功能巧妙注入。

将旧工厂或其他旧的地区进行改造是将来居住区规划的一个趋势。万科·润园作为先行者之一，其成果是值得我们称道与借鉴的。

实例8　龙湖·睿城

实例8

档　案

景观设计：北京清华城市规划设计研究院
　　　　　景观学 vs 设计学研究中心.朱育帆

占地面积：约 10.000 hm^2

基本情况

睿城居住区位于重庆市大学城中心区，占地面积为 10 hm^2，其中景观面积 7.05 hm^2。

早在大学成立之前，重庆地区的书院教育曾经极为兴盛，这种古老的书院体系在中国存在了 1 000 多年，重庆很多著名的书院多集中在沙坪坝区。睿城居住区位于重庆大学正对面，四川美术学院、重庆科技大学、重庆师范大学等诸多高等学府环绕四周，学院气息浓厚。

设计理念

文化是一种精神，是灵魂，没有自己文化的民族是没有根基的。该设计充分利用重庆书院的文化氛围，将之与中国传统的吉祥文化相融合，并利用植物和水景表达出独特的设计内涵，即“让泉声带你回家”。

设计的核心理念就是使人与自然、人与人、人与建筑、建筑与自然达成最为理想化、更为人情化的互动关系，强调和突出充满学院学区意象、人文、生活的气息；用多数人内心长存的校园风景和生活场景、朴实的自然风景、亲切浓郁的人情、厚重的人文勾起回忆。同时以现代中式风情的产品，暗合校园大学城风情；以景观打造，暗合学区内宁静、朴实的自然风景；以户型，暗合对消费者的人文关怀（围合大院）；以邻里空间的营造暗合文化人的人际和交流，是重庆首个、最大的人文的、生态的、和谐的学院社区。

设计重点

设计方案将社区分为“三溪九院”，其中的“三溪”是“林溪”“玉溪”“云溪”；“九院”分别为

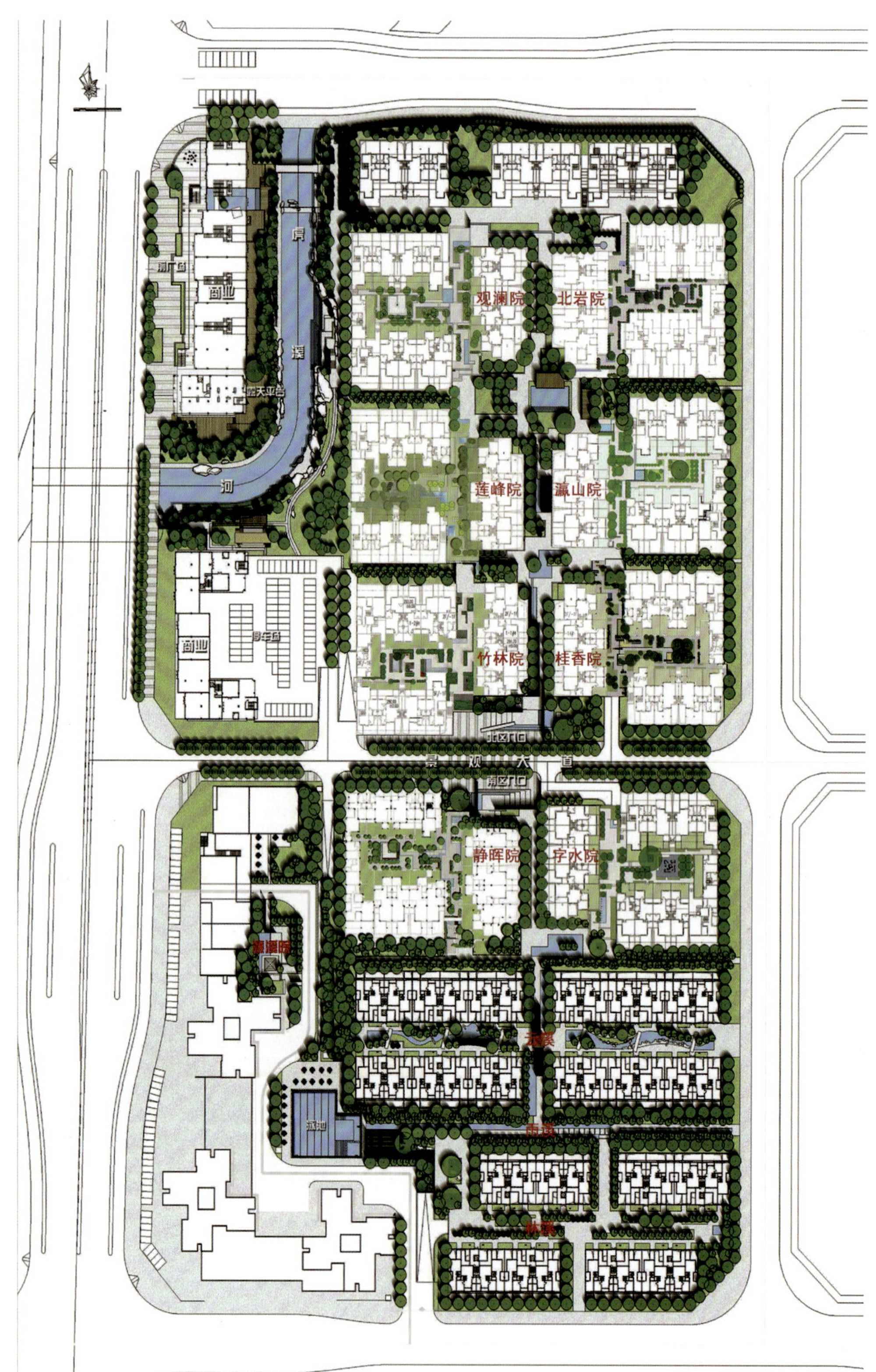

总平面图

“观澜院”“莲峰院”“竹林院”“北岩院”“瀛山院”“桂香院”“静晖院”“字水院”和“濂溪院”。各院都有自己特殊的含义与吉祥符号，所种植的植物也是各具特色。

各院落特色解析如下：

• 观澜院

“观澜院”的吉祥符号是“寿”，特色植物为梅花。“观澜”意为欣赏水景的佳地。

观澜院的基地是一个由底层别墅组合而成的内院空间。这种空间属性让我们联想到中国古典园林中江南园林精致巧妙的空间体验。即通过景观空间的解构和引导，将原有静态的空间转化为动态的体验——达到步移景异的效果。

• 莲峰院

“莲峰院”的吉祥符号是“水”，特色植物为木芙蓉。“莲峰”意为山峰如莲花般层峦叠嶂。莲峰院的主题便为莲花与山石。莲花为花中君子，象征着中国传统文化中的一种理想人格：“出淤泥而不染，濯清涟而不妖”，与文人书院的气质相吻合。院中山石则作为情意兼备的灵性主角出现，作为大自然的产物和组成部分，山石的毫不修饰所达到的自然意境及其营造的丰富空间，是刻意模仿的水泥或人造制品所无法匹敌的。“石令人古，水令人远”，整个院子由水流贯穿，清水源源不断流入各个大小不一、高低错落的莲花池中，与鱼相伴，更增添了院子的诗意与活力。

• 竹林院

“竹林院”的吉祥符号是“福”，特色植物为竹。“竹林”意为如竹林般的清幽之地。竹林院景观通过竹与水景、景墙元素的不同组合方式，塑造出丰富的空间感受，着重突出竹的挺拔秀美，独具韵味。当人们有闲情逸致漫步于青青翠竹之下时，一种无限舒适和遐意之情便会油然而生。著名诗人苏东坡也曾说过“宁可食无肉，不可居无竹”。

• 北岩院

“北岩院”的吉祥符号是“鱼”，特色植物为莲花。“北岩”意为如山石般稳重，如岩壁上的纹路般自然细腻。北岩院力求用景观的手法效仿自然山石在四季中不同的美景，春山的朦胧，夏山的苍翠，秋山的明净，冬山的雅致。并通过青砖叠色的手法构筑景墙、花池及水景，穿行于院中，令人如同身在层叠的山峦中游走般惬意。

• 瀛山院

“瀛山院”的吉祥符号是“云”，特色植物为海棠。“瀛山”意为苍茫海中的缥缈仙山。瀛山院以“云”与山峦为主题。“云”为轻柔舒卷、漂浮流动之物，隐喻了中国传统文化中的一种淡雅随性，清淡舒畅的文化气质，也是古代书院文人笔下常用来寓意的事物。因此在院中主要休憩空间一侧设置镜面水池，倒影天空，形成“云水一体”的景观，并为院内居住者提供静谧的休憩环境。同时将院内的水体源头设在了全院核心庭院摆放尺度较大的自然山石，一方面象征中国传统文化中刚毅仁厚的处世态度；另一方面复原了中国传统画卷中的云雾中的深山上有仙泉流下的美幻景象。

• 桂香院

“桂香院”的吉祥符号是“瓶”，特色植物为桂花。“桂香”意为桂花般香甜的味道。“桂”与“贵”同音，取吉祥符号为“瓶”，与“平”同音，寓意为“富贵平安”。桂香院主景设计为“桂下赏月”。圆月形的涌泉在空间与视线的中心，四株桂花树营造出了宁静的气氛，溪流、泉水的声音使整个空间静中有动。闻香、听声、观景三者结合，成为本院落的一大特色。

• 静晖院

“静晖院”的吉祥符号是“如意”，特色植物为柑桔。“静晖”意为夕阳般温暖、静谧。静晖院在此借用并通过设计重新演绎其内涵。设计之初，以营造静谧温暖氛围为此院子的基调。设计亮点之一：通过水的各种形态，从院子入口到自家宅子入口一直有水流相伴，并配以两侧绿意盎然的茂林碧草，回家路径曲折而有趣，旨在营造一派流觞曲水、小桥流水人家的温暖景象。设计中亮点之二：创造了“院中院”的空间格局，在“大院”里设计了多个公共性、半公共性及半私密性的宅前小院，其中以一个核心院为中心组织其他的若干个小院，并把水景及步道串联在一起。

• 字水院

“字水院”的吉祥符号是“禄”，特色植物为芭蕉。“字水”意为如行云流水般的中国书法。

字水院的主题是研习书法的院落，因此中心院落里安放了一组作为主题标志的景观雕塑，这组景观雕塑的构思来源于中国书法的字体结构，把经典的偏旁部首解构然后重组，形成一个完形的新的字体，引发人们对于中国传统文化的联想和感怀。值得一提的是，这组景观雕塑又是整个院子的水系的源头，泉水从字体的表面上涌出，然后流经整个院落，象征着文化脉络的源远流长。

• 濂溪院

“濂溪院”的吉祥符号是“富贵”，特色植物为玉兰。“濂溪”意为如山间溪水般清澈濂洁。濂溪院位于商业区与合院区之间，而主要服务于商业区，通过连续水景的融合，使商业外环境形成了具有趣味性、文化性的商业主轴。

设计评析

龙湖睿城景观设计注重中国传统吉祥文化与重庆书院文化背景，强调“新中式”到“新渝味”的地域特色，以及“文气”特征。以抽象结合具象的方式，让吉祥文化和书院文化走入住区，走进居民心里，从而营造出祥和温馨且富有诗情画意的氛围。

方案设计强调“合院”排布的新居住形式所形成的院落景观，通过对院落空间的整体设计经营，包括对原有的空间环境进行视域分析，对空间的可视领域的精心控制，利用墙体、流水、植物等造园元素达到“欲扬先抑，起承转合”的多样化空间节奏，让游园者获得由期待到惊喜，再到愉快和平静的不同的感官和行动体验。同时通过连续景观水系的营造，形成“让泉声带你回家”的基本构思，最终构建出“三溪九院”的整体景观环境。

实例 1

任务2 多层住宅的小区环境景观设计

实例1 金庭国际花园景观设计

档　案

建设地点：南京市溧水县

设计：杭州奥雅建筑景观设计有限公司

基本情况

本项目位于南京市溧水县城西南，毓秀路以西，城西干道以东，规划中的花园路南侧。占地面积约 86 874 m^2，总建筑面积 112 900 m^2，基地基本

呈梯形，地形起伏较大。

设计理念

景观设计围绕自然化、生态化、国际化和现代化的主题展开，功能与形式相结合，以“源于自然，注重整体，强调功能”为设计特点，创国际化经典名宅成为居民身份的象征，彰显荣耀。为此，设计提出“尊”“庭”“游”三大景观概念。

“尊”——王者之尊的气度，展开优雅时尚生活；小区整体形象具有王者之尊的气度，同时不失内敛的稳重与成熟；景观主轴幽长舒展，大气灵动；在景观主轴线、中心景观节点布置水景，起画龙点睛的作用，为小区带来一份灵气。

“庭”——闲看庭前花开花落。组团绿地以自然休闲为主，设置了各类大小不同的活动场地可满足各种人群的各类户外活动需求，像老人健身、儿童游戏、交流聊天、安静休息、读书、下棋、散步、慢跑等都能在其间找到合适的场地，各得其所，互不干扰。

“游”——于曲径通幽处漫步回家；宁静是一种沉淀，安静的住区景观造就花园感；小区内部人车分流，全无车马之喧；对于绿地进行适当造坡，强调立体绿化概念，以体现不同层次、不同高度的绿化，让住户在鸟语花香中回家和出行。

总平面图

功能空间

会所区景观详图

1.结合灯箱的围椅
2.木铺装
3.树阵
4.台地
5.木平台（桌椅、遮阳伞等）
6.几何草坪
7.金亭
8.花坛
9.汀步
10.弧形台阶

遵循规划特点，以统一的设计手法强调景观轴线，中心景观突出，并赋予不同部分以各异的使用功能：两条景观轴线贯穿东西、南北，交汇于中心水景广场——金庭广场。按照道路分隔及建筑形式，小区分为5个组团：芳草碧园、丁香春苑、玫瑰花语、梧桐秋雨、紫玉兰亭。对各个组团的庭院的处理则是以简洁实用为主旨，提供不同的景观主题，为小区各个年龄群体提供了休闲活动的场所，创造兼具观赏性和参与性的人性化活动空间；在景观规划中注重竖向景观设计，社区内的微坡地形最大限度地饱和了各个角度的景观观赏度，漫步在绿色景观道中，恍然置身于园林林荫中，通过起伏的坡地、散步道、花架、水景、雕塑、小品，使景观向庭院层层渗透，园林与社区功能高度结合，中央活动空间相互渗透。

小区入口

主入口：设计手法将功能与景观元素相结合，以圆形构图形成铺装广场，中心为特色水景，景墙与跌水相结合，并以树形优美的树种作为背景，结合两旁商业街形成人气聚集的社区入口，勾画出热烈、大方、主题突出的形象景观。

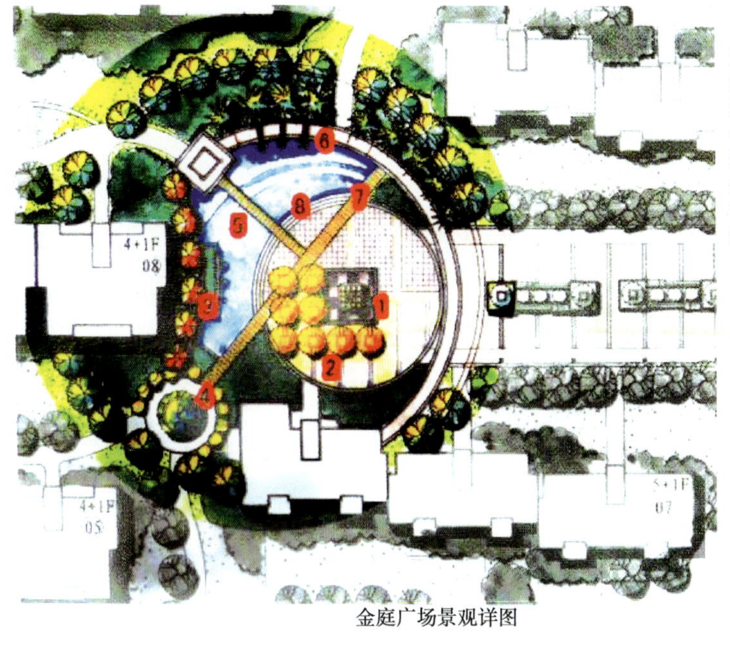

1.金属构架
2.银杏树阵
3.跌水景墙
4.风水树
5.景观跌水面
6.景观跌水构架
7.木栈道
8.台阶

金庭广场景观详图

景观处理

商业街：体现“少即是多”的现代主义设计理念，整个商业街的铺装采用简洁而富有韵律的图案，配合景观灯柱、广告牌及各种极富艺术性的小品，提供购物、休闲、餐饮等多种功能，形成个性鲜明的空间，营造繁华热闹的氛围。

金庭广场：设计手法以圆形聚合空间和放射性线条进行构图，设计成造型新颖、丰富多变的水景景观。水池为浅水设计，强调安全性和居民的参与性，设有亲水台阶。可观水，亦可嬉水。广场中心由树阵广场和现代的构架组成，为人们带来绝佳的休憩空间，同时又具有很高的艺术观赏性，体现小区的尊贵品质。

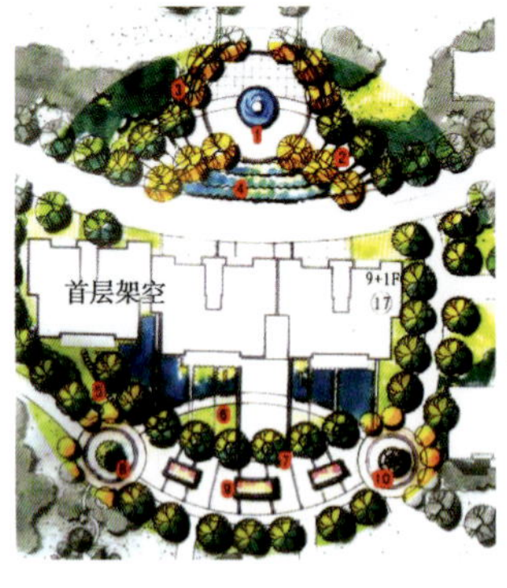

梧桐秋雨景观详图

1.风水球
2.阶梯
3.花坛树阵(银杏)
4.模纹花坛
5.汀步
6.几何草坪
7.梧桐树阵
8.凤台
9.组合花坛
10.凰亭

紫玉兰亭景观详图

1.紫玉兰亭
2.紫玉兰树阵
3.木平台
4.雕塑喷水
5.景观跌水面
6.汀步

芳草碧园：位于小区西北，建筑形式为小高层和多层，具有较大面积的开阔草地，可以提供居民多功能的活动场地；本区块以开阔的空间为特色，视线有收有放，多种植芳香类植物。

丁香春苑：位于小区西南角，景观设计清新淡雅，以植物造景为主，适当造坡，线条简洁明快，在开阔处设小广场和凉亭，供人们小憩。

玫瑰花语：为小区中心区块，建筑为“4 + 1”的花园洋房，空间收放有致，步移景异；以玫瑰为特色植物，玫瑰是世界名花，被人们视为“爱情花”“友谊花”，花香迷人，花形动人，体现一份高雅的情致。

梧桐秋雨：该区块位于小区东侧，东靠毓秀路；古语有云：“栽好梧桐树，引得凤凰来。”本区块以梧桐为特色树种，设有“凤台”和“凰亭”两个景点，寓意高贵幸福的生活。

紫玉兰亭：位于小区东南角，建筑由 4 幢多层组成。景观设计上以植物景观为主，并以紫玉兰为特色树种，提供集中的休闲小广场，是人们闲聊、休憩的良好场所。

设计评析

小区景观设计遵循了“自然化、生态化、国际化和现代化”的理念，独具文化内涵。景观设计以中心休闲广场——金庭广场为核心，并以“芳草、丁香、玫瑰、梧桐、紫玉兰”为主题来命名几个住宅组团内部绿地，其中景观设计也以此植物为主题进行布置，使得每个组团均具有很高的辨识度与归属感。整个小区的景观也由此构成一个完整的整体。

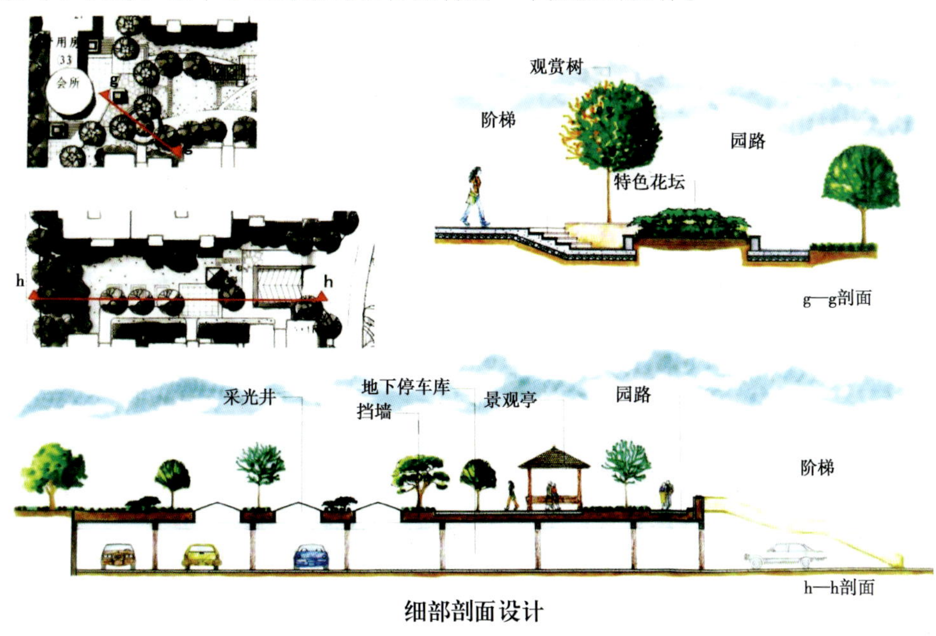

细部剖面设计

实例2 赣榆金海岸花园小区景观设计

实例2

档 案

建设地点：赣榆县

设计：连云港市君怡景观设计有限公司

基本情况

赣榆县背倚沂蒙，面临黄海，境内山、海、平原各占1/3，自古以来“享山之饶，受渔盐之利”。赣榆县地处苏鲁两省交界，是江苏沿海经济和东陇海产业带开发的东部交汇点。赣榆金海岸和谐社区位于赣榆县新城区，基地东为欧洲商业街，西为21世纪大道，南为文化东路，北为环城北路及城市生态休闲景观水系；位于建设中的滨海新城区中心，周围的城市配套齐全，交通便利。

设计重点

景观处理

景观规划结构为“一横、一纵、两环、四区”,即一个景观休闲绿轴、一个生态养生休闲绿廊、一个林荫生态环和一个健身跑步休闲绿环,4 个组团片区。

总平面图

1. 车行主入口　2. 入口特色水景　3. 入口特色跌水　4. 车行主入口特色廊架　5. 车行主入口休憩木亭　6. 生态停车位　7. 楼间邻里休憩交流空间　8. 草坪汀步　9. 曲径凝香　10. 万木竞春和谐养生园　11. 健身养生步道　12. 趣味汀步　13. 玉带飘香　14. 屋顶花园　15. 小区人行入口　16. 人行入口门禁　17. 特色铺装　18. 特色花坛　19. 特色水景　20. 特色景墙灯柱　21. 亲水木栈板　22. 亲水木栈道　23. 树池座凳　24. 趣味水溪　25. 戏水汀步　26. 童叟同乐园　27. 休憩木亭　28. 趣味沙池　29. 弧形座凳　30. 草坪缓坡　31. 趣味树池座凳　32. 趣味汀步　33. 赏景木平台　34. 休憩观景玻璃亭　35. 戏水汀步　36. 嬉戏水溪　37. 休憩木座凳　38. 嬉水木栈板　39. 亲水木栈道　40. 树池座凳休憩木栈板　41. 嬉戏水渠　42. 竖泉水源　43. 景墙雕塑　44. 人行入口特色铺装　45. 人行次入口　46. 特色景墙廊架　47. 雨润特色水景　48. 润物灵泉　49. 雨润特色水景木栈道　50. 透景特色景墙　51. 雨花飘香亭　52. 湿地赏景栈道　53. 听涛揽月亭　54. 特色景石跌水　55. 休憩木廊架　56. 小区车行次入口　57. 室外羽毛球场

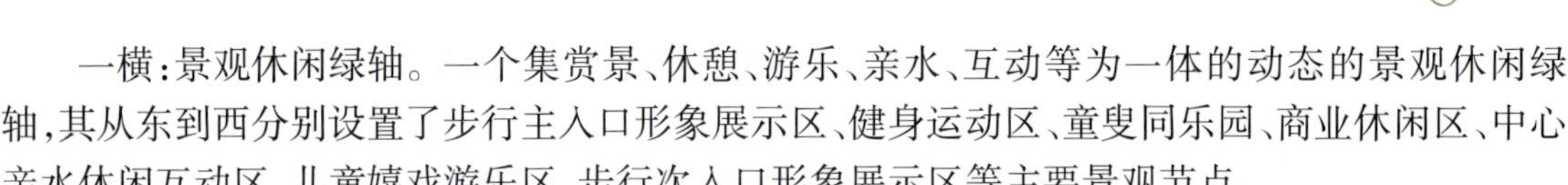

一横：景观休闲绿轴。一个集赏景、休憩、游乐、亲水、互动等为一体的动态的景观休闲绿轴，其从东到西分别设置了步行主入口形象展示区、健身运动区、童叟同乐园、商业休闲区、中心亲水休闲互动区、儿童嬉戏游乐区、步行次入口形象展示区等主要景观节点。

一纵：生态养生休闲绿廊。以和谐养生生态绿谷的景观理念进行设计，用地形坡地、林阵水溪、湿地湖面等形成绿意盎然的室外氧吧空间，其从南到北分别设置有车行主入口形象展示区、和谐养生健身休闲区、中心亲水休闲互动区、湿地亲水休闲区、车行次入口形象展示区等主要景观节点。随着生态水溪的蜿蜒流动，两边紧随的百花争香斗艳，万木竞春。水面宽阔的区域，在欢快的跌水声中，踏着忽隐忽现的水中木栈道，聆听着蛙叫虫鸣，呈现在居民眼前的是一幅陶渊明式的桃花源景象。

两环：林荫生态环。在小区临红线一侧种植高大乔木，形成生态绿色屏障，阻隔城市的繁杂喧闹、过往车辆的噪声及灰尘污染，为居民创造一个闹中取静、幽雅绿色的人居环境；健身跑步休闲绿环是把4个组团片区不同的邻里交往空间、两个步行入口形象展示区以及和谐养生健身休闲区与湿地亲水休闲区和谐联系起来的绿色的健身跑步休闲环道。随着环道的曲折展开，不同大小空间的变化，在环道两侧设置相应的景点与一些艺术小品、休憩座凳等，为居民营造一个幽雅、休闲、绿色的健康环道，让居民在轻松跑步以及出行时随时随地都能享受到优美的环境，同时陶冶情操。

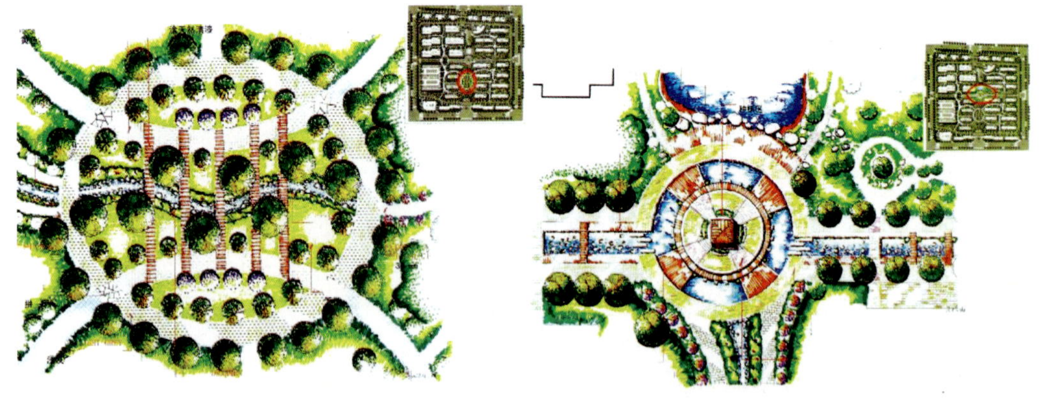

和谐生态养生园局部细化详图　　**中心景区水景休闲区局部细化详图**

四区：4个组团片区。结合本项目的总体规划与开发建设次序，在景观分区上分为4个片区。每个片区都分别设置了组团式的可以提供就近居民进行邻里交往、休憩、赏景、健身的景观空间。在做到4个片区均好性的同时，每个片区景观空间的塑造与景点的设计又各有特点，闹静有别，相互联系，和谐统一。

B—B剖立面图

C—C剖立面图

设计评析

小区景观规划手法简洁明了。在充分考虑交通与住宅品质的前提下，以一个林荫生态环和一个健身休闲绿环环绕着4个景观片区，以丰富的景观装点其中，空间明晰，功能分明。各组团均有绿化空间，并以绿化景观节点、水景、运动作为小区一级景观主题，很好地体现了社区“运动、休闲”的主题。

实例3 九星阳光城景观设计

实例3

档 案

设计：北京丘禾环境景观设计有限公司

基本情况

本项目位于葫芦岛传统居住区，距离城市核心约3 km。项目贯彻“以人为本，尊重自然”与“可持续发展”的设计理念，结合自然地形和环境特点，采用灵活多变的设计手法，做到整体规划、布局合理、富有特色、结构清晰、功能完善、建筑风格超凡脱俗。站在城市的高度看社区建设，在公共设施和基础设施方面都具有超前性。

由于此区域位于北方一个比较寒冷的城市，因此，设计的主题思想旨在让人们感受到温暖的氛围，创造出洋溢着温暖阳光气息的效果，正如项目的名称——九星阳光城。组团的景观采用比较自然的组织形式，最终达到让人们在喧嚣的城市与疲惫的工作后能够轻松下来，将人、建筑、环境与大自然相融合，而非孤立单调地身处建筑之中，以此产生“人性化”的意义。

功能空间

优越的地理位置使得本项目对区域内的人群有较大吸引力。商业街的设计要在功能方面满足消防通道的前提下，根据近年的总结和研究结果，设计一条步行商业街应有的长、宽、高的比例要求。一般的步行商业街，长度以300 m左右为宜，九星阳光城主商业街正是满足了这样的比例要求。如果商业街过宽可能导致顾客疲劳，致使商机丧失。因此，景观上的设计不能一味地追求宽度，而是通过一些景观因素，如特色的绿篱灌木空间、停车场等使之在视觉与功能上丰富起来，让景观为商业营造更好的气氛，为人们服务。同时横向的商业街与纵向的建筑在比例上有一个很好的协调，让人们身处其中却没有高楼效应的压迫感，能够驻足停留。

因地制宜地把握商业街的设计，本商业街所具有的最基本、最原始的特征与周围的建筑风格相适应，应该是设计最根本的特色所在。其两边的建筑风格大胆地运用了南欧（西班牙）的建筑语言，在高纬度地区，通过对建筑符号的沿用，创造出一片洋溢温暖阳光气息的建筑群，在北方寒冷的气候中，这种温暖的感觉会得到消费者的高度认同。

不同的商业街其发展经历了几个阶段：第一个阶段单纯以购物为主，第二个阶段适当考虑了对人的关怀，第三个阶段是以人为本的原则，更多地体现了社会活动中心的功能。而今，景观设计发展到现在，多一些景观、多一些休息座椅、多一些盲人道，为广大市民提供非常优美环境的同时，要让更加人性化的设计渗透到人们的生活中。

在商业街的设计中所提出的理念是在满足消防功能的前提下，不求过分的对称与整齐，而是错落有致，打造一种活泼的商业氛围，而不是整齐划一的商业模式。

1.停车场	5.休憩平台	9.露天餐吧	13.花钵	17.露天棋盘桌椅	21.汀步
2.树阵	6.亭子	10.绿篱	14.微地形	18.环形廊架	22.特色树阵
3.行道树	7.花灌木	11.地面铺装节点	15.卵石铺路	19.雾喷	23.儿童娱乐设施
4.特色硬质铺装	8.草地	12.有座椅的种植池	16.木栈道	20.环形树阵	24.交通绿岛

总平面图

在商业街中通过设置主力店、一些活动和景观设计几个节点，可最大限度地聚集人流。因此，景观设计在节点方面就显得越发重要，在功能与视线上的节点使得人们在商业街中不会感到形式的单调与乏味；特色的种植池与地面节点铺装的变化，露天餐吧阳伞的设置，结合较有特色的种植方式，沿街以及沿地面铺装形式的手法来突出商业街的重要性，既丰富了人们的视线又产生视觉变化，也满足了行为的多样性与功能的需求。

商业街立面二

商业街立面三

商业街立面四

组团立面一

设计重点

景观处理

组团内部采取多样化的景观构成元素，以景观节点为中心，动静分离，疏密有致，内外有别又相互渗透，“动”和“车”在外，“静”和“人”在内，并通过广场院落、绿化水石等空间元素进行有机渗透，达到适度联系，并完成园区环境从外围到园内、由“闹”到“静”的逐层过滤，使生活园区保持舒适、宁静的环境氛围。

设计评析

九星阳光城的景观设计手法结合自然地形与环境特点，灵活自然，充分考虑人的感受。由于有着优越的地理位置，因地制宜地发展了错落有致、气氛活泼的商业区，并以划分铺地、特色树池等方式辅以相应的景观。住宅组团内部景观充分考虑人的尺度、视觉感受与行为特点，给予居住者温暖、自然的生活氛围。

组团立面二

组团立面三

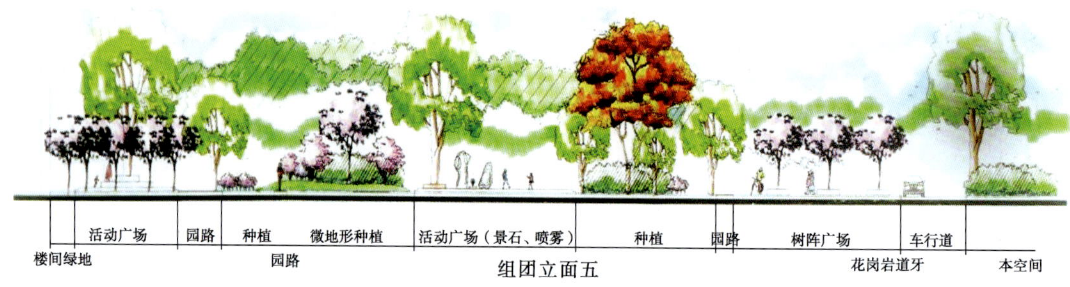

组团立面五

组团立面六

实例4　上海万科白马花园

实例4

档　案

建筑设计：上海柏涛建筑设计咨询有限公司

景观设计：加拿大奥雅园境师事务所

占地面积：330 000 m^2

基本情况

白马花园是万科在上海西南打造的一个城市居住中心，由多个低密度生活小区构成，集中了情景花园洋房、低层公寓、连体别墅等多种物业形态。项目借鉴“新城市主义”的规划理念和“城市类型学”的设计方法，力求创造复合、多元的居住空间，体现了现代休闲居住概念。建筑设计中运用对景、借景等手法塑造出简约、丰富且细腻的居住氛围。万科还首次提出“露台社交”，将创意建筑和精神文化相融合，倡导居民通过“露台”来交流生活心得，改善邻里关系，提升居住品质，创建“自然、和谐、生态、健康”的低密度水景社区。

白马花园位于上海市松江区新桥镇新闵综合园区内，东北与莘庄相连，西南与松江新城相邻，西面是佘山国家级旅游度假区，南面是首批国家级出口加工区。一条小河横穿项目用地，住宅为多层和别墅，拥有商业、会所等配套设施，分多期开发。

构思来源

白马花园将“以人为本”作为开发理念，全力打造智能化的生活社区。项目借鉴了“新城市主义”的规划理念和“城市类型学”的设计方法，力求创造复合、多元的居住空间，体现了现代休闲居住概念。建筑设计中运用对景、借景等手法营造简约、丰富、细腻的居住氛围，呈现在人们面前的是“自然、和谐、生态、健康”的低密度水景社区。在社区景观上，万科白马花园比起常规的公寓社区的中央花园来说，更注重户户有景，即每户在看到小区公共景观的同时，还拥有南向的私家花园或露台。

设计重点

景观处理

以人为本，实现人性化设计，以满足社区内居民全方位的生活需要为设计基础。保持原有的生态环境，将人为因素对原有河道的生态环境的影响降至最少，并将理性元素有机地融于生态环境之中，体现简约现代的风格，营造与建筑形式相匹配的园林环境。运用统一风格的园林建筑语言，贯穿项目各个发展阶段，形成完整、风格鲜明的社区环境。以深刻的思考体现理性，使设计具有空间感、层次感及韵律感。

很多人都知道美丽的莱茵河，它源于阿尔卑斯山中的一个湖，湖水西行成河，沿德、法边界向德国西北部延伸。莱茵河最漂亮的景色是在德国境内从麦恩斯到科隆这一段。河在这里一波三折，婉转多姿。两岸山坡上是大片的葡萄园，城堡、教堂、小镇，船行其间、梦随神游。这童话般美丽的河流，蕴藏了德国人的历史与文明，激发了无数大师的艺术灵感，德国人的艺术修养与大自然的鬼斧神工，在这里演绎了理性与浪漫的和谐。

局部实景照片

用地内水质优美的自然生态河道激发了设计师的设计灵感，成为如画般莱茵河的写照，并以理性主义主导的德式园林为总体设计概念，把现代德国的时尚生活再现于白马花园。德国理性主义的园林设计崇尚简约、舒适。现代德式花园直率的线条与明快的平面组合，体现着日尔耳式的韵律和浪漫。

景观设计的重点包括一个双向中心绿带、两个纵向隔离绿带、内河沿河景观的处理、几个主入口的处理、各组团花园的设计、北面江边步道的设计等。小区内沿河的北面及北面江边公园和隔离绿带间形成一个环状散步道，串联着各个亮丽景点。

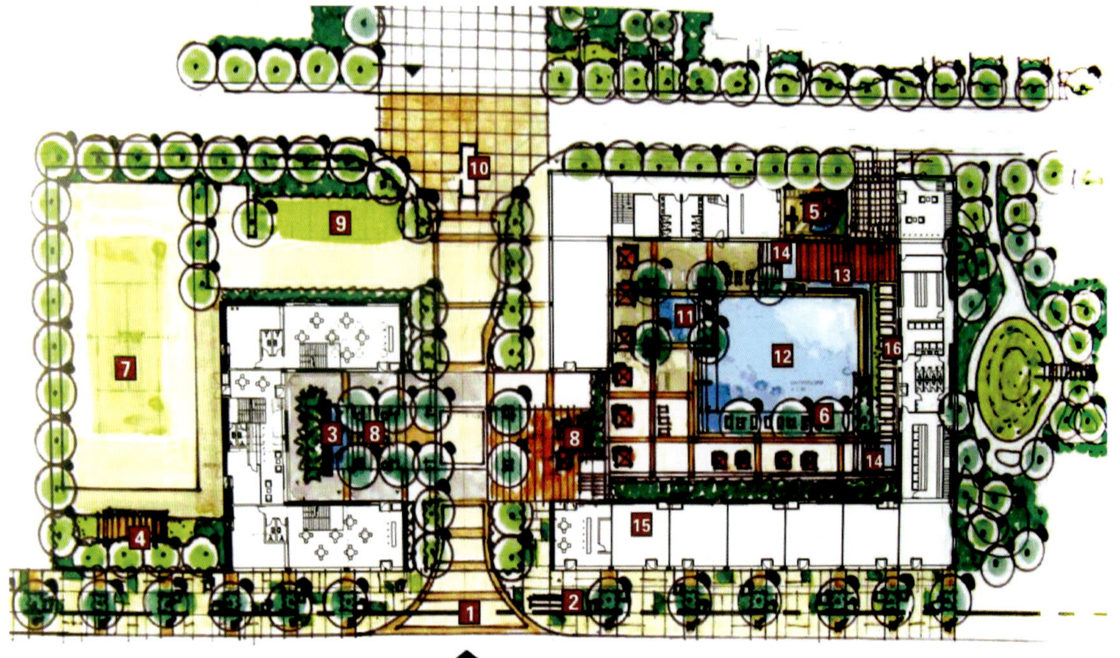

1.人行及车行入口
2.入口标志
3.水景
4.花架
5.儿童游戏场所
6.下沉泳池平台
7.网球场
8.室外餐饮
9.停车场
10.保安室
11.儿童泳池
12.泳池
13.水景墙
14.消毒池
15.商铺
16.步行道

入口区景观详图

水景景观详图

设计评析

设计师从美丽的莱茵河汲取了创作灵感，保持了原有的自然河道及河道边的生态环境，将原生态的景观融于住区之中，以人为本，使小区中居民也可最大限度地享受这自然的美景。同时又融入了现代德国简约、明朗的线条与平面，让住户享受简约、舒适的现代生活。设计中两种不同风格的碰撞激发出更多的灵感和火花，使小区景观融合多种风格，却又和谐统一，融汇出更为绚丽多彩的感受。

1. Vehicular pedestrian entry
人行及车行入口
2. Club house
会所
3. Swimming pool
游泳池
4. Fitness station
健身
5. Pavilion
小亭
6. Platform
亲水平台
7. Boardwalk
水边栈道
8. Tai-chi area
太极公园
9. Seat area
休闲平台
10. Green barrier
隔离绿带
11. Play area
儿童活动区域
12. Trellis
花架
13. Shade structure
光影构架
14. Mounding planting
土坡绿植
15. feature tree
主题树
16. Water feature
人流节点
17. Foot bridge
人行小桥
18. Greenbelt park
绿带公园
19. Entry plaza
入口广场
20. Car park entry
车库入口

总平面图

实例5　深圳中海半山溪谷

实例5

档　案

建筑设计：深圳大学建筑设计研究院 QL 工作室

占地面积：84 102.4 m^2

建筑面积：93 868 m^2

绿化率：64%

基本情况

中海半山溪谷位于深圳盐田区梧桐山东南山麓，南邻深圳外国语学校高中部。该项目三面环山，一面看海，环境静谧，鸟语花香，是盐田不可多得的高品质居住区。地块自然资源丰富，规

划中尽可能地保留山野原貌，巧妙地将天然冲沟溪流、天然湖泊、山体与住宅有机结合，整体地势跌宕起伏，水景错落有致，山野情趣盎然。尤其是地块北侧自西向东有一条天然冲沟溪流，溪水顺谷而下，雨季时一泻百米，激起千层浪，散出万束雾华，异常美丽。中海半山溪谷是集居家、休闲、度假、运动为一体的高品质生态社区，全力营造健康、休闲、野趣、与自然共生的全新山居文化生活体验。

基地位于深圳市盐田港西南片区，背靠梧桐山，面向盐田港，呈西北高东南低的走势。地块为山地，地质情况复杂，地块内植物生长繁盛，有山泉和小鱼塘。住宅建筑层数为 5 ~8 层，公建层数为 1 ~3 层，总体建筑高度不超过 24 m。

构思来源

项目定位为“体现高品位、典雅的居家方式”设计，力图以新时代的规划理念和人性化的设计，注重提供不同标高、不同层次的组团空间，创造具有一流水准与良好生态环境的居住空间，并始终以创造现代化、生态化和园林化的可持续发展的居住整体环境为目标，从长远利益出发，为将来留有发展余地。

功能空间

本案地形西高东低、高低错落，每个建筑组团均根据周边环境的地形、地势、朝向和交通需要，来确定其存在的形态。社区中心以叠落的水面为中心，至主入口形成一个主空间序列，高低变幻的自由局部组成一个个有机的、活跃的居住组团空间，穿插于主空间序列之中，形成一系列变化丰富的空间景象。

四房和大三房区布置在基地中心临水塘的位置，景观和周围环境都是基地中最好的。小三房则沿山势布置在大三房和四房的周围，两房区布置在基地的西南角，一房区布置在基地的东侧靠近入口位置。幼儿园布置在基地的东南角，位于通向基地的两条道路的交叉口。这个位置受道路影响较大，但又是小区面向道路的重要景观，所以在这个位置布置幼儿园是最好的选择。会所和商场布置在小区东侧的主入口处，商场在前期作为休闲场所，后期作为小区超市，方便居民生活。

设计重点

建筑造型

注重建筑与自然景观的融合,突出山地环境特点,体现山野情趣;重视外部开放空间和中介空间的经营,重视建筑的节能及可持续发展。

充分利用基地状况,依山就势,建筑结合地形做部分架空层,组团沿山地呈线形布置,部分组团内部还围合出一系列院落空间。围与透、规则与不规则、动与静,各种各样的空间互相交织,穿插在山地高低起伏的地形中间,产生空间上的渗透和层次上的变化;收放有致的尺度,创造出一种极为活跃而富有生气的空间形态。建筑单体造型致力于现代建筑和新技术的应用。建筑单体与山体紧密结合,某些单体更是依据地形的特点灵活设计,使住户可以从几个不同标高层次上进入建筑。建筑材料采用了木材、毛石、钢、涂料等,以求在立面效果上尽量与自然环境相融合,体现山野情趣。

交通组织

依地势设计了一条位于不同标高的贯穿各个组团的车行交通环路。步行系统则沿基地的中间向四周放射,减少了人与机动车辆的交叉。各个组团的停车库利用山形地势的高差巧妙设计,停车库借山势自然形成地下层,上部种植植物,达到对自然景观的最大保护。

景观处理

本案注重建筑与周围环境的联系,强调建筑与山水的结合,建筑与建筑之间互为景观,彼此形成“看与被看”的关系,使自然山水与人工景观得以相互渗透,形成丰富的景观视线和连续的景观感受。

总体建筑布局依山就势,充分利用地形高差,使建筑群最大限度地向景观面展开。在主入口和展示区的设计上,利用叠落的水系组织了两条登山道。一条由会所(可作售楼处)乘电梯直达半山处,参观完样板房后,可由另一条沿水系而下的山路拾级而下,在体验身边的山水景观的同时面向大海。这种灵活布局不仅形成了一系列十分丰富的院落空间和多界面、多层次的复合空间效果,而且还使空间环境质量得到大幅度的提升。

设计最大限度地保留和利用了原有景观,基地北侧保留了一条山溪。建筑沿山溪布置,景观视野良好。另外还保留了基地中间的一座小山和两个水塘,并对其进行了改造利用,使之形成整个社区的景观中心。主要建筑均围绕这个山水中心布置,水系也顺着山势层层叠落,最后延伸到会所前主入口处,从而使建筑和自然环境景观达到完美融合。

局部景观详图

设计评析

半山溪谷三面环山,一面看海,是难得的高品质住区。景观设计尽量保留了原有的山野原貌,取景于自然,依山就势的建筑布局,收放自如的系列院落,装点其中自然有致的景观绿化,无不体现了“高品质住区”的内涵与气质。

在交通组织方面设计了一条跨越不同标高的主环形路，将各个住宅组团便捷地连接起来，并自然形成地下车库，不仅保护了原生态自然景观，又充分体现了山地特色。

实例6 东莞中惠·金士柏山

实例6

档 案

景观设计：加拿大奥雅园境师事务所

占地面积：250 000 m²

建筑面积：500 000 m²

绿化率：40%

基本情况

项目位于东莞市黄江镇中心城区北部板湖村环城路与北环路交界处，与常平镇区接壤，距黄江城区中心商务圈及镇政府所在地均在2 km以内。地块东面为环城路市政干道，且有一条南北向的规划城市道路贯穿用地，南面为江北路，隔江北路为五星级酒店和高尔夫练习场。项目力求打造该区域的高品质住宅。

构思来源

充分利用现有环境资源，合理规划、挖掘当地材料，使用乡土树种，创造有特色的住宅小区。

坚持“以人为本”的设计原则。本小区应提供给居民舒适的生活环境、方便的生活设施和便捷的交通系统，尽量做到人车分流。

注重生态观。在小区景观整体规划设计中，对原有树木、原有地形等自然元素加以保护的同时，创造适合人居的生态环境。

创造优美的城市空间环境，使小区成为城市的景观，为城市的活力注入新的元素。

主题确定

以“休闲、阳光、自然”为设计理念，营造质朴而浪漫、优雅而亲切的景观氛围，享受景观生活。

设计重点

景观处理

中心轴线景观。此区域以大面积的湖体为主形成整个小区的核心区域。中国自古就有仁者乐山、智者乐水，水在这里成为智慧的象征，成为业主亲近自然的元素。泳池在概念上设计成湖体的一部分，使湖体、泳池与沿会所一侧的溪流连成一体，成为张弛有度而又怡人的社区水公园。

多层花庭美墅景观。此景观多以小院围合景观为主，注重植物设计，尤其色彩的搭配及开

总平面图

花植物的配植，通过植物塑造温馨而舒适的效果。材料上更加注重乡土材料的运用，使其尊重地域情感并具有家的感觉。

高层景观通过高大乔木减少高层建筑对人的压迫感，尤其近人尺度的中层植物拉近了人与自然的距离。此区域景观充分考虑到高层住户向下俯瞰时的景观效果，体现人性关怀。此区域的构图形式相对简洁大方，注重整体效果。总之整体景观设计风格崇尚自然，力求创造充满人文关怀的新式住宅社区景观。

设计评析

小区中心有大面积的主湖，景观规划设计也充分利用了这个主湖做文章，将水元素发挥得淋漓尽致，且将欣赏水景与享受水趣结合为一体。

设计师坚持“以人为本”的设计理念，从各个景观细部体现着“亲人”的尺度，进行视线控制，缩小建筑与人之间的尺度感。整体风格因地制宜，清新自然。

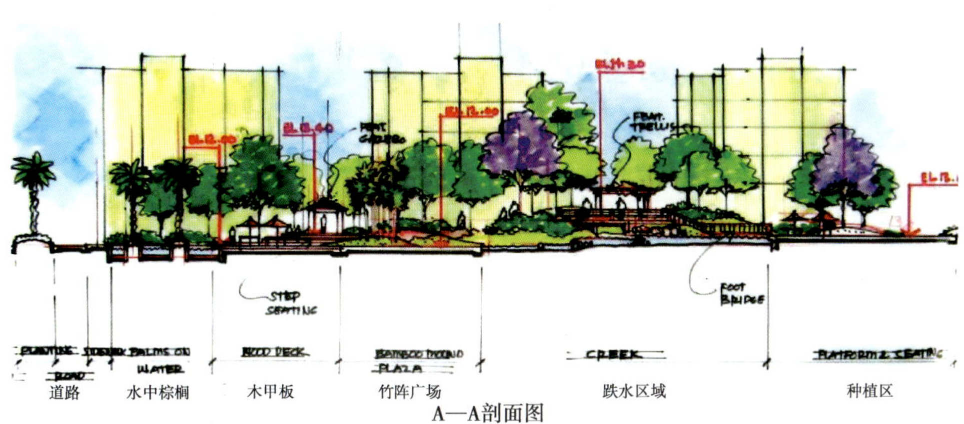

A—A剖面图

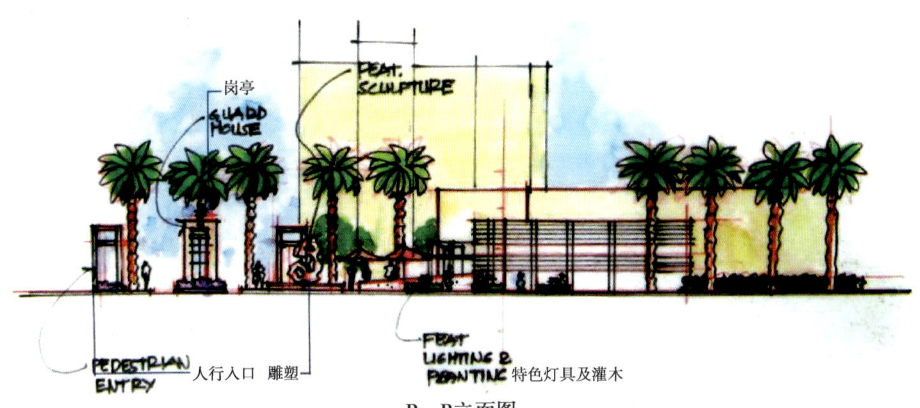

B—B立面图

景观剖面设计

实景照片

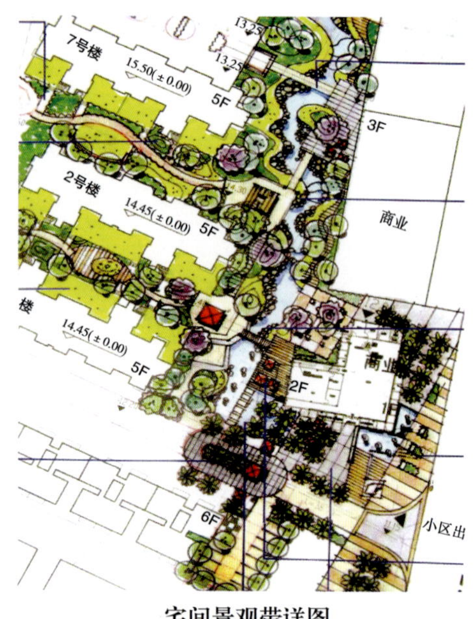

宅间景观带详图

任务3　高层住宅的小区环境景观设计

实例1　台州金龙温岭开元山庄·紫庭苑

实例1

档　案

建设地点：温岭市

设计：上海唯美景观设计工程有限公司

基本情况

开元小区一期位于温岭市中华北路东侧、横湖路西侧，东西两侧为塔山公园、北山公园，南临景观河道，周边公共设施齐全，地理位置优越。设计标准定位在温岭市高档住宅区、高尚人文社区，整个社区内部环境展现现代阳光园林住宅的整体形象，利用底层架空层使园林绿化融入建筑中，风格上以传统造园思想与现代手法和材料有机结合，创造一个自然、清新、简约、休闲的现代生活空间。

构思来源

着力体现“中西合璧”的设计思想，将传统的设计手法，比如中国的园林讲究“天人合一”“虽由人做，宛自天开”以及“曲径通幽”的设计理论，通过现代造园技术以及材料相互融合，达到一种结合。西方设计中体现的轴线感，主要景观集中在轴线上，规则对称的景观布局，在方案中将西方园林的大块面的规整布局同中国园林的小空间的处理相融合，从而体现“中西合璧”的景观设计理念。

主题确定

开元山庄·紫庭苑在总体规划上以“中西合璧”的思想为指导进行布局，景观区域下部为地下人防和停车场地，建筑左右对称且为高层，中心建筑为会所。整体建筑风格为现代风格造型，在布局上以现代的布局手法诠释传统造园思想，以便捷的景观走廊遍布全社区；在构图上结合西方现代构图风格，以配合现代感很强的高层建筑。

设计重点

小区入口

由主入口景观、中央环岛花坛、入口景观跌水组成中心景区，在主入口设计花坛，并以色叶树为背景的半圆形铺装广场作为入口的前广场区。地下停车从警亭两侧进入，并以阶梯花坛加以衬托，中央环岛作为进入小区内的第一景点，在其中种植景观大树，以体现小区的历史感，从功能上满足交通分流。入口水景以景墙、跌水、低矮的喷泉为主，形成迎宾景观效果，两侧布置对称的绿篱景观。

总平面图

景观处理及植物配置

红线内的公共空间在景观格局上，可分主入口景区、中心景区、后庭景区3部分。入口景区由主入口景观、中央环岛花坛、入口景观跌水组成，形成入口区的景观轴线；中心景区则围绕会所周围的环境，由可进入式阳光草坪、中央庭院、网球场组成，形成全区域的中心景观；后庭景区位于次要入口区域，由空中花园景观、次要入口景观组成。

• 中心景区

作为社区的中心会所，也是人流集中的场地，在设计上以细致的道路、廊架、艺术品、规整的植栽加以布置，以可进入式的草坪上点缀植物形成敞开区域，考虑到敞开区的特殊性，设计立体景观即上下两层，并以景观楼梯进入下沉庭院，在敞开区上部布置景观天桥，可以满足交通需求和景观需要。在会所后侧设计网球场地，满足社区内体育设施需求。

• 后庭景区

以精美的绿篱图案进行装饰，以“空中花园”为设计模板，中央刺绣花坛，两侧布局水景，中央设计方形景庭，以灯饰组合沿道路两侧队列布局，形成景观大道的设计效果。为形成地上的完美景观，次要入口以色彩艳丽的景观树加以布局，以体现景观的识别性。

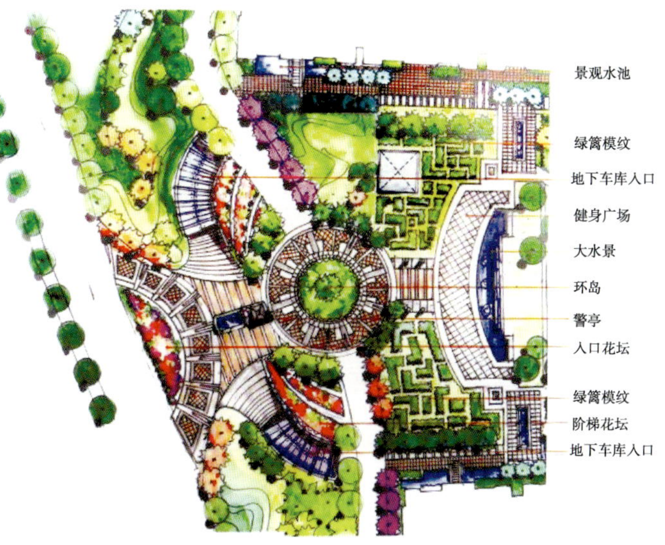

入口景观区

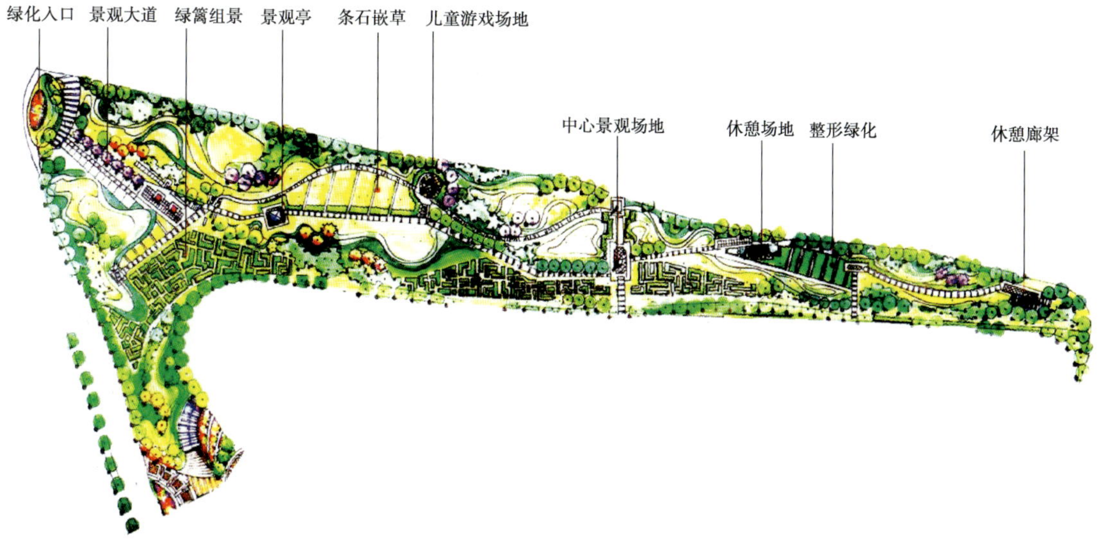

设计评析

紫庭苑是一个区位条件极好的小区。南面临滨河，东面临公园。整个景观规划结合西方园林设计特点，形成三条主要轴线：中间轴线两侧布置板式高层建筑；滨河轴线设计了相应的亲水环境，柔化了边界；北边的游园轴线则运用曲线构图，灵活丰富。景观片区中的节点又采取了东方的园林处理方法，中西合璧，使得整个景观构图清晰明确，富含细节与变化，能带给住户多样的景观感受与休憩氛围。

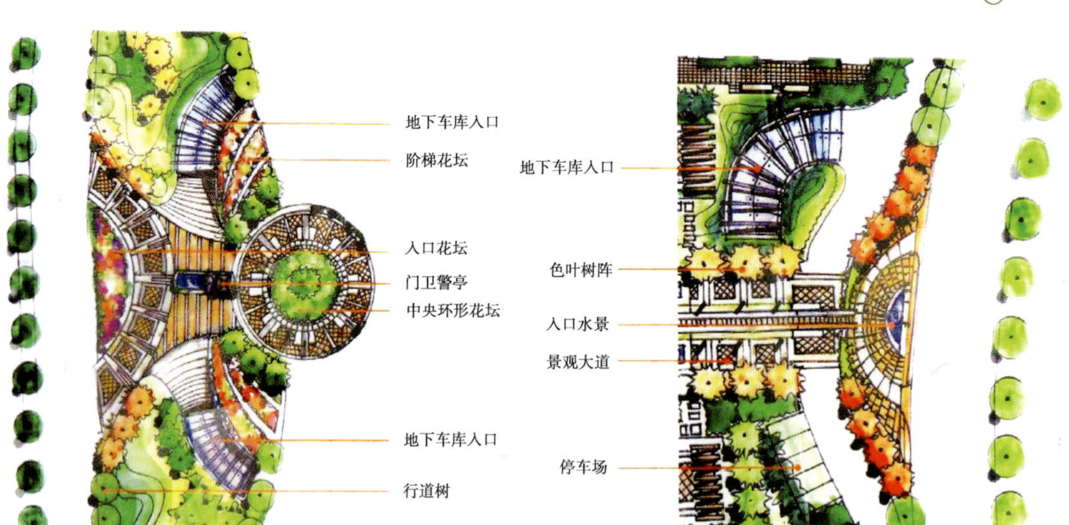

主入口大门设计　　次入口大门设计

入口节点

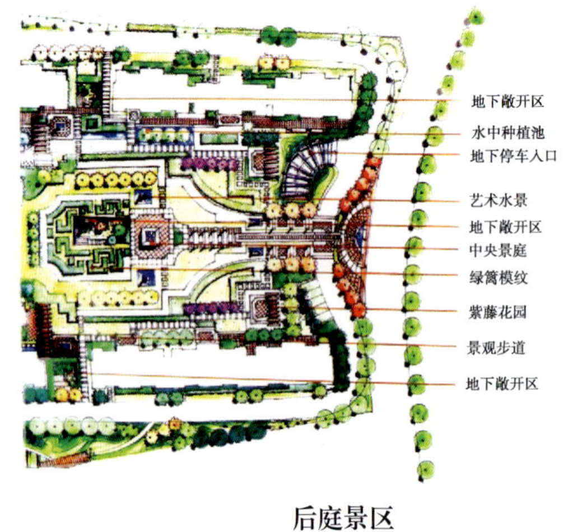

后庭景区

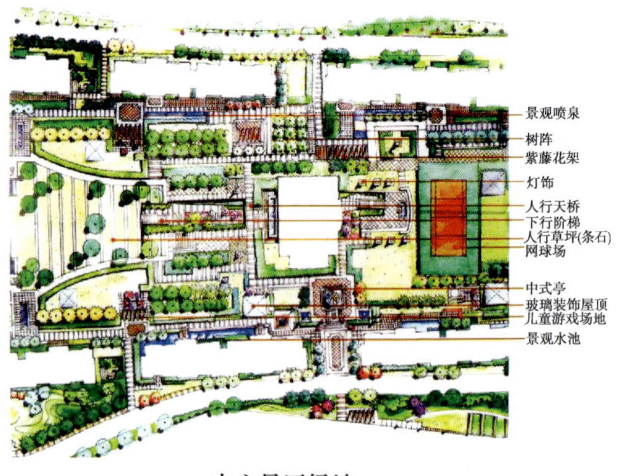

中心景区绿地

实例2　东莞·丰盛名苑

实例2

档　案

建设地点：东莞市

设计：美国 AAM 集团公司

基本情况

基地位于东莞南城科技大道，东北面为厂房、工人宿舍区及较低矮的4~5层的农民出租屋，东面为精英名都，西面为袁屋边农民公寓，西南面是南城汽车站。景观以现代主义风格为主线，结合考虑建筑本身的轴线关系及组团景观的重要性确定景观的分区；在风格上与小区现代、简洁和动感的建筑风格保持一致。

主题确定

丰盛名苑的景观设计以中国传统文化为肌理，将中国人喜闻乐见的“如意”融入到整体景观设计中，同时又注重自然与人工相辅相成，完美地体现了现代主义的精神。设计以高天流云为主题概念，构图中以简洁的几何线条和如意祥云的优美流线将整个小区的景观自由地贯穿在一起——形似如意，意如流云，空间变化丰富，功能布局合理，同时兼顾经济性、可行性与空间的多种用途性。中心广场和其他各区的设计追求非对称的均衡构图和动态平衡；注重具有亲切感和适用的室外空间创造；组团空间中铺装和植物的运用使室内外空间有所渗透，几条铺装材料颜色等变化的轴线的应用更使组团空间有无限的延伸感，用于构图的曲线形成“高天流云”之意，烘托“如意”之形，象征着吉祥、圆满、长久……在视觉上形成流畅、现代、优美的构图，在心理上达到自然、和谐、舒适的感觉。同时在这条曲线的另一端将外面的人流气氛引导到小区的组团当中，进一步突出了设计的主题——高天流云。

设计重点

设计追求合理的使用功能，例如为人们散步、休憩、游戏、聊天、运动等户外活动提供充足的场地和场所，解决好流线与交通的关系，同时考虑到人们交往与使用中的心理与行为要求，让人们在使用过程中，享受这美好生活的优质环境。另一方面，设计不拘泥于传统园林的形式与风格，不刻意追求烦琐的装饰，而更提倡设计景点布置与空间组织的自由、形式的简洁、线条的明快和流畅，以及设计手法的丰富性。

景观处理

节点三景观设计

根据项目特点和立地条件，将小区环境分为 4 个主要功能区，即主入口、露天广场、中心广场、泳池区和雕塑广场。各区域采用流畅、优美的曲线与理性、科学的直线，将各个景点与主要区域之间更好地串联在一起，设计构图当中具有形成小区的主要视线轴，使得整个小区具有一气呵成的效果。

设计评析

项目以“高天流云”般的曲线景观构图为主题，景观分区明晰，利用小广场、宅间绿地、水景、景观小品等形成多处观赏性及参与性都颇高的景观节点，为住户创造了一个十分和谐的居住环境。

住宅院落围合出丰富的景观空间，利用铺地变化、曲线造型，形成共享空间，统一中寻求变化，是曲线景观设计手法中的一个较值得借鉴的例子。

总平面

1. 入口水景
2. 入口景石
3. 特色廊架
4. 艺术石柱
5. 微草萝径
6. 阳光草坪
7. 木平台
8. 地下车库入口
9. 组合景墙
10. 情景雕塑
11. 特色跌水景观
12. 园顶水幕
13. 听风亭
14. 木栈道
15. 艺术组合景墙
16. 单挑花架
17. 四季花池
18. 游泳池
19. 四季花池广场
20. 次入口铺装广场
21. 儿童游乐空间

总平面图

1.入口景石
2.特色廊架
3.入口特色水景
4.椰岛绿影
5.入口特色铺装
6.保安亭

节点一景观及手绘效果图

1.特色水景
2.单挑花架
3.休憩座位
4.儿童乐园
5.特色跌水景观
6.木平台
7.艺术组合景墙
8.听风亭
9.次入口

节点二景观设计景观节点详图

景观节点剖面设计

实例3　皇冠花园

实例 3

档　案

设计单位:新加坡雅克景设计有限公司

用地面积:5.514 hm^2

基本情况

项目位于宁波市江南路以南,院士路以东,置身于东部新城和花园式科技园交接处,紧邻一河之隔的科技园区行政中心,占地 300 余亩(1 亩 = 666.67 m^2),总建筑面积 70 万 m^2。项目由一家白金五星级酒店、高档住宅群和 CBD 中心三部分组成,总投资 20 亿元。

主题确定

城邦式大型复合社区,白金五星品质,生态人居天堂。

设计重点

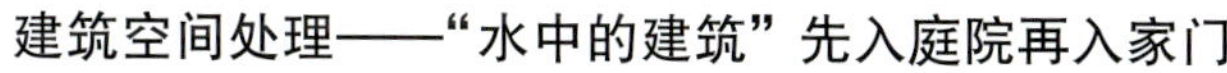

建筑空间处理——“水中的建筑”先入庭院再入家门

在酒店区中轴线上,充分利用建筑规划特点,设计一组皇家式主题公园,并提供了完善的运动设施;在每个高层单元入口处均设置了组团庭院,每个庭院相对独立又高度统一;在优化重组的基础上在甬新河的西北岸和区内的滨水公共场所布置了多种景点,既独立成势,又和谐统一;此外,还营造了一条既满足通行又体现品格的步行商业街。

交通组织——营造完整步行环境、道路水景交织

本案最大限度地组织人车分流的交通体系,以内部围绕中心绿地的环形主干道为基本骨架,机动车库均与主要道路有通畅的关系,并提供足够数量使用的停车场地,一次营造连续完整的社区步行环境。

景观处理——贯穿基地的河景、优美的沿河轮廓线

地块南侧为 60 m 宽的排水干河,多幢点式高层与河边的沿河绿化带相连接,力求景观上与水景汇为一体,使小区有更好的亲水性。小区中心绿地通过住宅建条形绿化呈指状伸向南面河景,使内部住宅能充分欣赏河道两岸的美景。沿河住宅采用大型玻璃落地窗结合超大阳台,视野良好,可俯瞰辽阔、壮美的自然空间。

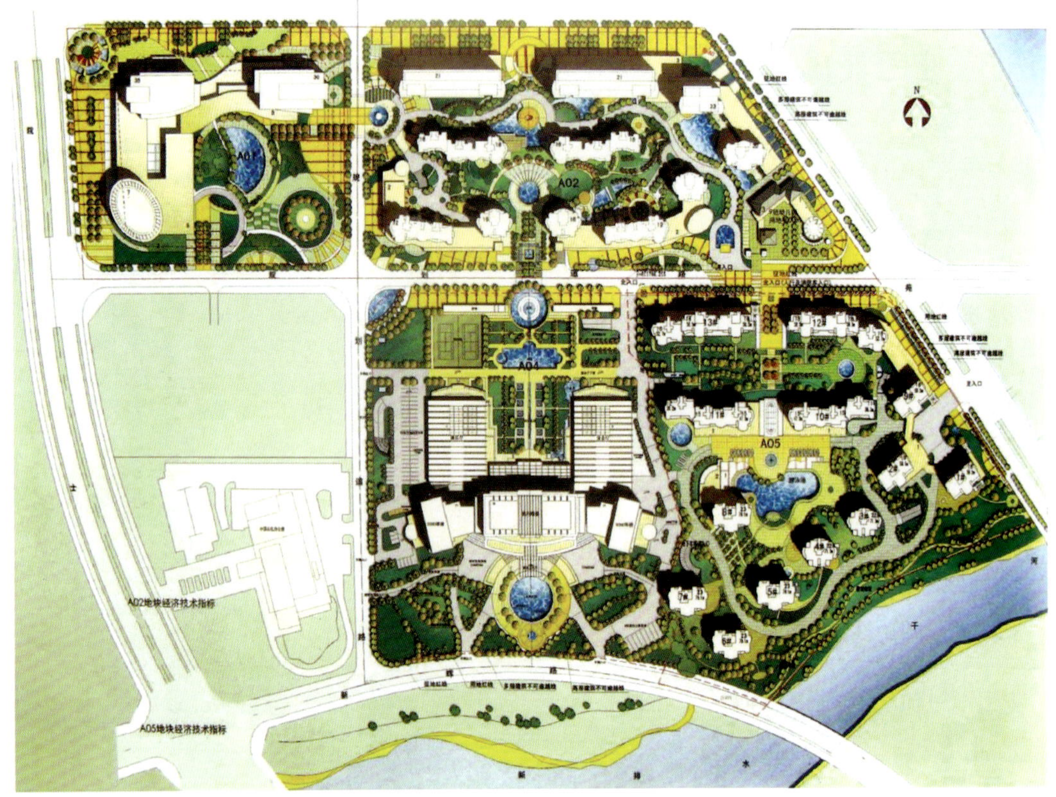

总平面图

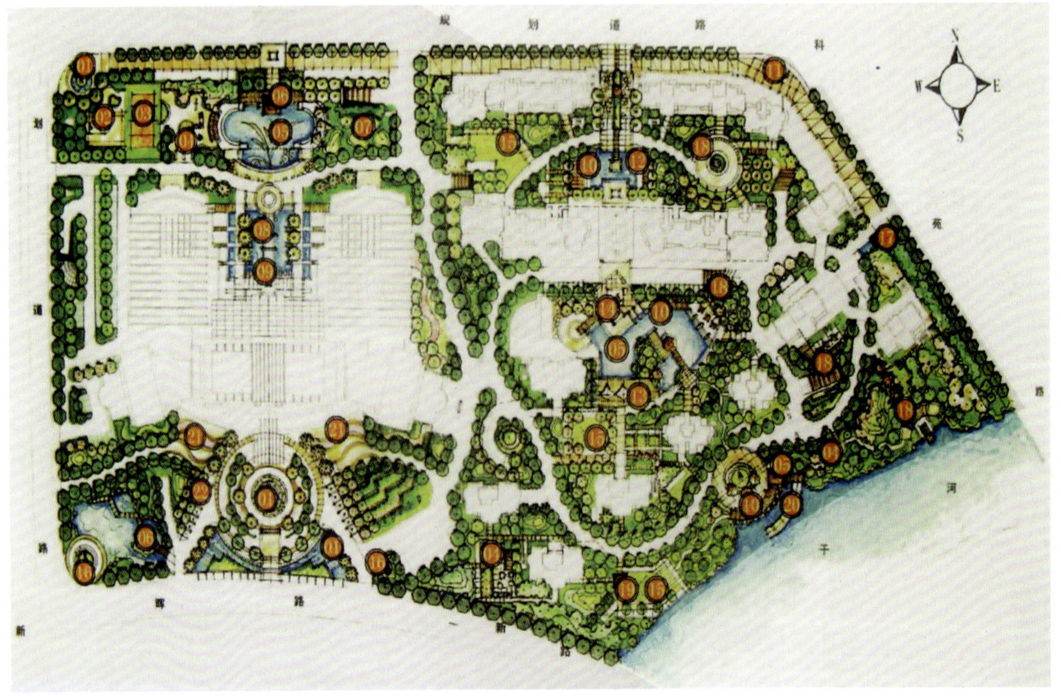

景观规划详图

节点透视效果图 1

节点透视效果图 2

设计评析

小区位于滨河地段，紧邻城市新区和科技园区行政中心。小区定位为“城邦式大型复合社区”，旨在营造一个高环境质量、高居住品质的高尚高层住区。小区的景观设计紧紧围绕着这个主题，在轴线景观、组团庭院、景观节点的开放性和渗透性等方面均做出了创新与尝试。凭借着滨河景观资源，在各个组团内部也进行了丰富多样的景观设计，为居民创造出辽阔的景观视野，处处体现了“生态、和谐”的景观氛围。

实例4　君悦花园

实例4

档　案

建筑设计：浙江绿城设计研究院
宁波市城建设计研究院

景观设计：澳大利亚普利斯设计集团股份有限公司（PLACE DESIGN GROUP）

用地面积：3.69 hm^2

基本情况

君悦花园位于宁波新老市中心腹地，城市中轴线百丈东路以北，西侧紧邻天然洞桥河，东、北分别至规划道路，北侧为中高层住宅区。

设计重点

建筑空间处理

- 建筑造型——沿街底商住宅底层架空

沿街住宅底层布置商业设施，其余住宅底层均采用架空层布置，使小区整体景观连贯，视觉通透，减弱了高层建筑给人带来的心理压抑感，为小区提供更多的绿化用地及健身活动场地。

- 高效节能建筑

建筑造型简洁明快，外墙节能，立面采用干挂法技术，使饰面板与结构墙面之间留有空隙，保温隔热、坚固耐用。双层中空玻璃隔热保温性能强，节能降耗，冬暖夏凉。

- 交通组织——道路分级环形消防车道

小区内道路分为主次两级，为减少对住户干扰，采用环形消防车道，将住户的机动车坡道口设在东、北两侧主入口附近，机动车不进入小区中心花园。

- 景观处理——带型景观步道、中心水景

社区景观由带型景观步道与中心水景构成。

带型景观步道可以拉长景观效果，使得多样的建筑和外部空间都能使用到，是近年来居住区景观的趋势。庭院空间及休闲静思空间结合特色铺装，创造出不同的意境。

中心水景中无边泳池与君悦湖用木质平台作为交界处的转换过渡，自然和谐。

设计评析

底层架空是当今居住小区设计中一大流行趋势，使得小区内部景观可以互相渗透，打破高层住宅巨大尺度给景观带来的压力与沉闷感。君悦花园就采取了这个方法。小区中心景观由大面积中央水景区结合岸线草坪植物为核心，

中央水景区景观详图

布局有带型景观步道和景观平台穿插其中。建筑入口处也有特别的入口庭院景观处理。由于架空处理，整个小区的景观融为一个整体，使居民能温暖地融于景中。

总平面图

步行道景观带详图

实例5 昆山TOP凯迪城

实例5

档　案

景观设计：苏州金螳螂建筑装饰股份有限公司景观分公司

项目地址：江苏昆山

占地面积：109 089 m^2

绿化率：55.74%

基本情况

TOP凯迪城位于昆山市前进路与虹桥路的交汇处，既接壤市中心又坐拥西部生态环境。项目囊括商业、小高层、高层、小户型青年公寓等多种建筑形态，满足各个年龄阶层精英、各种家庭的结构需求。

构思来源

不出城廓而有山水之情趣，身居闹市而有林泉之雅致；营造生态、自然、和谐的高品质城市TOP山水城：建立以人为本，以自然为源，具有后现代主义情感体验的景观空间。

设计特点：独一性、特定性、特征性。

设计重点

景观处理及植物配置

梧竹幽居

魏书云："凤凰非梧桐不栖，非竹实不食。"作为小区入口及会所周边景观，选择以梧桐、刚竹为基调品种，植梧竹以待凤凰之至，体现了传统的文化内涵，更体现出对贵客的盛情欢迎。

从生态习性的角度来说，广场上种植落叶乔木梧桐，既满足了人们对林荫的需要，又避免了常绿树种所造成的冬季的阴冷感；既具有观花效果，又富于季相性的变化。竹类的种植，产生一种围合的效果，丰富了立面的植物景观，其常绿的特性与主景树相辅相成。同时，竹类作为深具传统人文内涵的植物，可提高会所的文化氛围，谓之"不可居无竹"。梧桐遮阴，翠竹生情，营造雅致的入口景观。此外，采用玉兰、琼花、红枫、杜鹃、红花继木、金叶女真、细叶麦冬、葱兰等观花、色叶品种与之相配合，营造丰富的植物景观。

桂雨漱玉

作为屋顶花园处的植物景观，其区位特点直接影响到植物的选择。此处选择桂花为基调树种，营造秋季丹桂飘香的胜景。灌木采用同为芳香植物的栀子花篱，在叶色、花期、花色上与主景树桂花相区别，使植物景观更加丰富。此外，在周边区域，采用三角枫、鸡爪械、舞扇槭、羽毛枫等色叶树种，营造出绚烂的秋季景观。

漱玉，演化自漱石枕流，为之秋雨黄花瘦，春流漱玉声。更暗合附近另一景点龙庭瀑布之水石相激、淙淙有声。与桂雨相合，声色形香兼具，体现出设计师在景观营造时全方位的考量与专业的设计手法。

龙庭瀑布——主入口瀑布水景

TOP 凯迪城水系蜿蜒如龙，此处瀑布水景更为首脑之处，天子之居所谓之龙庭，更体现出小区业主之尊贵。

瀑布为错层叠石，其间隙种植黄馨等植物，更大程度上丰富了立面景观。前景曲桥，配植鸢尾、再力花、睡莲等水生植物，结合瀑布的水花，营造出精致且具有趣味性的景观小品，引得住户流连玩赏。背景为香樟林，点缀无患子等高大色叶乔木，增强瀑布如飞龙在天的气势。

总平面图

芦笛映月

水岸边的休息区，以自然的手法种植芦苇、芒草、千屈菜、鸢尾、香蒲等水生植物，配以乌桕、池杉等乔木，产生立体的效果，甚至水中倒影亦是丰富的景观层次不可或缺的组成部分。傍晚时分，明月初上，芦苇摇曳中月影婆娑，习习微风中隐隐乐声绕梁，便是对岸曲苑书香的韵味了，与周边环境相结合，营造出惬意的休闲氛围。

曲苑书香

作为小区中必不可少的文体活动中心，曲苑书香体现出 TOP 凯迪城的文化氛围。广场种植榉树，自古榉举谐音，表达美好的祝愿。配以碧桃、紫叶李使得文化的寓意更加深刻。结合剧场地形，种植含笑、桂花等芳香植物，使得香气更加浓郁，经久不散。

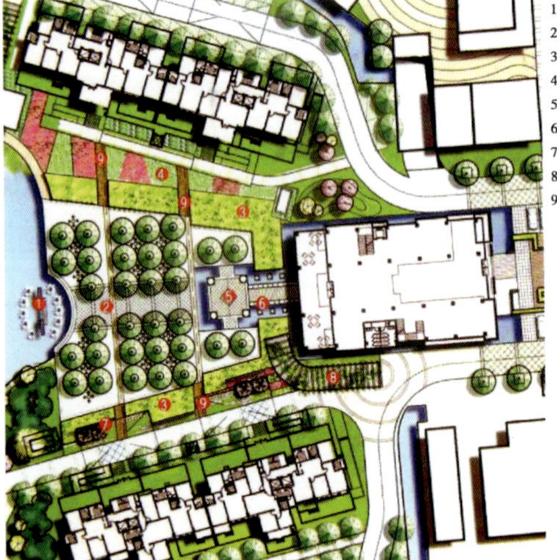

景观详图 1

热带风情

在游泳池及其周边区域，设计者试图营造一种轻松的夏季景观。在植栽品种的选择上，以其生态习性为基础，使用棕榈、银海枣、加拿利海枣等较为耐寒的热带植物，配以玉簪属、鸢尾科植物为主加之草本花卉的丰富地被，将呈现出不同他处的热带风情。

亲子乐园

针对儿童的特点，亲子乐园区在植物配置上，主要考虑充分的安全性并引起孩子的好奇心。使用叶形、叶色具有特色，并有部分的香花、观果树种。选择鹅掌楸为主景树，其独特的叶形可引起孩子的兴趣，同时种植含笑、南天竹、红枫等植物，加以各种草本花卉，使得玩耍的孩子与在旁照顾的家长都能舒心悦目。

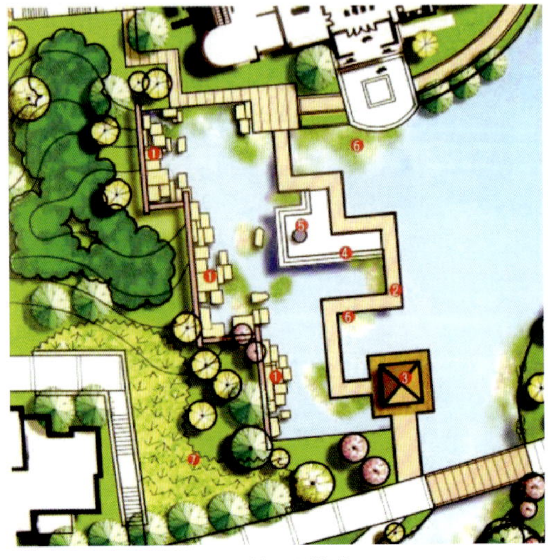

景观详图 2

雪香云蔚

“遥知不是雪，为有暗香来。”同样是屋顶花园景观，此处选择腊梅为主景树，营造冬日胜景。片植腊梅体现如流云般飘忽却绵绵不绝

景观详图3

的香气。以枯山水反映雪景，结合似云般流畅之构图造型，令业主在冬日里即便无雪，也能欣赏到幽深恬静的雅致景观。枯山水中，种植造型树以常绿的习性与腊梅相配，使冬季景观更增生机与活力。造型树的运用，使得整个环境愈发富有文化气息。

暗香疏影

暗香疏影，取意“疏影横斜水清浅，暗香浮动月黄昏”，是一处赏水闻香的屋顶花园景观。同样是体现冬季景观，此处选择梅花为主景树，梅花香味别具神韵、清逸幽雅，“着意寻香不见香，香在无寻处”让人难以捕捉，身在其中却又时时沁人肺腑、催人欲醉。一侧由珊瑚树构成迷宫状高篱，令景观具有趣味性，同时较大的绿量避免了由梅花落叶时产生的较为萧瑟的景观。

柳岸晓风

作为水岸风情，柳岸晓风试图营造柳绿桃红，暖风拂面闻莺啼的闲适景象。水岸边种植金丝垂柳、碧桃，柳树摇曳、桃花繁盛。人漫步水岸，除了欣赏水体之美外，更能体会春季中特有的万物复苏时的生机与活力。

海棠春坞

作为小区中最大的开敞空间，设计师将其营造为体现春季景观的场所。除选择深山含笑作为背景树之外，在小乔木的选择上，使用白玉兰、垂丝海棠、西府海棠、日本樱花、紫荆等春花植物，以及春鹃、绣线菊等小灌木，营造出花团锦簇的春季景象。结合大草坪的运用，为社区提供充分的休闲活动场所。

荷风四面

在较大水面处种植荷花构成夏景荷风四面，并配以荷花、玉兰、紫薇、夏鹃、石榴、天目琼花等夏季观花植物。炎炎夏日中，欣赏水景，品味荷花，环顾周围各色花卉植被。若是傍晚时分，配以徐徐晚风，更成为小区中消暑纳凉的好去处。

设计评析

设计师旨在为住户设计出“后现代主义情感体验的景观空间”，因此在基地内划分出不同的景观组团，并围绕着不同的景观主题进行设计。“芦笛映月”“柳岸晓风”等主要景观节点的设计都围绕着带状的曲折中央水景展开，并配置以不同的植物体现出不同景观节点的空间氛围与功能形态，景观结构疏密有致，通而不透，体现了丰富的文化内涵与宜居休闲氛围。

休憩型景观节点效果图

实例 6　深圳水榭花都三期

实例 6

档　案

建筑设计：深圳市维度艺术设计有限公司
香港华艺设计顾问（深圳）有限公司

景观设计：易道 EDAW（香港）

占地面积：54 000 m^2

建筑面积：100 000 m^2

基本情况

水榭花都位于深圳市福田区香蜜湖旅游区的核心地段，北依安托山，西有香蜜湖，紧邻深圳中心区，拥有完善的城市生活配套设施，地理位置优越。项目置身于 80 万 m^2 永久性的香蜜湖绿肺，近距离抱拥 20 万 m^2 的香蜜湖天然水面，是成规模开发建设、智能化程度高、天然条件优越的大型高尚生态社区。小区楼宇形式多样，由临湖 TOWNHOUSE、小高层、中高层组成，共分三期开发建设，配套齐全。一期总体空间布局以香蜜湖为中心，自然环抱香蜜湖，围合出多尺度的组团绿化空间。区内设置的人工湖自然延伸香蜜湖湖景，将小区空间结构与周边自然环境有机结合，营造出现代都市人理想的生态家园。

水榭花都项目共分三期开发，本方案为三期的立面设计，包括 3 种不同类型的 6 栋住宅塔楼，以及与之相结合的“公共”商业中心。

设计重点

建筑空间处理

住宅塔楼

住宅充分考虑了原有平面的设计思路，以清晰表达原设计为目标。在南立面上，将每栋塔楼中央部分的阳台处理为层层凸出的前景阳台，而将塔楼两侧的阳台处理为背景阳台。为了强调这个体系，设计了 3 种阳台：背景阳台，采用横向的金属栏杆；次凸出阳台，采用玻璃栏板；凸出阳台，由正前方翻起的半高混凝土挡板与两侧的玻璃护栏组成，在混凝土栏板的顶端加以金属栏杆。同时，为了使双层高阳台带来的大尺度感与茂密的树林相呼应，并强调塔楼门后上方的中心部分，设计了几何上与阳台系统连接的巨大矩形框架。

总平面图

北立面设计了一系列大型金属格栅，以形成封闭空间，同时表示出该侧立面如生活阳台等的不同功能。此外，不同尺度格栅的运用创造出独特的立面肌理，并很好地弱化了建筑的立面尺度，从而更好地与城市界面相融合。

净菜市场

净菜市场主立面与人行主入口相结合，将其处理成十分开敞而富有节奏的柱廊形式，背立面则处理得相对封闭，与主立面形成强烈对比。此外，在市场顶部设计了轻盈的木质顶篷，覆盖整个净菜市场和景观长廊。

立面材料

立面材料与颜色的选择从细节上完善设计，强调设计理念，并与前两期工程相呼应。墙面采用两类材料：一是面砖与涂料，巨型框架及其构件使用白色，尽显尊贵；背景立面使用灰色，与其后的山体相呼应，交通核心采用香槟色，以与二期立面相呼应；二是仿石砖，香槟色运用于门厅，底层石柱采用灰色，端庄厚重。

景观处理及植物配置

该项目一、二期以香蜜湖这一景观资源为核心，而三期的景观设计主题则为起伏的山丘、果岭及茂密的树林。采用了一系列木质材料构件，如净菜市场的木质屋顶构架、住宅塔楼主入口的木质雨篷和屋顶构架等来突出这一主题，以达到与环境的呼应和协调。

设计评析

水榭花都拥有非常优越的地理位置及景观资源，位于香蜜湖旅游区，紧邻城市中心区，坐拥 80 万 m^2 绿心及广阔湖面。其景观设计也丝毫不浪费这得天独厚的因素，以对自然原始山丘林地的尊重与融合为景观主题，从建筑的景观朝向到立面材料及景观小品的样式，都做到了与原有生态融合呼应。在建筑细节方面也时时不忘与“原生态环境”切题。好的景观设计，就是应该大到景观结构布局，小到细部处理都处处体现出与良好出发点及优秀设计理念的契合。

水景照片

景观凉亭

实例 1

任务4　混合式住宅的小区环境景观设计

实例1　南京高成·世纪东山花苑住宅小区一期景观设计

效果一

效果二

档　案

建设地点：南京市

设计：上海唯美景观设计工程有限公司

基本情况

本项目位于南京江宁区，占地面积154 774 m^2，南靠上元大街，东临城东城干道，西临中心河，北靠规划道路文靖路。项目规划为集多层、小高层、高层及配套商业的综合性住宅小区。一期面积约46 667 m^2，二期约66 667 m^2，三期约40 000 m^2。

构思来源

均好性：建筑与景观互为背景，互相交融，打造"步移景易"的情景空间。

新自然主义：人与自然的亲密接触，通过人的参与，达到与自然的完美和谐。

空间层次与序列：通过公共空间（商业街）、半公共空间（入口广场）、半私密空间（组团绿地）到私密至间（各家各户）的过渡，体现外环境的序列性。

步行系统的重构：设计规则直线形的游步道将各组团连接，满足业主的可达性、方便性，达到人性化要求。

主题确定

以"立足环境，组织空间"为原则，本着"以人为本"的指导思想，充分融合到每一个细部、每一个节点及每一处人所触及的地方，继而营造一个和谐健康、充满诗意的人居环境。注重小区入口的商业气氛，商业与主入口有机地结合，使小区内住户生活娱乐与相应配套设施有一个很好的连接，能够体现小区生活、休闲、娱乐的优越性，体现组团绿地的独立性，着重刻画组团绿地。

设计定位是打造集新城市主义、新人文主义、新生活主义、新时空主义、新服务主义于一体的都市生活社区。

环境设计定位是营造具有新自然主义的五星居住社区。

功能空间

整体规划格局

在平面布局上以简洁的线条加以勾勒，形成现代风格的区域布局。整体一期景观包含6个区域、3条景观轴线、5个景观节点。6个区块为商业步行街区、主入口道路景观区、社区内的3个区块（A/B/C）以及滨河绿化带；3条景观发展线为步行道景观发展线、商业街景观发展线和林荫道景观发展线;5 个主要景观节点以及分繁在社区内的次要节点通过重规步行系统连接成片,行成“点、线、面”的景观格局。

一期总平面图

商业步行街区

作为社区外围的现代化商业街,设计师在街区的设计上采用树荫休憩座凳、特色水体景观、桥梁、涌泉、景观灯饰、特色铺装等景观元素,通过运用现代的造景手法,打造一条具有四季花苑特色的文脉轴线。商业步行街通过水系与道路两条系统形成动静结合的两条轴线,在道路的铺地设计上以曲线形的特色铺地作为大厅内部地面的延伸,通过构架 4 座景观副桥和一座景观主桥,为不同空间的转化提供平台。

设计重点

小区入口

作为小区的主要入口,通过一座微微抬高的主桥进入,并由入口花坛作为引导,在入口一侧设计一标志物,作为社区的标识。入口广场以铺装材质划分空间,半月形景观水池既作为入口标识,又可作为主要景观点满足业主的景观需求。主要道路两侧以常绿的林荫树形成景观主轴,设计人行道为林荫人行道,并在各分区入口以不同的景观点来标识,从而达到景观性和便捷性。

景观处理

• 社区内三个区块的景观

在A区块的中心绿地中设计中庭景区,以便捷的游步道联系4幢住房,并在住户入口前设计小型休憩平台,满足住户的“人性化”需求。B区两幢建筑为高层,在其前部设计一开敞的中心草坪,以规则的步道结合景庭廊架构筑游步休憩系统,并满足住户的景观需求。C区通过构建步行系统,方便业主的可达性,在节点处构筑休息观景的廊架以及座凳来满足居民的人性化需求。小区道路结构在规划设计方面做到简洁流畅,同时满足消防、搬运等要求。

• 滨河绿化带

靠中心河一侧打造亲水绿地空间,结合滨河步道、观景平台、植物组合创造可进入式的滨河绿地。

设计评析

小区总体布局结构较清晰明了,功能分区明确,路网框架清楚,交通组织便捷。主入口处理颇费心思,水景与桥的结合巧具匠心,入口主轴与集中休闲绿地、住宅组团绿地、宅间绿地延伸融合,创造良好的邻里交往,老人儿童户外活动的绿色空间、绿地景观设计变化丰富,环境设计都有良好的观赏性、功能性和各组团各户间的均好性。

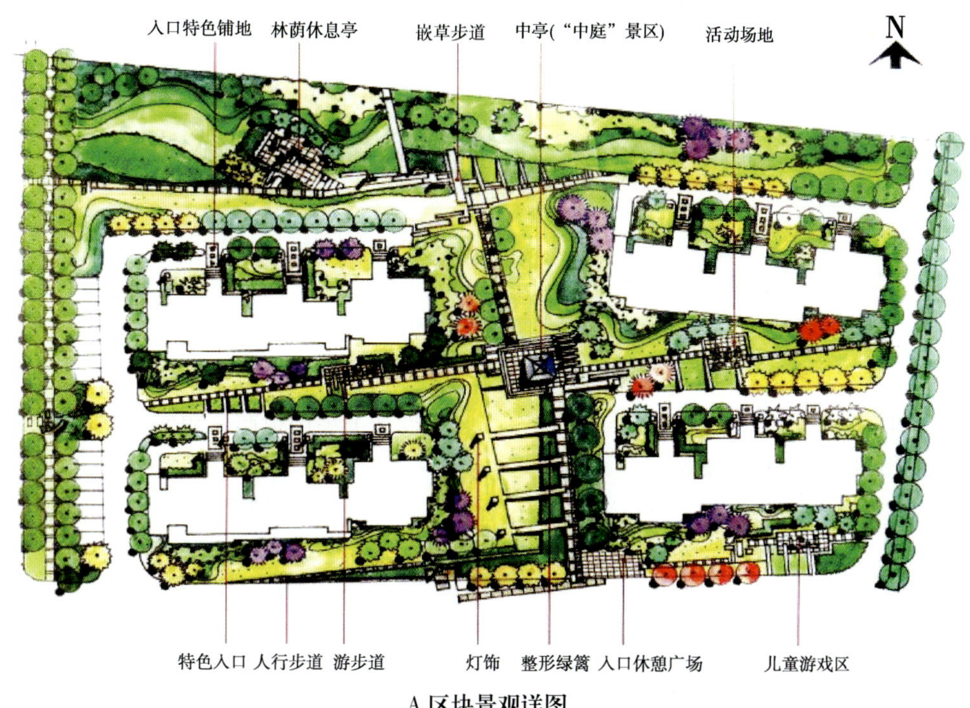

A区块景观详图

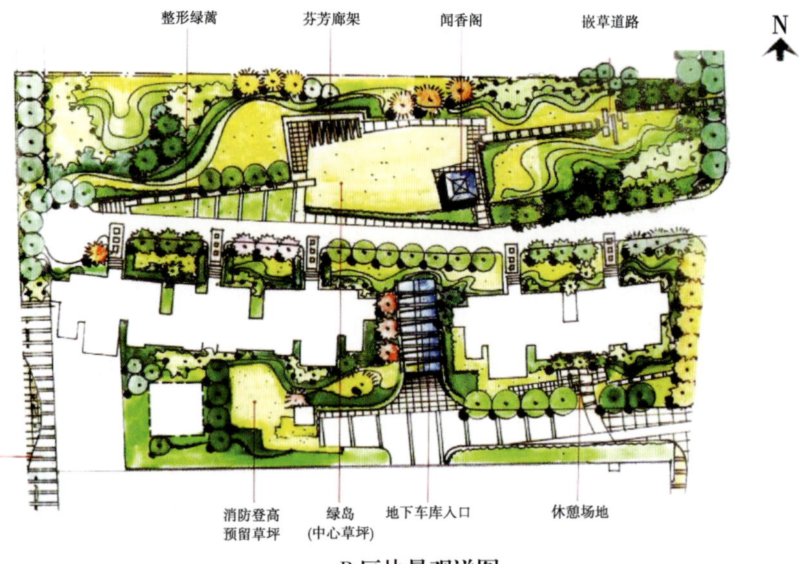

B 区块景观详图

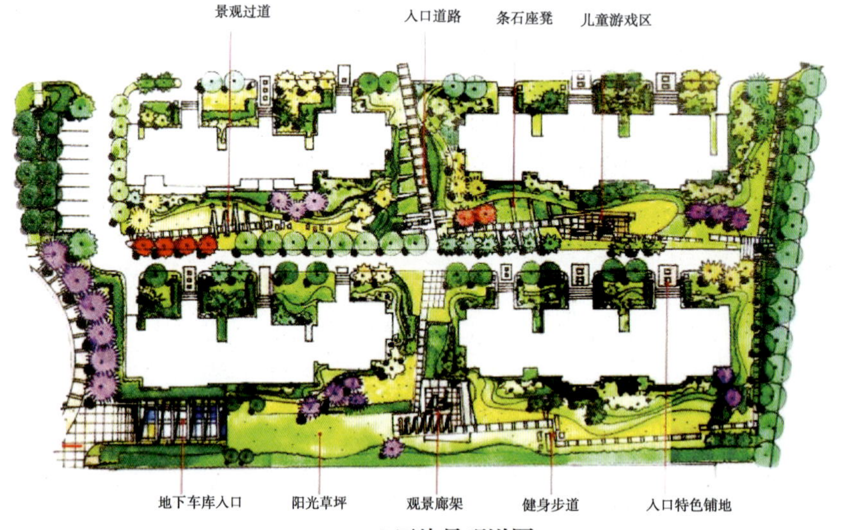

C 区块景观详图

效果二

节点手绘效果图 1

节点手绘效果图 2

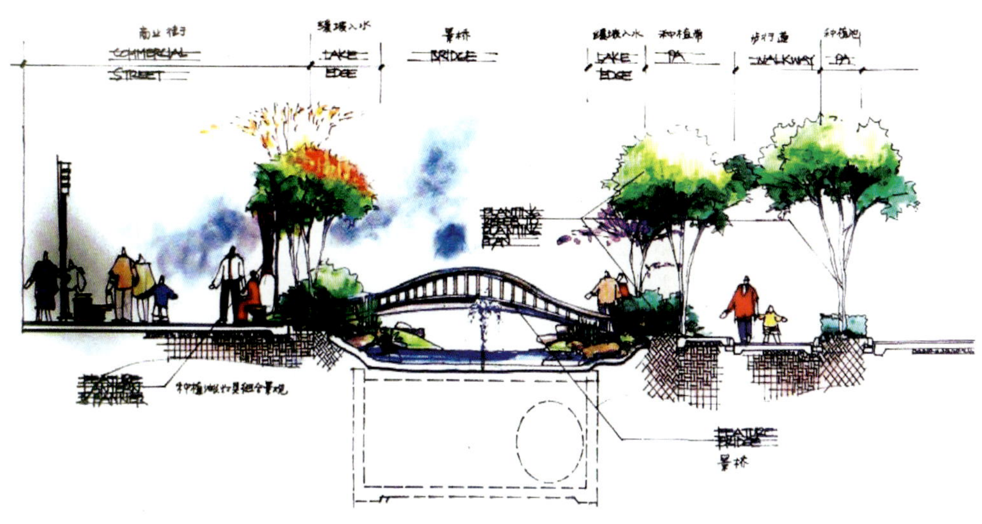

景观剖面设计详图

实例 2　江北农场

实例 2

档　案

设计单位:清华大学建筑设计研究院

用地面积:34.15 hm^2

基本情况

重庆江北农场项目位于重庆市江北区石马河,嘉陵江的转弯处。用地东侧为石马河立交,渝长高速公路和“半城中央”居住项目,南面为通向沙坪坝的高家花园大桥和大川水岸住宅项目,西面有较长的江岸线,北面有规划包含佰富高尔夫球场在内的 4 000 多亩生态公园。用地被北侧规划城市干道自然分隔为东北和西南两个地块,其中东北地块一建设用地 6.32 hm^2,西南地块二建设用地 27.83 hm^2。

主题确定—— 一水二轴,组团相依,峡谷相生

通过对现状水体的整合与勾连,形成蜿蜒贯穿于基地内的核心水系;由用地中部依据山势,贯通南北的本区主干路和呈自然弯曲形态的东西向主路;派生于二轴横向干道上的主环路及派生于用地北部城市干道上的"地块一"的环路;由东西两区的主环路上派生的依山就势的组团分支系统。

设计重点

交通组织——"三环四支"的路网构架

依山势,以小区中部的 16 m 宽道路形成全区主干,与之相交在其中部顺地势延展东西向干道,其一端止于小区东部,另一端经立交环绕,形成本区西北部车行出口。由上述干道之上,在本区西部水畔形成西部环路,东部形成东部环路,加以"地块一"的环路,并称"三环"。东西环路之上延展分支道路,并称"四支"。

总平面图

1.承露台
2.嘉陵片段
3.静心三叠
4.月色江声
5.寻龙隐台
6.松风流石
7.稚趣谷
8.树屋坡
9.心远流长
10.涵虚台
11.台地广场
12.竹隅闻浪
13.雾池飞瀑
14.天雾云桥
15.破雾亭
16.芳草白沙洲
17.闻桉觅源
18.穿路栈桥
19.童悦园
20.桉岭冷翠
21.湖色花影
22.云盆观瀑
23.彬林漫滩
24.芳香谷
25.快意心田

景观规划平面图

景观处理——“两湖一峡”的景观系统

全区形成“两湖一峡”的小区中心绿地系统，向各组团进行绿轴发散，形成整个区域内的绿网体系。小区中心绿地系统通过组团布局的精心收放，通过空间的贯通性达成互相融通的系统，呈“丫”字形延展，并将组团绿地和边缘绿地连接在一起，形成绿地系统的指状穿插。

景观的丰富性是本区价值所在，将住区共分为两个层次、6个区。本区住宅建筑也是围绕这些特色景观而展开布局的，分区规划目标更加鲜明。

设计评析

江北农场位于山地城市重庆，其基地山水格局也顺应了重庆的大趋势，地形高差较大，两边高，中间为低谷。景观格局规划了“组团式、峡谷相生”的山水格局和相应的建筑布局形式，形成“两湖一峡”的核心景观，空间结构非常明晰，景观绿网组织也是依据山水格局而来，并在一些细节上，如大面积滨湖岸线、宅间绿地景观等也进行了充分的思考与设计。对于景观设计，如果能够从大框架上把握好山水格局，在具体的处理手法上能顺应并发挥其特点，再加强一些细部节点的设计，那么一个好的景观规划方案也就形成了。

“峡谷”中央景观带效果图

实例3 浙江绿城·舟山桂花城

实例3

档 案

规划设计：上海同济城市规划设计研究院
景观设计：贝尔高林（香港）国际设计公司
用地面积：24.00 hm^2

基本情况

项目地处舟山临城新区，南邻海天大道（原329国道），距临城新区市级行政中心及行政广场约1 200 m，占地约25 hm^2。

主题确定——高低错落点条结合

整体规划从南至北由小院别墅、阳光联排、经典多层、电梯观景洋房有机组合而成，有低、中、高3种建筑形态，并由南北贯通的一条景观河将它们串为整体。居住区内配备高档会所、幼儿园、沿街商铺等设施，营造成一个半私有大型园区。

设计重点

建筑空间处理

建筑布局采用点条结合的形式，通过板式楼围合少量点式楼的规划以及强化边、角空间的推敲和处理，使得整体园区在不失和谐对称的前提下增加了立体的视觉变化。

交通组织——以人为本人车分流

道路系统分为两个层次，即社区级和组团级。社区级车行系统以环路为依托，主要满足各个组团内的居民便捷、顺畅的出行。车辆进入园区后，通过小区的环形主干道进入对应的地下、半地下车库，降低了车辆在园区内行驶时对园区居住舒适、安全所造成的影响。此外，园区道路形状以平滑的弧形为主，有效地控制了园区内车行速度。组团级道路位于中央花园和多层组团之间，主要作为EVA（紧急交通系统），平时机动车不进入。

景观处理——互为联通移步景异

景观规划采用了欧陆的造园手法，以多层次、小组团空间布局为基本原则，形成灵活有序的空间形态。东西向的林荫景观步道与南北向的滨水绿化休闲空间形成景观规划结构的主体骨架和统领。

设计评析

小区与河道相邻，景观设计在内部引入了水体，与本身河道汇合，有机地把小区、绿化带、河流融为一体，草地、乔木、灌木有机搭配，随季节而变，树叶变黄、变绿，再与树下水边的灌木配合成景。

功能设置较为全面，小区内布置了休闲、商业、沙地、按摩小道，考虑了居民的生活休闲等各方面的需要。道路沿景观轴线布置，流畅通顺，为住户提供安全便利的居住环境。

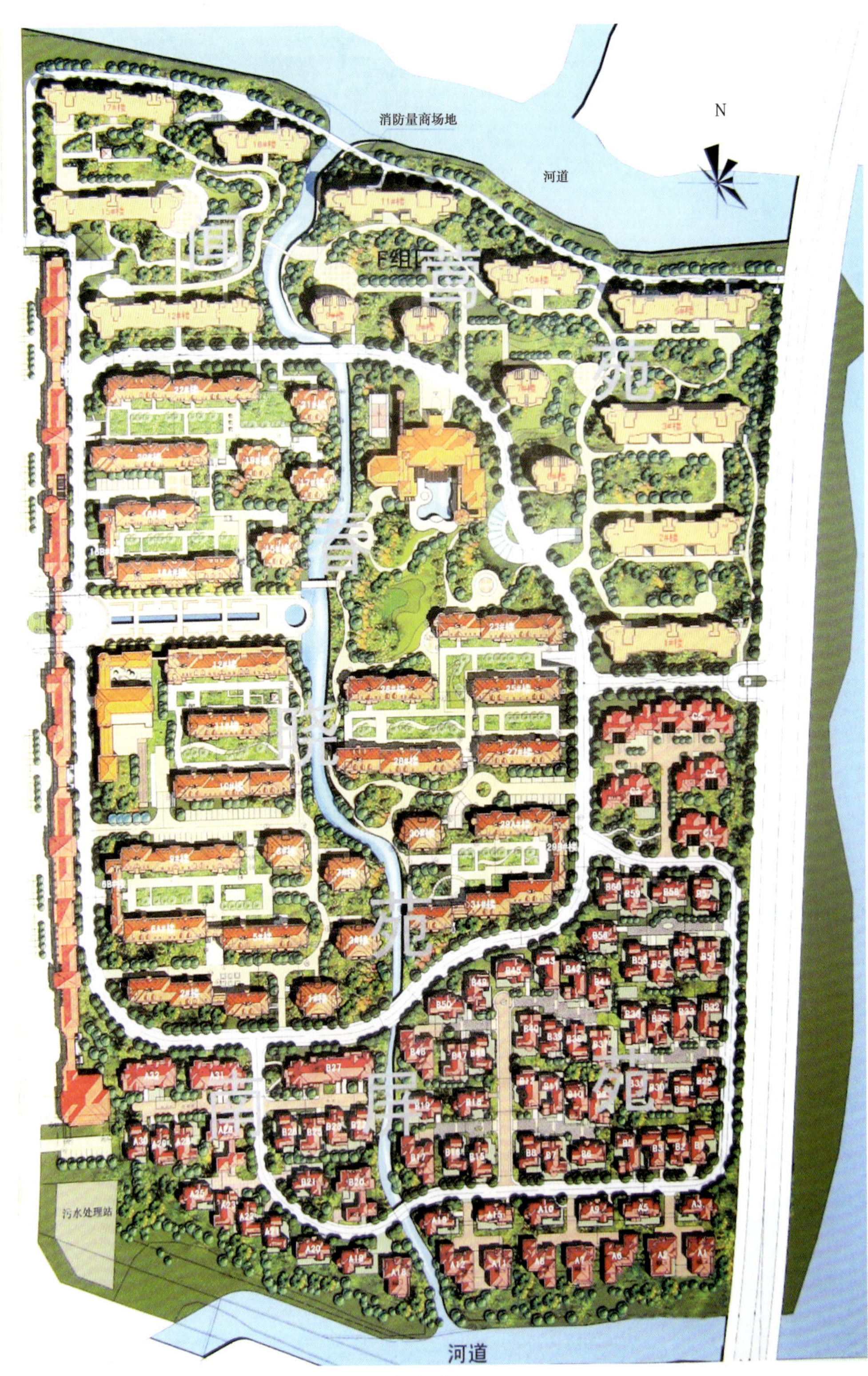

总平面图

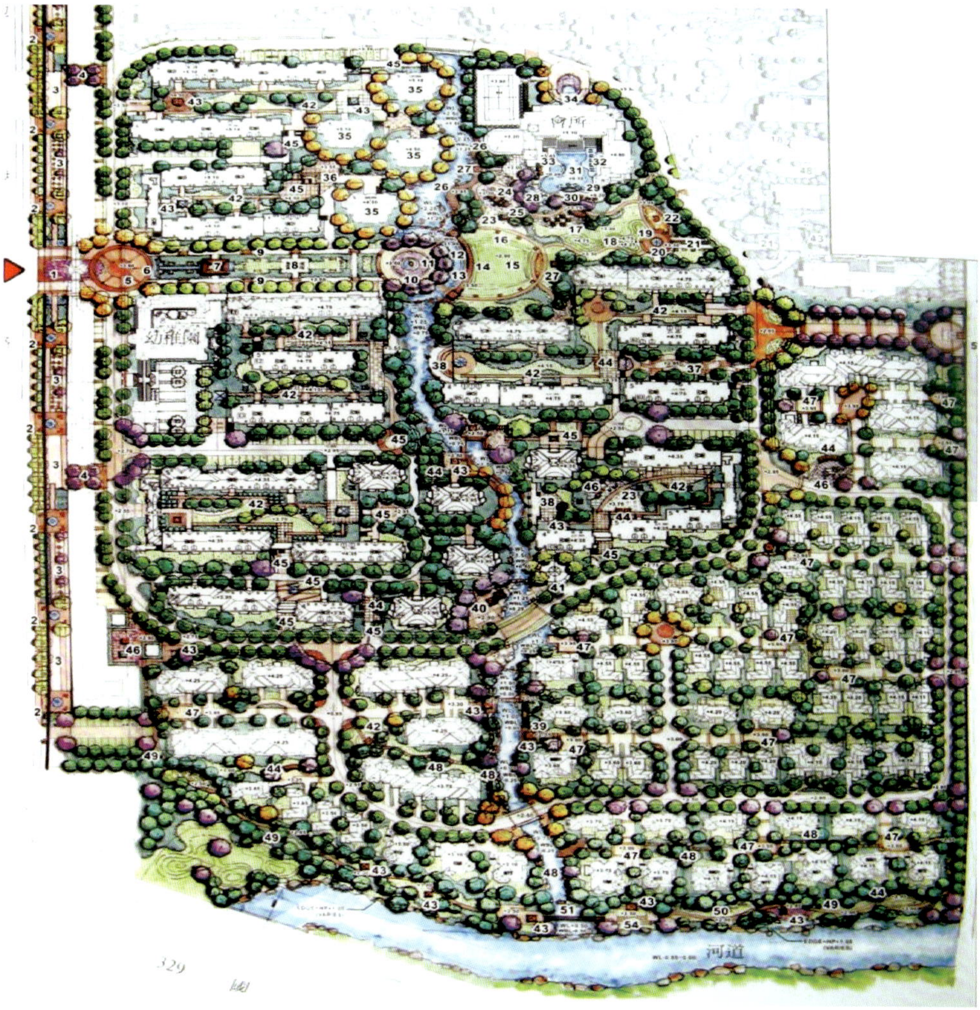

景观规划总平面图

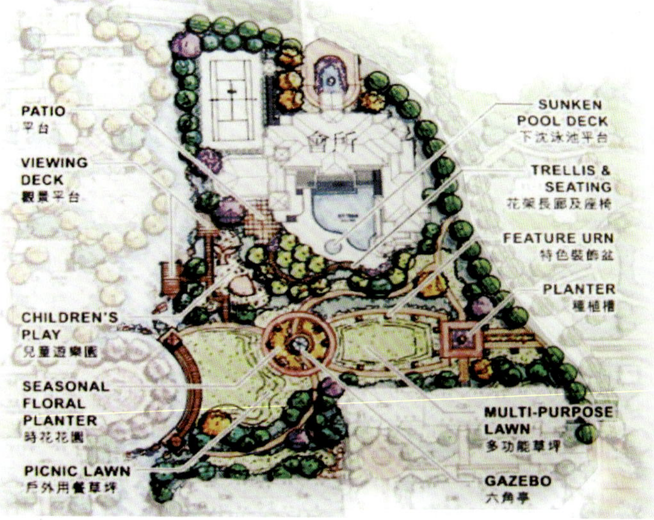

会所外局部景观详图

实例4　南京中惠·紫气云谷

实例4

档　案

景观设计:加拿大奥雅园境师事务所

占地面积:42 000 m^2

①

基本情况

紫气云谷位于南京市江宁区将军山风景区内,紧临建设中的大型高档社区翠屏国际城。用地位于将军北路西侧、翠屏国际城的西北角,紧邻韩府路。项目主要面向南京大中型企业 CEO 人群,定位高端,由中心湖、小高层住宅、花园洋房、小区会所共同组成。

主题确定

简约现代——引用新兴技术,以简约现代的景观设计手法构建基本框架,顺应了创新时代景观的发展趋势。

生态自然——以环保为宗旨,采用生态设计手法,在充分利用自然资源的基础上,通过使用自然式的种植和材料营造绿色的人性化生活空间。

设计重点

小区入口

主入口素雅的色彩,有机的景墙、岗亭,整齐的围墙,空旷舒坦的草坪,加以大自然的光与影,共同营造一个优雅、富有现代气息的开敞空间和相对私密、独立的入口,给人以愉悦、轻松的景观院落,打造休闲生活氛围。

景观处理

以优越的自然空间为基础,配合周边山体的肌理,结合简约现代的风格,明确动静分区,使居住空间尤显舒适开放,达到景观空间与自然、建筑的协调,完美展现绿色建筑设计理念。

自然始终是设计的源泉,设计师们在充分考察周边环境的基础上,了解并顺应场地的特性,使景区整体现状与周边山体及植被相一致,实现山体、水体、植物、建筑物的完美统一,流水声、鸟鸣声、柔和的阳光、满眼的绿意,这一切都给居者带来异常丰富的感受,让我们可以尽情享受自然的意趣。

湖　景

以湖为中心,配以富有特色的种植,并根据视野所需恰到好处地设置景区入口,做到有开有合,收放自如,为人们提供多处与自然亲密对话的场所。这些场所散落于地形之间,高低错落、变化有序,人们可在交流休憩的同时欣赏各式美景。湖面设计三级跌水,层次分明,形式各样,宛如天成。跌水设计完全遵循生态自然的理念,水源经过净化处理,并且可以被储存和循环利用。

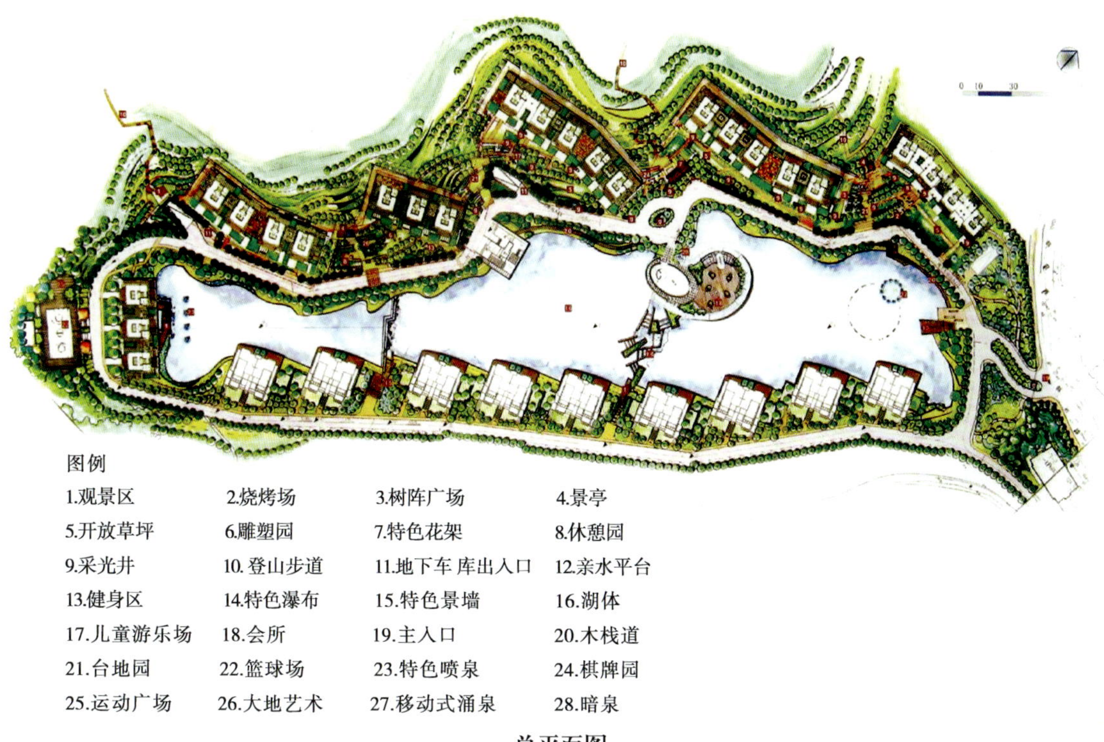

总平面图

小　溪

形若玉带的天然水溪于景区中蜿蜒穿梭，闲暇时溯溪而上，木秀林丰，空气清新宜人。时有庭园、景亭、坪台掩映其中，极目远眺，四时美景尽收眼底，生活无限美好。

花园洋房

简洁明快的景观构架、优雅别致的特色喷泉水景、高档时尚的铺地、风格别样的装饰，花园洋房中的每一处景致都完美体现出精致和典雅的特色，共同营造出一个富有生活情调的居住环境，满足了人们对生活的高品质要求。

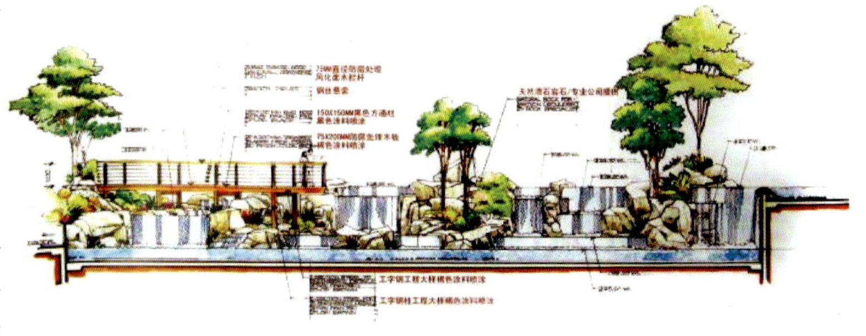

瀑布水景剖面设计图

设计评析

小区布局围绕着宽阔的湖面水体展开，低层及多层住户均能享受到开阔的湖面景观，并且景观绿轴以宅前绿地、组团绿地等形式渗入穿透到各个建筑之中，满眼成绿皆入景，给居民带来无限的自然情趣。不同性质的住宅形式与滨湖有着不同的景观处理手法。公共休闲游憩步道集中在多层建筑前环路的内侧，而别墅区则为独享区域。中间通过湖心岛进行点缀，达到了景观空间与自然环境、建筑布局、居民生活方式的协调。

景观瀑布平面图

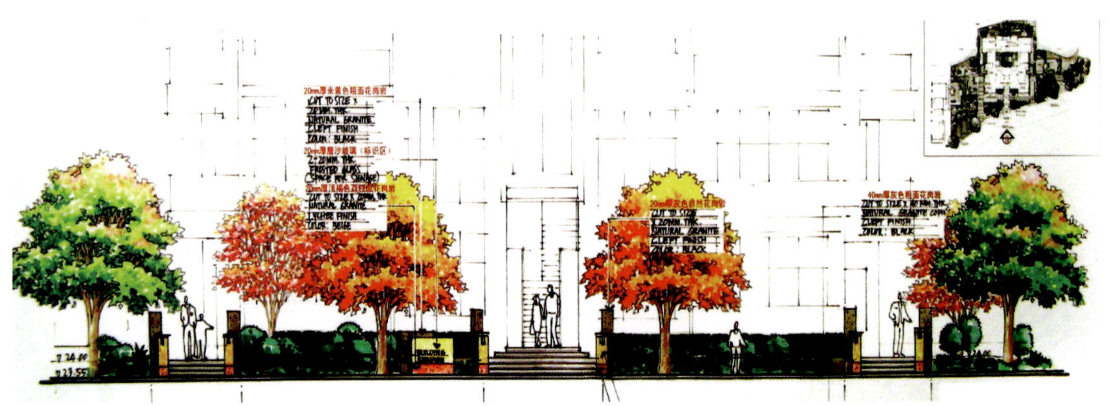

入口景观处理详图

LENGEND 图例:
1.MAIN ENTRANCE 主入口
2.DRIVEWAY 车行道
3.WALKWAY 人行道
4.GUARDHOUSE 岗亭门卫
5.GREEN BELT IN THE ROAD CENTRE
道路心中绿化带
6.GARDEN ROAD 园路
7.FENCE 围墙
8.LAWN 草地

入口区平面图

实例5 广州新光·城市花园

实例5

档 案

设计:城际(中国)国际建筑师联合事务

规划面积:364 651 m^2

建筑面积:735 460.73 m^2

基本情况

新光·城市花园位于番禺南村南大干线以南,西临番禺市主要交通干道迎宾路约 1 km,为华南板块目前规模最大的别墅社区。项目交通条件极为优越,多条大道直达社区,与广州 CBD 珠江新城仅一桥之隔,为罕有的城市中心别墅群落。小区规划着重消除地块劣势,提升产品价值,提出了“背面垒坡”的前期构思,以营造“最具自然气息的城市别墅区”氛围。在空间划分的过程中,通过景观规划设计和产品差异化设计,实现了私密性与共享性的共存。整个小区拥有山、林、湖、岛、滩等自然景观,生态资源出众。产品户型有创新,面积 230 ~ 440 m^2 不等,户户带有花园和阳光地下室,其建筑风格采用地中海风格与南加州风格结合的建筑形式,强化重视传统居住模式的邻里文化和亲和氛围,并融合西方现代生活形态,为客户营造、呈现一个自然和谐、健康

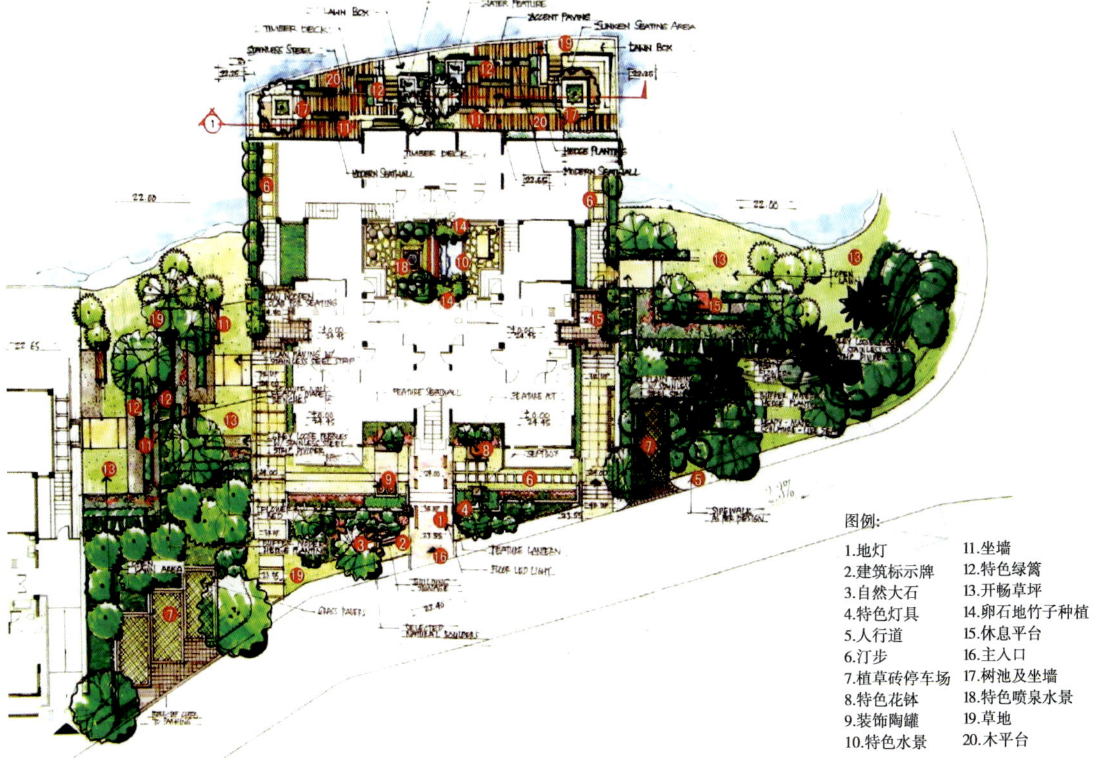

花园洋房区景观设计详图

温馨的院落式别墅生活社区。

项目占地364 651 m^2，大部分地面平坦，部分为山坡地，地势东南高、西北低。东南向的两条城市主干道对小区有一定的噪声污染。

构思来源——“北面垄坡”的大胆构思

项目多坡地的地形特点呈现出一定的地块优势，对于成功营造“最具大自然气息的城市别墅区”氛围有一定优势。为了更好地实现这一规划目标，设计师大胆提出了“地块改造”的设想，即在北面设计一个土坡，使其既隔绝城市道路带来的噪声，又形成南向阳坡，消除地块的弱势，使地块价值迅速提升。同时结合产品差异化设计，让本来处于地块劣势的产品经济价值得以大幅度增长，并拉动周边组团的居住价值和经济价值。

实景照片

设计重点

重新定义私密性

项目在空间划分的过程中对私密性重新定义。对私密性的理解，不再仅仅定义为单向私密空间，而在一种可以由住户自由掌控尺度的、私密空间与公共空间之间的平衡。鉴于此，小区在整体布局上充分结合地块地形特征，营造出相对私密的各个组团，如从高层区到别墅区的以水系为载体的组团。分离成相对独立的生活区，别墅区内进一步细分出来的半山、中心岛、半岛、庭院式、Town House等不同类型且相对独立的组团。在产品设计上，每栋别墅都拥有前庭花园、私家后花园以及阳光地下私人会所等，同时通过别墅形态的多样性，避免了建筑形式在同一组合空间中的复制，开辟出城市中心极为罕有的私享（私——私密，享——共享）天地。

总平面图

在这样一个私享空间里，设计师通过景观规划设计和产品差异化设计，实现了私密性与共享性的共存。空间以人的活动作为设计重点，坚持“景观不仅给人看，也让人在其中进行各种活动”的原则；以水系为纽带，贯穿整个小区，多个亲水平台的巧妙设计，使各个组团可共享公共水域空间；位于地块西北角的商业配套区，被设计成同时面向住宅区和城市人流的混入式开放性区域，不仅兼顾了私密性与共享性，也充分利用社区外城市道路的消费带动社区商业消费，增加了人气，提升了商铺的价值，并避开了与西北角居住区相雷同的规划狭区；而位于东北角的居住区优势也因产品的差异化设计得以充分体现，各项优势使该区域的居住价值和经济价值同时得到提升。

景观处理

四面环水的中心岛别墅组团是该项目继“北面垄坡”后最大的创意亮点。该组团的设计打破了原有的平均的规划布局，将中心组团塑造为小区的地王，从两面面水延伸至四面环水，地块两侧的坡地对其形成环抱之势，塑造出“仁者乐山，智者乐水”的完美意境。至此，中心组团的魅力更为凸显，小区地王的面貌得以呈现。此举不仅使该组团的价值实现了最大化增值，也尽可能地缩小了临近东道路一侧劣势地块的比例，令土地使用更为优化。

设计评析

小区的最大特点源于设计师的大胆构思：“北面垄坡”，基于基地本身的多坡特点在北面设计一个土坡以减弱基地本身劣势，发挥其特点与优势，将顺应地形特征与大胆改造不利的地形条件结合起来。景观设计注重“不只是观看，更是参与其中”的原则，在设计各个景观节点时，较多地注重了居民的参与性。在住宅周围景观绿地的设计中较注重私密性，善于营造各种丰富的私密空间，利及居民。

实例6 泸州阳光尚城

实例6

档 案

建设地点：四川省泸州市

景观设计：重庆蓝调城市景观规划设计有限公司

用地面积：约6万 m^2

“你站在桥上看风景，看风景的人在楼上看你……”

——卞之琳

卞之琳《断章》中那优美如画的意境，那浓郁隽永的情思，那种在行进中领略到独特的风景是泸州阳光尚城景观设计对诗意情怀所做的尝试。

业主希望本案能展现出时尚现代气质,是一个富有趣味的室外场所。时尚是一个文化变量,它随着社会经济、文化生活不断地发生衍变,音乐主题似乎最能体现现代感,因为无论任何时代它都是时尚文化前沿不变的主题。音乐般的体验感便成为行进中的风景内在诉求。广义的音乐包含了自然界各种令人愉快的、有节奏感韵律的声响。《庄子·齐物论》中记载:“汝闻人籁而未闻地籁,汝闻地籁而未闻天籁夫!”那么自然界中富有节奏感和韵律的事物都成为设计元素。

项目所在地的丘陵地形,从入口向内部存在14 m的地形高差,似乎成为阻碍人们轻松体验环境的障碍。事实上当我们运用两条相互穿插的弧线步道来连接入口与场地内部,困惑便被创造性地解决了,并成为场所中产生趣味的重要元素,我们称其为彩虹之路。步道运用统一的类似“乐谱”的形式贯穿整个场地,并且场地的高差创造出非同一般的视觉体验。弧线的道路穿插交合,其体验与感受也各不相同。场地中出现的两座“桥”,直接回应了“桥上的风景”那诗意的体验感。通过“桥”,我们塑造出从不同高度去体验景观的可能性,并且为人们“偶遇”提供契机。“桥”一方面提供的特殊的视点,同时也成为环境中人们观赏的看点,“看”与“被看”被巧妙地组织在一起。“乐谱”铺装成为最展现音乐的符号,简洁而富有趣味给人们留下非常深刻的印象。

在具体场景中,与“乐谱”步道相呼应地出现了一些与自然互动的音乐空间。让自然的风声、水声,甚至通过特殊的植物配置吸引昆虫动物来到园区,让人们聆听更多的自然声响。一组造型优雅的落水琴坐落于水溪之上,是琴非琴的形态给人们留有奇妙的感受,水被当做琴弦激射而出,弹奏出动人的旋律。

设计评析

该景观设计通过步道为主的景观元素实现“行进中的风景”的丰富的景观体验。音乐的主题,竖向的连接,情景的氛围,都围绕以彩虹之路的乐谱步道来展开。景观环境是立体空间的感受,充分调动了观赏者的五官感受,激发了人们的联想,满足了人们对环境的心理需求。让使用者在“彩虹之上”的天籁之声中流连忘返。

实例 7　重庆龙湖·春森彼岸

实例 7

档　案

规划设计:美国 MRY 建筑设计事务所
景观设计:龙湖集团景观部
占地面积:约 17.000 hm^2

基本情况

该项目位于重庆市江北区,毗邻嘉陵江。项目占地 17 hm^2,设计范围包括滨江商业街、住宅庭院等区域。项目定位为高档住宅区。春森商业连绵在下,裙楼起伏在上,整个规划格局大气恢弘,曾经在美国获得 2004 年 AIA 优秀城市设计金奖。

景观设计构思

采用与小区规划设计及建筑设计相吻合的现代简酷风格,营造具有地域特性的时尚社区;充分利用规划布局的流畅性,空间为水,建筑为石,以"浪打浪"的景观概念,形成层叠、开合的空间特点,注重形态与功能的结合,最大限度地利用高差起伏,创造不断洄游的趣味停留场所;打造多层次、立体、富有魅力的台地花园。特点主要体现在以下方面:

气质:尊重地域特性,挖掘戏剧化的地形潜力;呼应

建筑的现代简酷，气质紧扣大山大江的流动丰富，酷感阳光。

流线：空间设计上最重要的是客户起居流线的分析，回家的流线，散步的流线，观赏的流线；深入挖掘地形潜力，形成不同高程上的洄游路线；同时尽可能打通山景，江景的视觉通廊，形成独特的景观廊道，丰富景观层次。

功能：围绕客户起居活动需求，在不同的高程上嵌入不同的功能空间和风景相结合创造多样化的户外活动场地。

材料：软景注重精细化处理能力，大桥、树阵、草坪和灌木简约搭配，重点突出；硬景材料尽可能简化材料种类，注重肌理的推陈出新和尺度拿捏。

成本：巨大高差下，成本压力巨大；精细化处理各种不同高差的挡土墙，把成本花在刀刃上，近人区域重点处理，力保效果。

景观设计总图

设计重点

滨江商业街

商业街在项目中起到双重作用。在创造商业活动场所的同时，也提供了服务于车流和人流的观景环境。滨江商业街景观在表达项目特质的同时，满足了商业所需保持开敞视线的要求。

入 口

住宅区的入口与楼栋的入口同样都是景观设计的重点区域。通过其表达社区环境景观的特色，引导人流并合理安排各种设施及标识。

中心水景

水是环境的灵魂。滨江特色景观在社区内被合理借用，并在社区内的水景形式和功能上做出呼应。水景也决定了场所的特性，动态与静态相得益彰，点缀在功能场所的重点位置。动态的喷泉与流水墙结合，成为中心活动场所的景观重点，同时也将考虑其作为高层住宅对庭院视线的焦点。其实现手法同时满足了“观”与“用”的双重功能。

运动与休憩场所

住户往往对户外环境空间有各种需求，动态与静态、聚会和休息、外观与内省，各种空间的分布有其自身的要求，又通过各种方式巧妙的连接成为一个整体。从项目目标客户群作为出发点，能够满足各种家庭活动的场所将成为户外功能空间的重点。

商业街景观

回家与散步的线路

通过各种方式的连接，可以将景观环境与建筑要求的各种功能空间合理的联系起来。场地的高差变化正好提供了“步移景异”的空间特色。路径的不同功能要求，反映在景观材料的选择应用上。植栽的布置也再一次强调出空间的特性。

设计评析

春森彼岸景观与规划结合紧密，较好地适应了地形、功能的要求。如商业界面要求开敞易识别，景观最大限度服务于商业需求，导视鲜明活泼，停车充分，容易到达容易停留；而住宅空间要求私密和开放并重，对于景观空间的分布提出了更为细致的要求，景观设计采用观景平台、运动场地、广场、休憩点等场所各司其职，各自独立但又被流畅有机地联系起来，较好地满足了生活起居的功能要求。该景观设计的成功主要体现在以下几个方面：

最大化利用了规划带来的空间潜力；因势利导挖掘景观价值；为特殊高差项目的处理积累了丰富经验。

在高密度高层中采用轻盈处理手法，高空生活感觉如在公园如在山林，真正做到以人为本，且效果及成本平衡出色。

平台景观

楼栋入口景观 1,2

中心水景

运动场地

休憩场地

项目6 居住小区环境景观设计实例视频展示

任务1 居住小区示范体验区景观设计实例

实例1 华宇·御临府

御临府简介

御临府小视频

实例2 华宇·锦绣玺岸

锦绣玺岸简介

锦绣玺岸小视频

实例3 郑州·锦绣江山

锦绣江山简介

锦绣江山小视频

实例4 融创·云想山

云想山简介

云想山小视频

实例5　华宇·华宇城

华宇城简介

华宇城小视频

实例6　万华·麓悦江城

麓悦江城简介

麓悦江城动画图1

麓悦江城动画图2

麓悦江城动画图3

麓悦江城动画图4

麓悦江城动画图5

麓悦江城动画图6

麓悦江城动画图7

实例7　济南·龙湖·天越

龙湖天越简介

龙湖天越小视频

实例8　福州·龙湖盛天·江宸府

福州龙湖江宸府简介

福州龙湖江宸府小视频

实例9　昆明·龙湖·山海原著

山海原著简介

山海原著小视频

实例10　重庆悦来生态馆

重庆悦来生态馆

任务2　居住小区大区景观设计实例

实例1　龙湖·恒邦·云玺

龙湖 恒邦·云玺简介

龙湖 恒邦·云玺小视频

实例2　融创·九宸府

融创·九宸府简介

融创·九宸府小视频

实例3　雅居乐·凯茵云顶

雅居乐 · 凯茵云顶简介

雅居乐 · 凯茵云顶小视频

实例4　龙湖·长滩原麓·归麓

龙湖 · 长滩原麓·归麓简介

龙湖 · 长滩原麓·归麓小视频

实例5　龙湖·嘉天下

龙湖·嘉天下简介

龙湖·嘉天下小视频

实例6　融创文旅城·曲水回萦

融创文旅城·曲水回萦简介

融创文旅城·曲水回萦小视频

实例7 万华·麓悦江城碧影溪

万华.麓悦江城碧影溪简介

万华.麓悦江城碧影溪小视频

实例8 万科·璞园

万科.璞园简介

万科.璞园小视频

实例9 蓝城·天使小镇陌上花开颐养社区

蓝城.天使小镇陌上花开颐养社区简介

蓝城.天使小镇陌上花开颐养社区小视频

实例10 万科·沁庐

万科.沁庐简介

万科.沁庐小视频

实例11 龙湖·春森彼岸及三研堂

龙湖.春森彼岸及三研堂简介

龙湖.春森彼岸及三研堂小视频

实例12 华宇·御临府

华宇·御临府简介

华宇·御临府动画1

华宇·御临府动画2

华宇·御临府动画3

华宇·御临府动画4

华宇·御临府动5

华宇·御临府动画6

华宇·御临府动画7

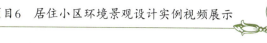

华宇·御临府动画 8

华宇·御临府动画 9

华宇·御临府动画 10

华宇·御临府动画 11

华宇·御临府动画 12

华宇·御临府动画 13

实例 13　万科·金开悦府

万科·金开悦府简介

万科·金开悦府动画 1

万科·金开悦府动画 2

万科·金开悦府动画 3

万科·金开悦府动画 4

万科·金开悦府动画 5

万科·金开悦府动画 6

万科·金开悦府动画 7

万科·金开悦府动画 8

万科·金开悦府动画 9

任务 3　社区更新景观设计实例

实例　成都猛追湾社区城市更新

成都猛追湾社区城市更新简介

成都猛追湾社区城市更新小视频

讨论与练习

1. 通过案例学习，分析讨论别墅与低层集合住宅小区、多层住宅的小区、高层住宅小区以及混合式住宅小区等环境景观设计不同的特点。

2. 选择 2 ~ 3 个自己喜欢的案例，抄绘总平面图图，分析其功能空间以及景观结构。

3. 选择 2 ~ 3 个案例，对其主入口、儿童游戏场地、运动健身场地景观设计进行分析，找出可能存在的问题，用草图的形式给出提升建议。

4. 选择 2 ~ 3 个自己喜欢的视频案例，分析其重要节点景观设计中植物选择的种类以及植物配置的特点。

5. 选择 2 ~ 3 个案例，分析其重要节点植物配置可能存在的问题，以平面、立面和小透草图分析的形式提出植物配置提升策略。

下篇

实操示范篇

项目 7 居住小区环境景观设计课程教学示范

【项目导读】

随着房地产市场竞争的激烈化，居住小区环境景观设计受到极大的重视，这类项目也成为目前我国风景园林行业最量大面广的类型之一。因此，在风景园林专业的教学中，“居住小区环境景观设计”课题几乎是各类型高等院校、高等职业院校风景园林专业教学的必修内容。根据居住小区景观设计课程的性质，高等职业教育该门课程的教育目标与高等院校一样。本项目选取了重庆大学建筑城规学院 2009—2014 级风景园林学生 10 份优秀作业，对该设计课程的概况、教学目标、内容、过程和成果要求等做简略介绍，并展示学生作业成果和任课教师对作业的点评。

1）课程概述

“居住小区环境景观设计”为风景园林专业必修课的专业主干课，课程持续 8 周时间，共 64 学时，4 学分，开课对象为 3 年级本科学生。

2）教学目标

居住小区环境景观设计教学的核心目标究竟是什么，在其中应该给学生传递怎样的价值观、知识和设计方法，如何看待和回应市场对设计的要求等，是设置这一课题以来一直被关注的问题。基于这样的认识，课题组明确提出，对人的关怀和对自然的关照是学生们在本次设计中需要思考的重点；在教学方法上，引入了房地产管理人员和一线设计人员共同参与教学过程的模式，为学生搭建一个开放的平台，让学生在这个平台上了解小区景观设计从策划到构思、设计、施工和管理的全过程，使学生能从多维度对设计进行思考。

3）教学内容和要求

（1）根据已确定的建筑群体布置和空间格局，完成完整的景观设计方案，设计中应遵循前期规划对于景观体系方面的控制性要求，保持设计理念上的一致性。

（2）确定居住小区景观的风格特色，并通过在空间布局、形式设计、构成要素等各层面加以体现，保持小区内建筑和环境景观体系之间的协调统一。

（3）根据规划中对于使用对象和居住模式的定位，分析居住小区内可能产生的各种层面的户外活动需求，确定外部空间的功能，根据功能要求拟定相应的功能空间和设施。

（4）确定户外各功能空间的布局和设施的布置，进行尺度和形式上的推敲，设计中充分和巧妙利用景观设计要素(地形、植物、水、铺装、小品等),完成从功能、空间到视觉体验的高品质景观设计。

(5)选择居住小区中心或者其中较完整的重点功能区放大并完成其详细方案设计,确定尺寸、色彩和材质,对涉及的小品和建、构筑物做出方案设计。

(6)学习植物的相关知识和种植设计的方法和程序,完成放大区域的种植设计。

(7)了解和熟悉景观设计中工程技术层面的知识和要求,完成放大区域的竖向设计与物料设计。

4)设计成果和要求

(1)总平面图 1∶500

(2)分析图及必要的说明

(3)重点区域放大总平面图 1∶300

(4)场地剖视立面图 1∶300,不少于 2 个

(5)放大区域种植设计 1∶300

(6)放大区域竖向设计及物料设计 1∶300

(7)小品设计

(8)放大区域整体鸟瞰图或整体透视图(彩色效果图)。

5)进度安排

第 1 周　　讲课、场地踏勘、案例参观;

第 2 周　　场地分析,初步构思;

第 3 周第 1 次课　　完成一草、评讲;

第 3 周第 2 次课—第 5 周第 1 次课　　方案深化、修改一草、具体形式推敲、完成二草;

第 5 周第 2 次课　　二草集体评图;

第 6—8 周第 1 次课　　深化二草、修改方案,完善细部、种植设计、完成正草(包括除竖向设计外的所有正图内容);

第 8 周第 2 次课　　完成正图,正图集体评图。

6)教学过程

整个教学过程包括:通过场地调研、优秀案例解读、实际项目参观等方式了解居住小区环境景观设计的程序和方法,以及与山地城市特殊风景地貌间的联动关系;通过课堂教学与校外指导的讲座环节引导学生独立思考并逐步形成和完善设计方案,在这个开放教学的过程中,让学生了解社会和市场对设计的要求;最终通过评图环节总结设计成果,并指导学生反思消化,从而掌握居住小区环境景观设计的思路与方法。

调研参观

课堂教学

课堂教学分为工作室教学与专家讲座两部分。工作室教学中,学生们分组完成场地调研与案例抄绘解析,并进行组内分析讨论。每位学生依据分析成果,独立进行设计创作,并在设计过程中随时进行师生交流与小组专题讨论。

讲座开设的初衷,是为学生们提供更开放的学习平台。教学过程中会邀请设计单位和房地产开发公司的相关专业人员,针对学生设计中存在的问题开设讲座、参与评图等。

集体评图

集体评图分为二草和正图两个环节,要求学院相关教师和设计单位设计人员参与。学生通过图纸、模型等方式介绍自己的设计,评图老师则指出学生设计中存在的问题,同时给出建设性的意见并对学生的设计做出评价。

项目8

居住小区环境景观设计优秀作业解析

作业 1

学生:2009 级风景园林 杜百川

指导教师:许芗斌

闲庭信步 1

居住区景观设计

设计说明

本设计位于龙头寺天江鼎城中博园尊园小区组团，以一条步道链接两个组团，形成完整的空间序列和集中活动场地，并延续小区建筑的轴线，以开放庭院的方式组织宅间绿地，旨在为小区内的居民，尤其是老人儿童提供休憩、交往、等待、散步等活动场地。

技术经济指标

博园

用地面积	55150 平方米
总建筑面积	147824平方米
容积率	2.68
建筑占地面积	18792平方米
绿地率	41.20
地下停车位	420
地上停车位	24
户数	818
居住总人数	2863

尊园

用地面积	46767平方米
总建筑面积	161383平方米
容积率	3.45
建筑占地面积	12087
绿地率	44.60
地下停车位	398
地上停车位	40
户数	958
居住总人数	3353

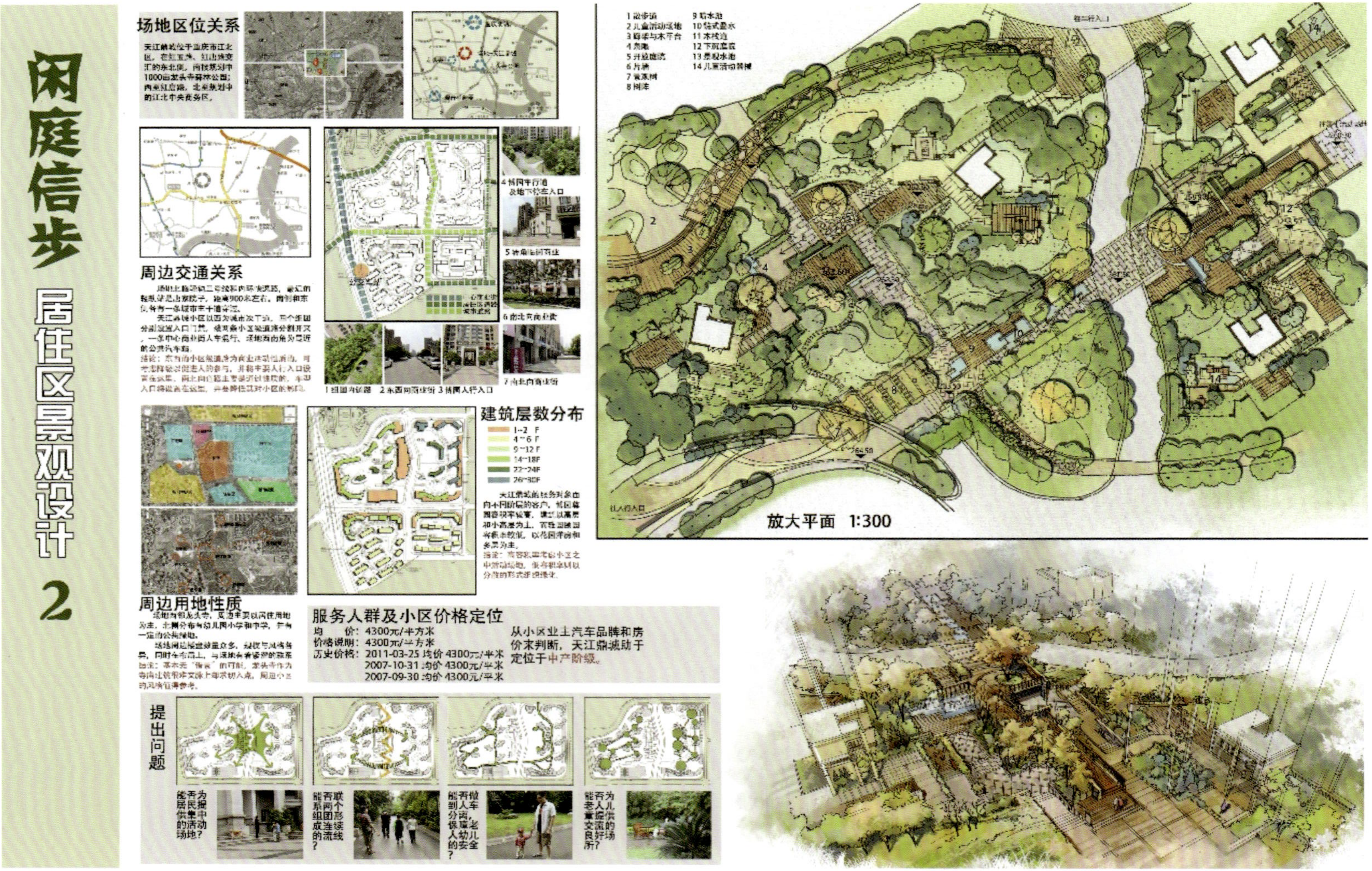

闲庭信步 居住区景观设计 2

场地区位关系

天江鼎城位于重庆市江北区，在红玉路、红山路交汇的东北侧，南接规划中1000亩龙头寺森林公园；西至红石路，北至规划中的江北中央商务区。

周边交通关系

场地北临轨道三号线和内环快速路，最近的轻轨站是山鼓院子，距离900米左右。南侧和东侧各有一条城市主干道穿过。

天江鼎城小区以西为城市次干道，四个组团分别设置入口门禁，[illegible]，一条中心商业街人车混行，场地西南角为最近的公共汽车站。

结论：[illegible]

1 组团内道路　2 东西向商业街　3 组团人行入口　4 组团车行道及地下停车入口　5 转角临街商业　6 南北向商业　7 南北向商业街

建筑层数分布

1~2 F
4~6 F
9~12 F
14~18F
22~24F
26~30F

天江鼎城的服务对象面向不同阶层的客户。[illegible]以高层和小高层为主，[illegible]以花园洋房和多层为主。

结论：[illegible]

周边用地性质

场地周边[illegible]，周边主要以居住用地为主，北侧分布有幼儿园小学和中学，并有一定的公共绿地。

[illegible]

服务人群及小区价格定位

均　　价：4300元/平方米
价格说明：4300元/平方米
历史价格：2011-03-25 均价 4300元/平米
　　　　　2007-10-31 均价 4300元/平米
　　　　　2007-09-30 均价 4300元/平米

从小区业主汽车品牌和房价来判断，天江鼎城助于定位于中产阶级。

提出问题

能否为居民提供集中的活动场地？

能否联系两个组团形成连续的流线？

能否做到人车分离，保障老人幼儿的安全？

能否为老人儿童提供交流的良好场所？

放大平面　1:300

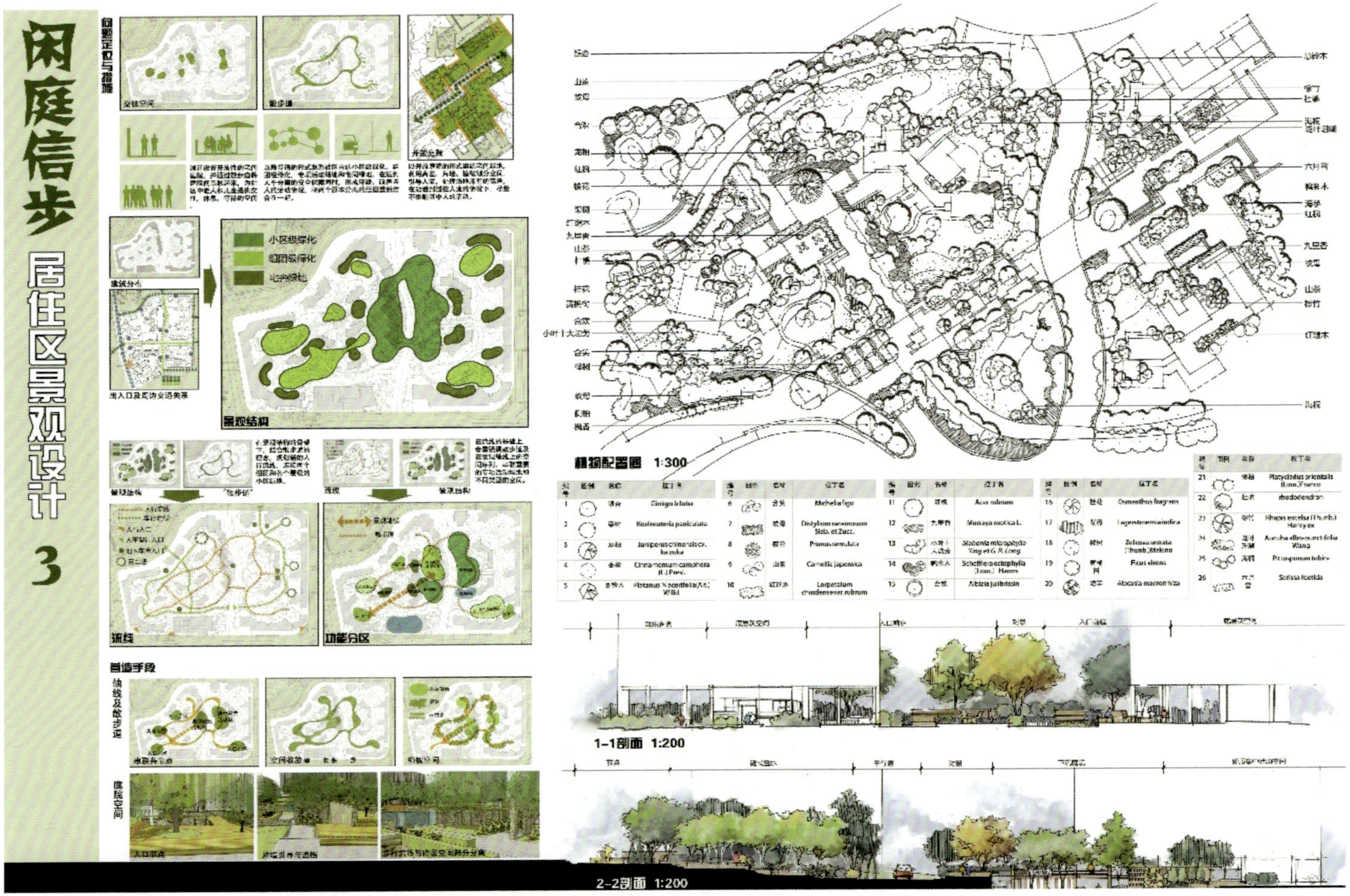

闲庭信步 居住区景观设计 3

植物配置图 1:300

1-1剖面 1:200

2-2剖面 1:200

教师点评：该设计针对小区用地被市政道路分隔的现状，采用缝合手法，以环形步道将活动场地较小的两个组团从空间上进行串联、拓展，功能活动上形成互补，为多样流线组织与景观塑造提供条件。该设计以空间活动多样性为目标，在准确分析小区建筑围合空间特性的基础上，延续了建筑空间的轴线，整合了场域空间关系，以强调流动性的开放庭院激活宅间绿地空间。设计逻辑清晰，技术表达完整，表现简洁有力，体现了该生严密的设计思维和扎实的基本功。

雨水利用

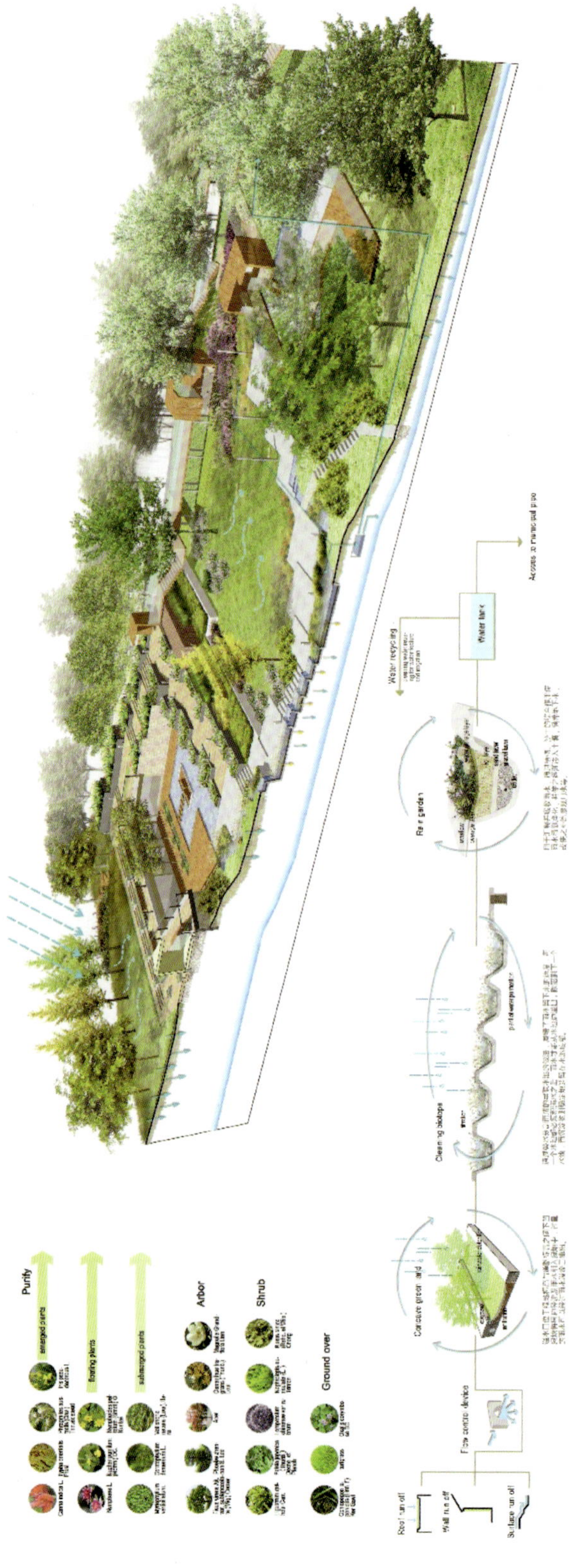

作业 2

学生:2011 级风景园林 刘岑

指导教师:孟侠

Purify

emerged plants

floating plants

submerged plants

Arbor

Shrub

Ground over

Roof run off

Wall run off

Surface run off

Flow control device

Concave green land

Cleaning biotope

Rain garden

Water recycling

Water tank

Access to municipal pipe

总平面图

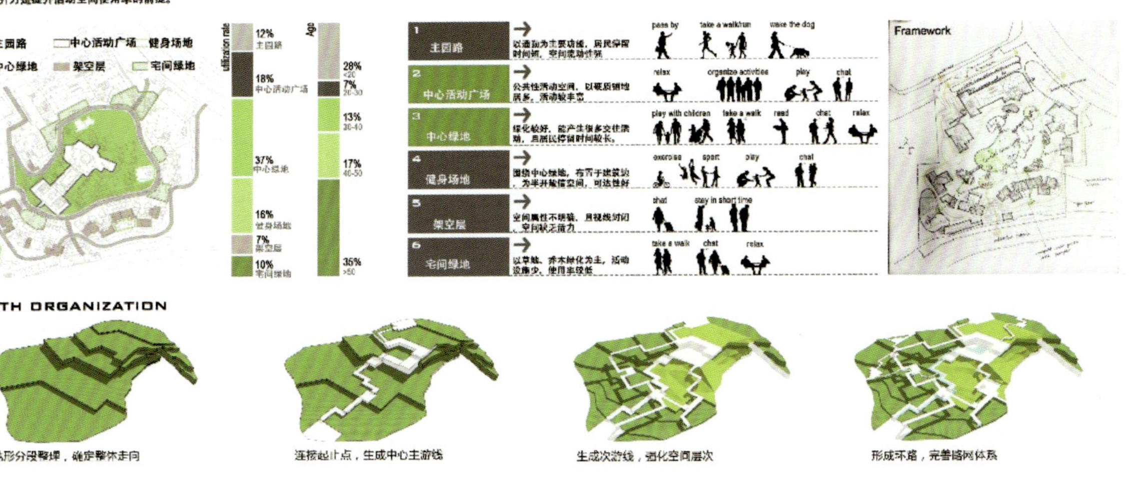

教师点评：该设计关注了居住小区中居民活动与室外空间性质、等级之间的关联，结合小区内建筑布局的特点，以中心公共活动的主体空间为核心和主线，发散引导至宅前和宅间，进行不同尺度和使用方式的领域划分，满足了不同层级的活动需求。同时，设计中妥善处理了较为复杂的高差问题，水体要素的运用也考虑了生态的方式，是一个从系统到细节的思考都较为周全的设计。

作业 3

学生:2014 级风景园林 陈佳佳

指导教师:许芗斌

桥接记忆

BRIDGING THE MEMORY

LANDSCAPE DESIGN FOR RESINDENTIAL AREA

场地区位

场地分析

北侧入口

南侧入口

活动分析

概念分析

结构演绎

1-1剖面图 1:300

桥接记忆 2

BRIDGING THE MEMORY

某十高差处理的滨江居住区景观策略

LANDSCAPE DESIGN FOR RESINDENTIAL AREA

经济技术指标

总用地面积：4.22ha
建筑用地面积：161096㎡
户数：990
容积率：3.97
绿地率：36%

1 北侧入口商业广场
2 天井庭院
3 入口广场空间
4 入户集散等候空间
5 香樟棋酒林
6 草坪坐憩区
7 飞桥游道
8 竹林夹道（雾语林）
9 儿童活动区
10 互动式水景
11 林中栈桥
12 台地花园
13 林下花境
14 地下车库出入口
15 会所
16 榕树广场
17 架空层活动空间
18 樱木道
19 运动区
20 南侧入口

主入口（人行）　次入口（人行/车行）　车库入口　次入口（人行）

总平面图 1:500

结构分析

软质活动区　硬质活动区　视线连结　入户空间节点　入口空间　活动带　景观轴线

空间结构

垂集的活力点形成公共活动场所，并以中心绿核向周围发散派生出更多的活动场所，节点与派生节点形成不同程度活力辐线，节点间构成活动网络，各联系使景观成面统一起来。

人行小路　飞桥游线　小区环路　车行入库　市政道路

交通流线

中心场地形成回游路线，飞桥分布场地两侧作为视觉焦点及空间背景，场地东南部分通过多层台地到达较为平坦的中北部区域。

静区　动区　散步　穿行　入户　静坐　小憩　活动

活动类型

靠近中部较为热闹，东西两侧较为安静。每个活动广场周围具有介于动静之间的小憩区域，并借以过渡到安静地带。

商业区　入口空间　儿童活动　硬质广场　活动中心　疏林草地　密林区　台地花园

功能分区

主要功能性区域：商业区、入口空间、儿童活动区、运动区及活动中心；景观性区域：疏林草地、密林区、台地花园。

活动及高差设计

车库

利用车库顶板标高设置眺望平台，获得良好视线。

利用地形与林中视适的高差，在节点处设置林中小屋，充分利用高差。

栈桥处与地形结合形成平台，形成较私密的休息空间。

依附地势设置林间栈桥，既解决交通问题，也添加乐趣。

草坪台阶可供休憩观望，也可解决交通高差问题，亦可提供聚会场所。

在泳池和中心场地的二楼挑出公建平台可供观望人群活动。

利用高差搭建滑梯，给儿童提供游戏场所。

利用高差架空洞穴，给儿童提供尺度适宜的游戏场所，探索趣味空间。

2-2剖面图 1:300

飞桥游道　草坪坐憩区　花境　互动水景　儿童活动区　飞桥游道　道路

节点放大平面图 1:250

节点植物配置图 1:250

植物配置表

序号	植物名	规格 胸径（CM）	规格 冠幅（M）	树高（M）	数量	序号	植物名	规格 （CM）
1	[illegible]	15–25	6–8		2	15	[illegible]	20–30
2	深山含笑	15–20		12–13	6	16	[illegible]	8–12
3	[illegible]	8–12	5–6		2	17	[illegible]	30–35
4	[illegible]	10–15	1–2		4	18	[illegible]	40–50
5	银杏	20–25		4.5–6	7	19	[illegible]	25–30
6	香樟		2–3	6–8	6	20	台湾六月雪	110–150
7	日本晚樱	10–15		2–3	[illegible]	21	[illegible]	90–100
8	红叶李	6–8		2–3	3	22	[illegible]	40–60
9	鸡爪槭	4–6		1.2–1.5	6	23	[illegible]	25–30
10	[illegible]		2–3	3–4	12	24	[illegible]	40–50
11	栀子花		1–3	1–3	3	25	[illegible]	90–100
12	[illegible]		2–3	3–4	3	26	[illegible]	20–25
13	九里香		1–2	1–2	3	27	[illegible]	70–80
14	[illegible]		2–3	6–8	6	28	[illegible]	8–20

桥接记忆 3

BRIDGING THE MEMORY

基于高差處理的濱江居住區景觀策略

LANDSCAPE DESIGN FOR RESINDENTIAL AREA

节点剖面图 1:200

景观结构

A.入口展示区域

B.入口林下、桥下空间，层层跌水过渡

C.上层开敞中心景观区

D.商业下沉空间

景观小品

平面图

立面图

效果图

香樟棋语林

儿童活动区

会所及泳池

榕树广场

教师点评：西南山地山水形胜，地形跌宕起伏，建筑高低错落，环境特征明显。该设计着眼于地域山水特色空间文脉延续，以“桥”手法应对场地高差问题，并引领场地利用与视线组织的多维性。在活动空间的布置方面，以山地城市中居住空间的日常休闲活动为线索，以“忆”主题串联社区群体记忆，强调使用者与景观空间的情感互动体验，进而强化场地归属感的形成。该设计逻辑清晰，结构合理，空间体验十分丰富，桥上、桥下，高台、浅丘，花境、草坪，台阶、步道，景观细部处处生辉。景观场地与建筑空间无缝连接，从空间氛围、功能业态到活动组织，无不体现了该设计对于在地景观的深入理解与生动阐释。

作业4

学生:2010级风景园林 王玉鑫
指导教师:孟侠

Landscape Design For Urban Residential Area 1

1折板活动区
2大草坪
3小剧场
4儿童游戏沙坑
5活动器械区
6小区广场
7商业广场
8树阵广场
9廊架石桥
10观山活动平台
11移动器材活动区
12生态停车位
13派出所广场
14屋顶绿化
15户外球场

经济技术指标:
总用地面积:8.82ha
建筑用地面积:2.17Ha
建筑密度:24.6%
绿地率:37.1%

N

总平面图 1:600

现状照片

基地区位

廊与台 I
Corridors and Plantforms
城市居住区景观设计

廊与台 II

Corridors and Plantforms

城市居住区景观设计

设计说明：

高层区南部组团绿地鸟瞰

现状分析

基地高程

建筑视线

交通流线

设计概念

基地分区

概念生成

总体结构

景观小品 (1:125)

1-1剖面图 1:300

2-2剖面图 1:300

高层区南部绿地放大平面图 1:300

Landscape Design For Urban Residential Area 2

种植设计图 1:300

竖向设计图 1:300

廊与台 Ⅲ

Corridors and Plantforms

城市居住区景观设计

构思演绎

属性分区

流线组织

景观脉络

植物空间

高差处理策略

场地活动设计

Landscape Design For Urban Residential Area 3

教师点评：该设计针对基地内高差大、建筑分布较为均质、空间层次不丰富的特点，巧妙地采用“台”与“廊”的概念，利用不同标高的“台”依山就势，在解决竖向联系的同时，设置不同功能和层级的活动场地，又以“廊”这一线性要素作为骨架，建构系统，重新梳理出新的空间秩序和层次，以景观的手段在使用功能和视觉体验上赋予了居住环境新的活力。设计构图语汇简练，图面表达清晰。

作业 5

学生:2011 级风景园林 张涵芮
指导教师:刘骏

王老先生的一天

居住区景观设计——传统生活场景的诗意表达
Landscape design of residential district

01

概念提出

传统家庭结构：三世、四世同堂

传统居住模式：四合院

不同人在各自的空间中是私密的，中心区域则是共享、开放的

现代傳统

人群分析

需求分析

元素提取

水井 河流 水渠

戏台 村口大树 密林 竹径

问题1：

问题2：

问题3：

问题4：

问题5：

剖面图1:500

王老先生的一天

居住区景观设计——传统生活场景的诗意表达
Landscape design of residential district

02

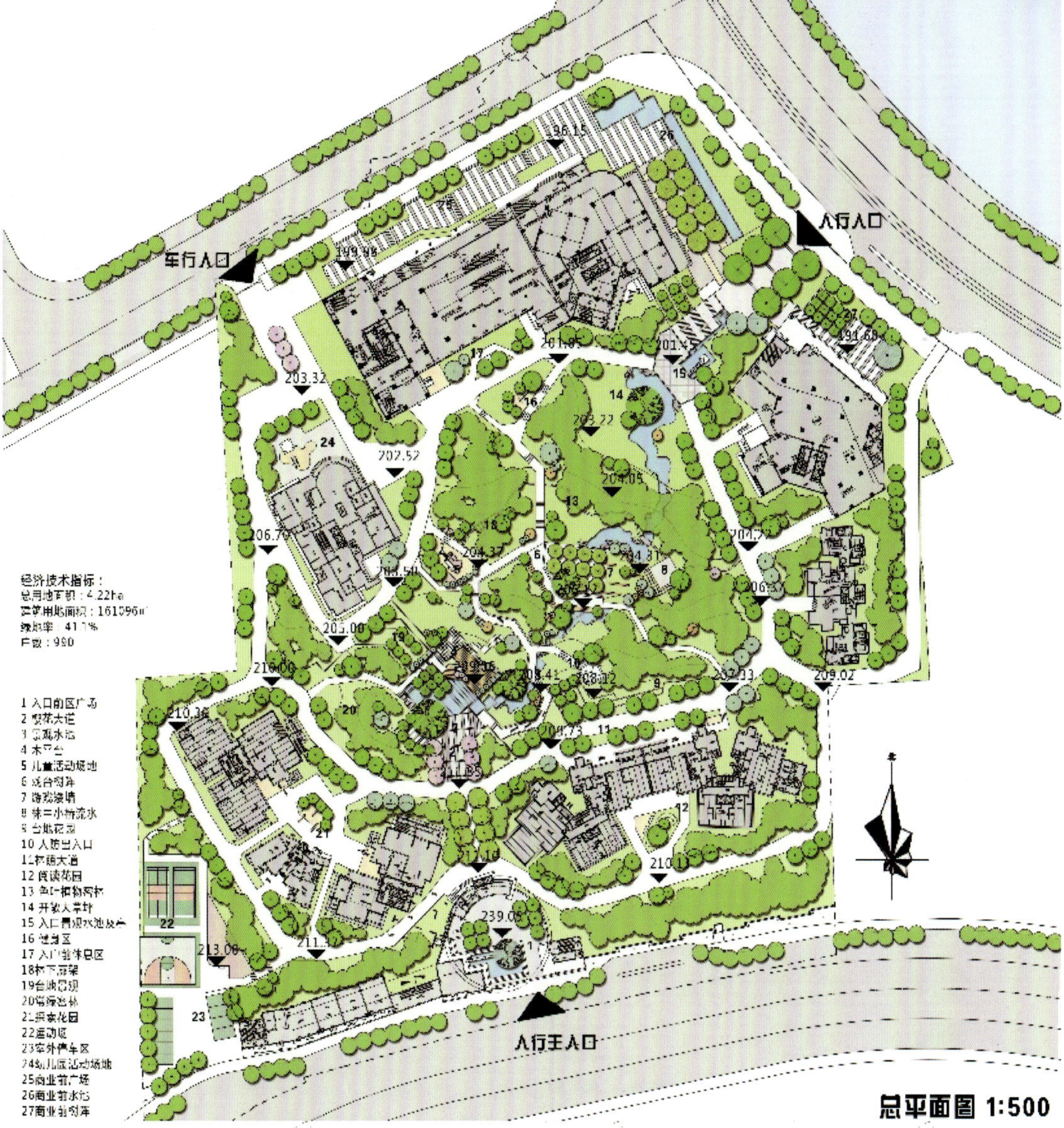

车行入口

人行入口

人行主入口

经济技术指标：
总用地面积：4.22ha
建筑用地面积：161096㎡
绿地率：41.1%
户数：990

1 入口前区广场
2 樱花大道
3 景观水池
4 木平台
5 儿童活动场地
6 戏台树阵
7 游戏绿墙
8 林三小桥流水
9 台地花园
10 人防出入口
11 林荫大道
12 阅读花园
13 色叶植物树林
14 开敞大草坪
15 入口景观水池及台
16 健身区
17 入口前休息区
18 林下花架
19 台地景观
20 缤纷密林
21 探索花园
22 运动区
23 室外停车区
24 幼儿园活动场地
25 商业前广场
26 商业前水池
27 商业前树阵

总平面图 1:500

功能分区

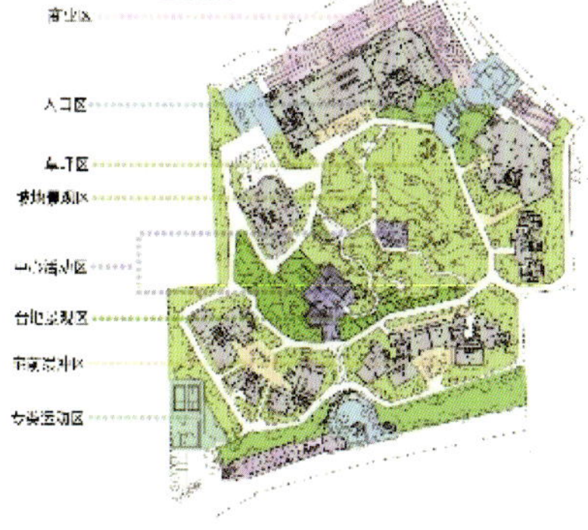

流线组织

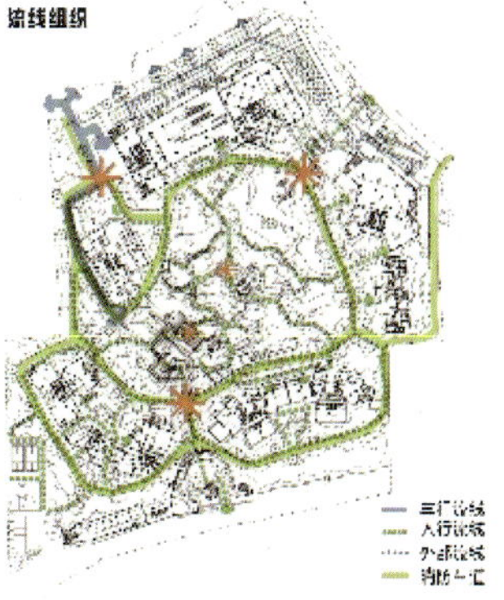

景观序列

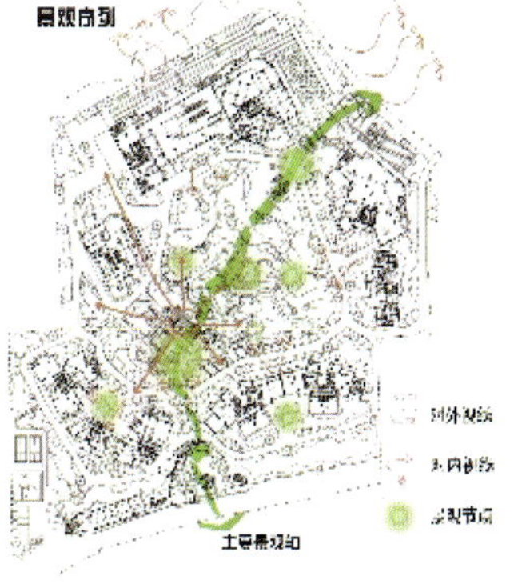

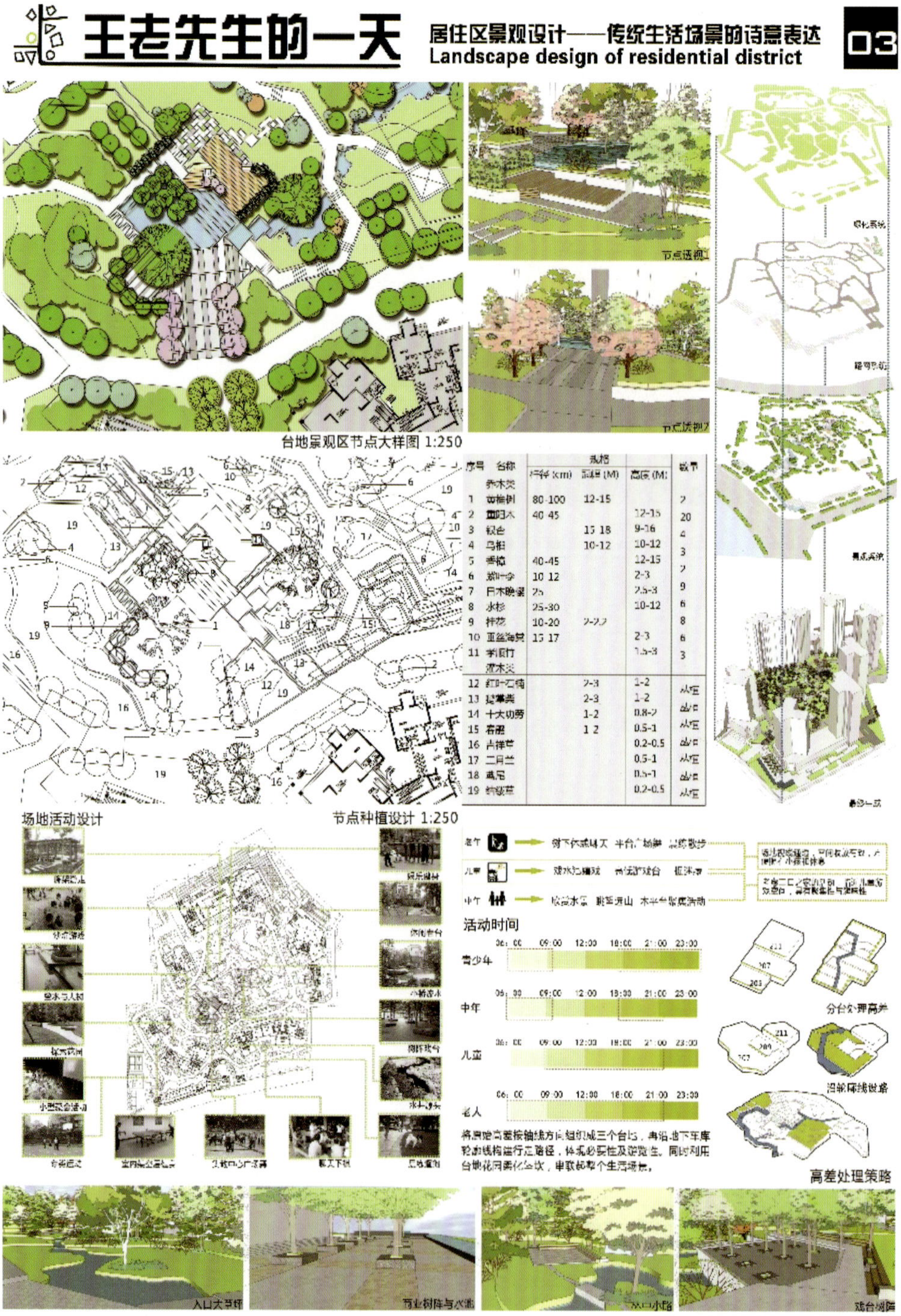

王老先生的一天

居住区景观设计——传统生活场景的诗意表达

Landscape design of residential district

教师点评：该设计基于对用地周边环境及现状条件的理性分析，结合项目地处于重庆渝中半岛下半城的区位特点，以传统的生活场景再现作为其重要的主题表达载体，用虚拟人物一天的典型活动，展开对居住小区行为活动的研究和空间组织的建构。在具体的设计中提炼了传统生活中戏台、水井、竹径、小溪等景观要素，在满足居民日常休闲生活活动的同时，唤起儿时的记忆。整个设计过程思路清晰，空间组织有序，在氛围营造和植物建构空间的处理上有自己的特色。设计成果表达清新、简洁、明了。

作业 6

学生:2013 级风景园林 江子莹

指导教师:刘骏

漫游江畔

——城市居住区景观设计

1

■前期分析

■ 居住区鸟瞰　■ 场地区位　■ 高差分析　■ 建筑 & 空间围合　■ 交通流线 & 地下停车场范围　■ 功能分区

■问题分析

■设计导向

1. 利用地形做出丰富变化，划分出不同的空间，将地形在场地内合理演化。
2. 合理规划空间层次，明确空间结构。增加开放空间到私密空间的过渡层次，做出富有趣的进退变化。
3. 丰富景观层次和结构。对不同空间的景观进行区别化，提高辨识度和导向层次的丰富度。跳出现有主题，更创新更现代地景观规划。
4. 增加使用树种和要素，使其与本地气候更加适宜。

■ 人群 & 行为分析

■ 构思 & 意向

■ 景观

轴线？

高差？

水景？

■ 剖面图 1:300

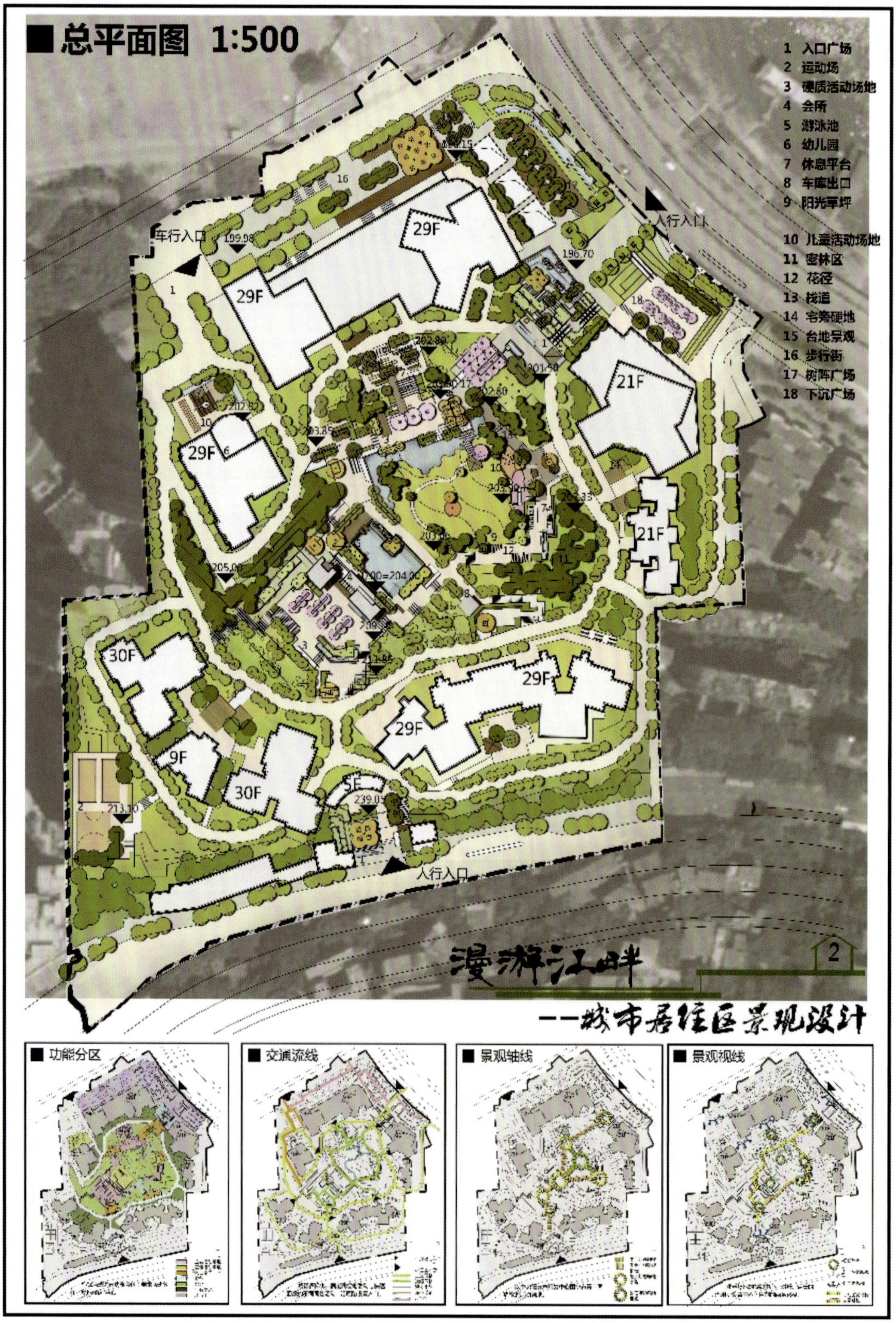

■总平面图 1:500
1 入口广场
2 运动场
3 硬质活动场地
4 会所
5 游泳池
6 幼儿园
7 休息平台
8 车库出口
9 阳光草坪
10 儿童活动场地
11 密林区
12 花径
13 栈道
14 宅旁硬地
15 台地景观
16 步行街
17 树阵广场
18 下沉广场
车行入口
人行入口
人行入口
29F
29F
29F
29F
29F
21F
21F
30F
30F
9F
5F
199.98
196.70
205.00
213.10
239.05
漫游江畔
——城市居住区景观设计
2
■功能分区
■交通流线
■景观轴线
■景观视线

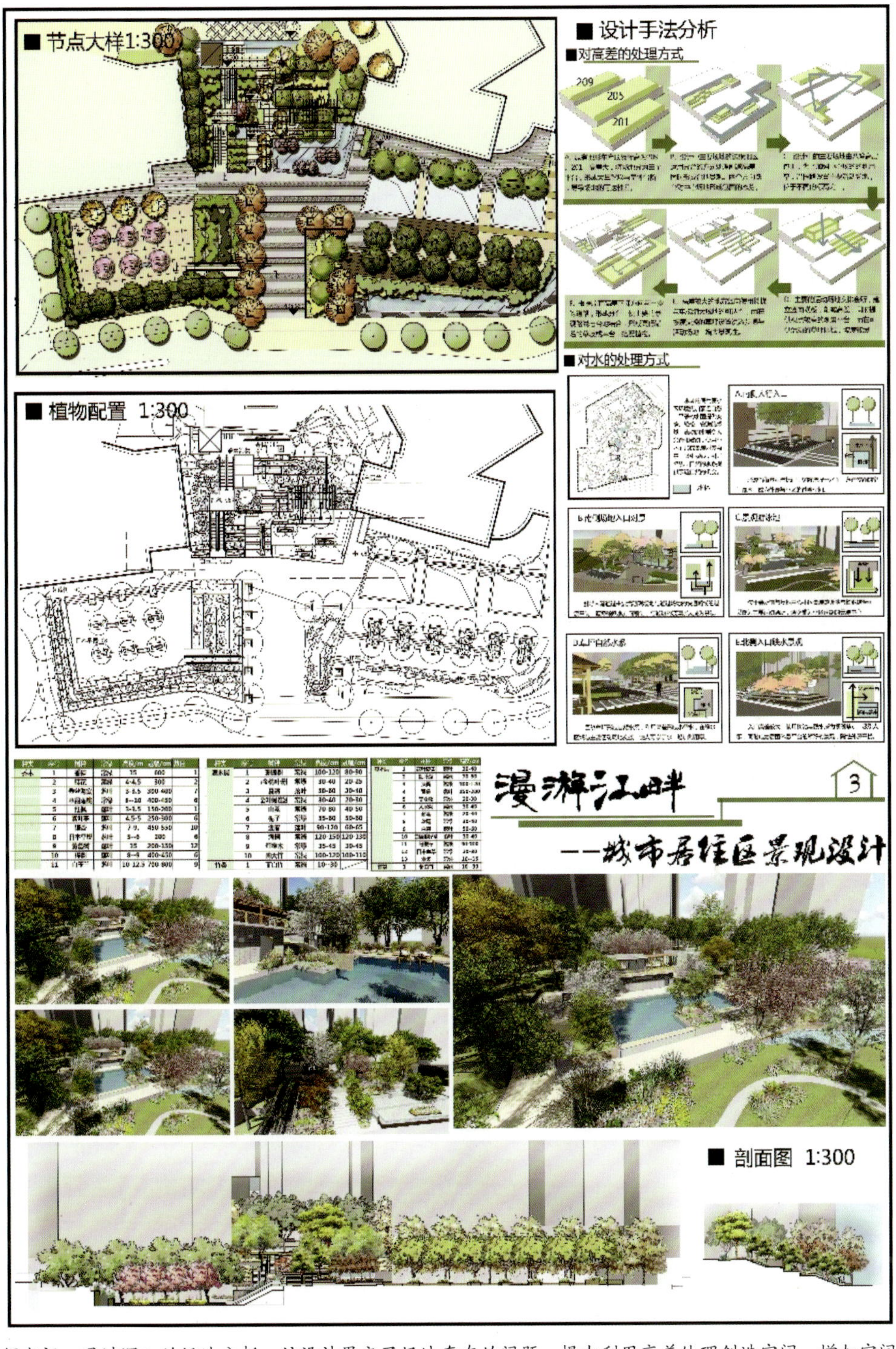

■ 节点大样1:300

■ 设计手法分析

■对高差的处理方式

■对水的处理方式

■ 植物配置　1:300

漫游江畔

——城市居住区景观设计

3

■ 剖面图　1:300

教师点评：通过深入的场地分析，该设计界定了场地存在的问题，提出利用高差处理创造空间、增加空间的层次感、提高景观可辨识度、加强植物的生态效益等设计策略，以“漫游江畔”为景观设计主题，通过回家路径和活动游览路径等序列景观的营造，串起不同尺度、不同性格的活动空间。整个设计过程逻辑清晰，空间结构层次清晰，设计中通过高差与景观元素——水的结合处理，形成了富有特色的序列空间，较好地体现了“漫游”的主题，设计成果表达清晰，尤其在细节设计的表达方面，具有生动、感人的效果。

作业 7

学生:2014 级风景园林 邓诗雨
指导教师:刘骏

DESIGN CONCEPT

LIVING STAGE

Risidential Site DESIGH

RESIDENTIAL DISTRICT OF IDEAL PARK — 居住区景观设计 I

LOCATION

POPULATION ANALIYSIS

SITE ANALYSIS

TRAFFIC SYSTEM

BUILDING

EXTERNAL RESOURCES

CONCEPT

DISPERSION

SOLAR ANALYSIS

EAST ELEVATION 1:300

LIVING STAGE

Residential Site DESIGN

RESIDENTIAL DISTRICT OF IDEAL PARK — 居住区景观设计Ⅱ

经济技术指标
总用地面积：42200m²
建筑用地面积：161096m²
容积率：3.99
绿地率：38.2%

1 入口广场
2 入口林荫道
3 树阵广场
4 交际舞台
5 休闲栈道
6 游泳池
7 花上会所
8 休闲活动区
9 游戏舞台
10镜像花园
11水舞台
12生活舞台
13个人舞台
14家庭聚会
15阳光舞台
16入口水景
17入口广场
18下沉商业
19商业街
20观景平台
21入户花园
22运动球场
23架空活动空间

北

人行主入口

SITE PLAN 1:500

SECTORIZATION

STREAMLINE

STRUCTURE

PLANT ANALYSIS

教师点评：该设计对用地周边环境及场地现状条件有深入细致的分析，对使用者的需求方面，着重分析了活动需求以及环境（如日照、空间尺度等）与活动之间的关系，以参与感与归属感的塑造为切入点，提出“生活舞台”这一概念，营造一个健康、便利、自然、休闲、创意的小区景观。通过“一轴三台”的基本景观结构，用类似表演和观演的活动空间来消除城市的孤独感和住户间的隔离，使人们对小区产生归属感、认同感，促使展示、交往、交流等活动的开展。整个设计过程逻辑清晰，空间层次丰富，在场地高差的处理上有特色，尤其是主入口景观结合高差的洄游式设计，很好地解决了功能和视线之间的关系。设计成果表达清晰，富有表现力。

作业 8

学生:2014 级风景园林 李松霖

指导教师:刘骏

URBAN TANGRAM

重庆市美丽山水城市居住区景观设计

Chongqing Residential Landscape Design

交互式都市乐居社区构建

设计说明

基地位于重庆市沙坪坝区，靠近都市核心地带，紧靠嘉陵江与平顶山，拥有良好的景观资源。本次设计以如何为社区提供持续活力为出发点，引入“七巧板”作为形式和内在逻辑的来源，提出“‘拼’出你的理想生活”的概念。根据小区本身所拥有的中庭空间，通过互动水系与艺术走廊等场所的营造，希望打造一个灵活有趣、现代大气的交互式社区，刺激居民之间，以及居民与社区之间持续的良性互动，使更多的人能享受都市自由栖居的生活。

区位交通

人群分析

人群类型	儿童（4-14）	青少年（15-25）	中青年（26-60）	老年（>60）
人群特征	活动半自主	叛逆、活动自主	孩子、工作为主	自主时间充裕

场地需要面对各个不同年龄阶段的人群提供不同的活动场所，而且从各年龄段的可活动时间来看，场地内每天的主要使用人群为老人和小孩。

理念提出

交互式都市乐居社区

创意无限

都市乐居

现代大气

时尚大气、简洁的设计风格

高程分析

整体空间结构

内部交通

建筑出入口视线

概念引入

都市七巧板——“拼”出你的理想生活

日照分析

方案生成

1-1剖面图　1：300

商业街　东入口　小区环道　阳光草坪　互动水系　泳池及平台　观景平台　更衣室　活动广场　地下车库

URBAN TANGRAM

重庆市美丽山水城市居住区景观设计
Chongqing Residential Landscape Design
交互式都市乐居社区构建

1. 商业步行街
2. 下沉商业广场
3. 小区东入口（人行）
4. 波浪水台
5. 现代枯山水
6. 阳光草坪
7. 休闲平台
8. 家庭聚会草地
9. 创意花园
10. 互动水系
11. 无边界泳池
12. 儿童游戏区
13. 地下车库人行出口
14. 艺术走廊
15. 观景平台（下为更衣室）
16. 蓝花楹树阵
17. 太极广场
18. 樱花步道
19. 小区南入口（人行）
20. 市民休闲绿地
21. 运动场
22. 邻里院落
23. 架空层活动区
24. 小区北入口（人车混行）
25. 秘境花园
26. 小区幼儿园

嘉陵江

沙滨路

下土湾路

平顶山

经济技术指标

总用地面积：4.22hm²
建筑总面积：161096㎡
容积率：3.99
水体面积：951㎡
绿地面积：14643㎡
绿地率：34.9%
居住户数：975户
停车位数：698个

总平面图 1：500

设计后分析

功能分区

交通系统

景观视线

植物功能

教师点评：该设计对场地周边及场地内部条件的分析深入细致，尤其在活动分析部分，结合高层住宅小区使用人群的特殊组成结构，分析了不同时段多元化的活动需求，针对这些需求，提出“七巧板”的概念，用多样化、灵活可变的空间形式对活动需求进行回应，充分考虑使用者和环境之间的互动关系；同时，通过设计概念控制了小区景观的整体结构和细节设计。整个设计过程逻辑清晰，空间开合有度，设计的整体性强，重要节点（出入口、儿童游戏空间等）设计特色鲜明，活动安排适度有趣，在活动空间的细节处理上做到了人性化的设计，设计成果表达清晰，表现力强。

居住小区环境景观设计获奖作品展示

1.2014 年中国风景园林学会年会大学生设计竞赛三等奖

作品名称：老王师傅的一天
——基于新居住模式下老城居民生活空间的景观策略

参赛作者：张涵芮

指导教师：刘骏

参赛院校：重庆大学

教师点评：该设计基于对用地周边环境及现状条件的理性分析，结合项目地处于重庆渝中半岛下半城的区位特点，以传统的生活场景再现作为其重要的主题表达载体，用虚拟人物一天的典型活动，展开对居住小区行为活动的研究和空间组织的建构。在具体的设计中提炼了传统生活中戏台、水井、竹径、小溪等景观要素，在满足居民日常休闲生活活动的同时，唤起儿时的记忆。整个设计过程思路清晰，空间组织有序，在氛围营造和植物建构空间的处理上有自己的特色。设计成果表达清新、简洁、明了。

资料来源：作者、指导教师提供

老王师傅的一天

——基于新居住模式下老城居民生活空间的景观策略

问题与矛盾

自上世纪90年代以来大规模的旧城改造后，老城居住区的更新也成为我国城镇化的重要议题。3.4亿的务工人员面临着拆迁量大、拆迁范围广、涉及人口多等问题，这些原住民的利益该如何保证？老城的居民又该何去何从？

重庆人心中将这座山城分为“上半城”和“下半城”，在城镇化发展过程中，这片蕴藏了丰富人文自然景观也保留了大量城市肌理的传统居住区空间形态和生活片断的老城却衰落下来，思考其保留和更新的问题，迫在眉睫。

本案位于沙滨路段，依山就势，傍水而居，景观资源与城市空间共同构成开放体系。如何在保留原汁原味的老重庆生活片段基础上，又能改变自己的生活环境，提升自己的生活档次，是老王和其他老城居民的愿望。

分析与比较

建筑工人 40.08%　个体户 34.19%　技术工 10.56%　服务人员 10.32%

人群定位

元/平方米　7000　7700　8355　8800　9062

房价比较

高差分析　可达性分析　景观资源　娱乐方式分析

场地分析

1/3　1/3的居民生活质量差景观品质低

59.3%　超过一半的住房为危房面临拆迁困境

5年　5年内嘉江相望的上、下半城差距悬殊

景观手法营造

从守望到回归的转变

在城镇化过程中，通过营造一个生活质量相对高，绿色基础设施丰富，具有一定休闲性与功能性的复合型景观小区，让老王这样的老城居民也体会到风景园林带来的享受，产生心理归宿，真正“留下来”。

地势　路网　绿化　肌理

元素提取

水井　河流　水渠　水车

戏台　村口大树　密林　竹径

方法与策略

在地下车库轮廓线限制下，根据人流方向确立主要轴线

确立主要路线，沿途设置主要活动节点

设置二级、三级路线划分场地将活动范围扩大

辅以绿色设施，加强景观性形成“家”的感觉

设计说明：

随着城镇化的推进，像老王师傅一样即希望保留老重庆风貌，又强烈渴望改变自己生活环境的原住民还有很多。如何缩小上、下半城之间的差距，使其有机更新，是我们应当思索的问题。本设计提取儿时在老宅子中，饭后大树下乘凉，古井边游戏，戏台下听老人说故事等一系列传统生活片段，结合现代景观手法，设计一个以延续生活场景为主题的景观小区，力图以此引起人们对老城居民生活的关注，给予其归属感。在城市角落中，挖掘城市真正的活力所在。

总平面图 1:500

愿景

以水源为轴，沿山势而造，正是古人所谓“居必有山，住必伴水”的择居之选。希望以此小区作为在钢筋混凝土中一个富有中国乡村文化情意新住区的试验，这不仅是简单意义上的园林，而是倡导了一种生活形态。源于传承，取意自然，使居民望得见山、看得见水、记得住乡愁。

开阔草坪区　台地花园区　坡地区

紫叶李　阴阳木　桂花　乌桕　水杉　樱花　孝顺竹

选取乡土树种，考虑常绿与落叶搭配，并辅以色叶树种，丰富景观层次，力求四季有景，景色不同。

水源活动区

场地一天活动设计

老年 → 树下休憩聊天　平台广场舞　晨练散步

儿童 → 戏水池嬉戏　高低游戏台　捉迷藏

中年 → 欣赏水景　眺望远山　木平台聚集活动

场地视线通透，空间收放有致，方便照看小孩和休息

考虑三口之家的活动，临近儿童游戏空间，具有聚集性与趣味性

活动时间

	06:00	09:00	12:00	18:00	21:00	23:00
青少年						
中年						
儿童						
老人						

将原始高差按轴线方向组织成三个台地，再沿地下车库轮廓线构建行走路径，体现必要性及游览性。不同时间段中为不同使用者提供活动，串联起老王一家的生活场景。

分台处理高差　沿轮廓线设路　高差处理策略

村口大树　林中小筑　戏台树阵　商业广场

2. 2014 年中国风景园林学会年会大学生设计竞赛佳作奖

作品名称：溪涧双桥
——基于生态人文视野的山地居住区景观设计

参赛作者：刘岑

指导教师：孟侠

参赛院校：重庆大学

教师点评：该设计关注了居住小区中居民活动与室外空间性质、等级之间的关联，结合小区内建筑布局的特点，以中心公共活动的主体空间为核心和主线，发散引导至宅前和宅间，进行不同尺度和使用方式的领域划分，满足了不同层级的活动需求。同时，设计中妥善处理了较为复杂的高差问题，水体要素的运用也考虑了生态的方式，是一个从系统到细节的思考都较为周全的设计。

资料来源：作者、指导教师提供

溪涧双桥
——基于生态人文视野的山地居住区景观设计

现状背景

特征

缺陷

潜力

发现问题

地形条件

道路体系

植被、水体现状

建筑现状

解决策略

1.将雨水利用景观化

1.构建人文视域下的邻里交往

车行出入口

主入口

总平面图

3.2020年中国风景园林学会年会大学生设计竞赛佳作奖

作品名称：半耕半城——可食可园

参赛作者：何喜、师晨、袁涛

指导教师：王琼

院参赛校：西安建筑科技大学

作品简介：作者利用PSPL公共空间调研法对西安进行系统调研，找寻合适的社区基地，针对场地中存在的城市生态发展不均衡、乡村记忆消退、城市应灾能力弱、城市空间弹性差等问题，借助都市农业、生态农业的模式，重新链接人与自然、人与人之间的关系，通过“可食化”屋顶、“可食化”街道、“可食化”街角、“可食化”生活区节点的设计创造新的社区空间和塑造健康的生活方式。

资料来源：指导教师提供

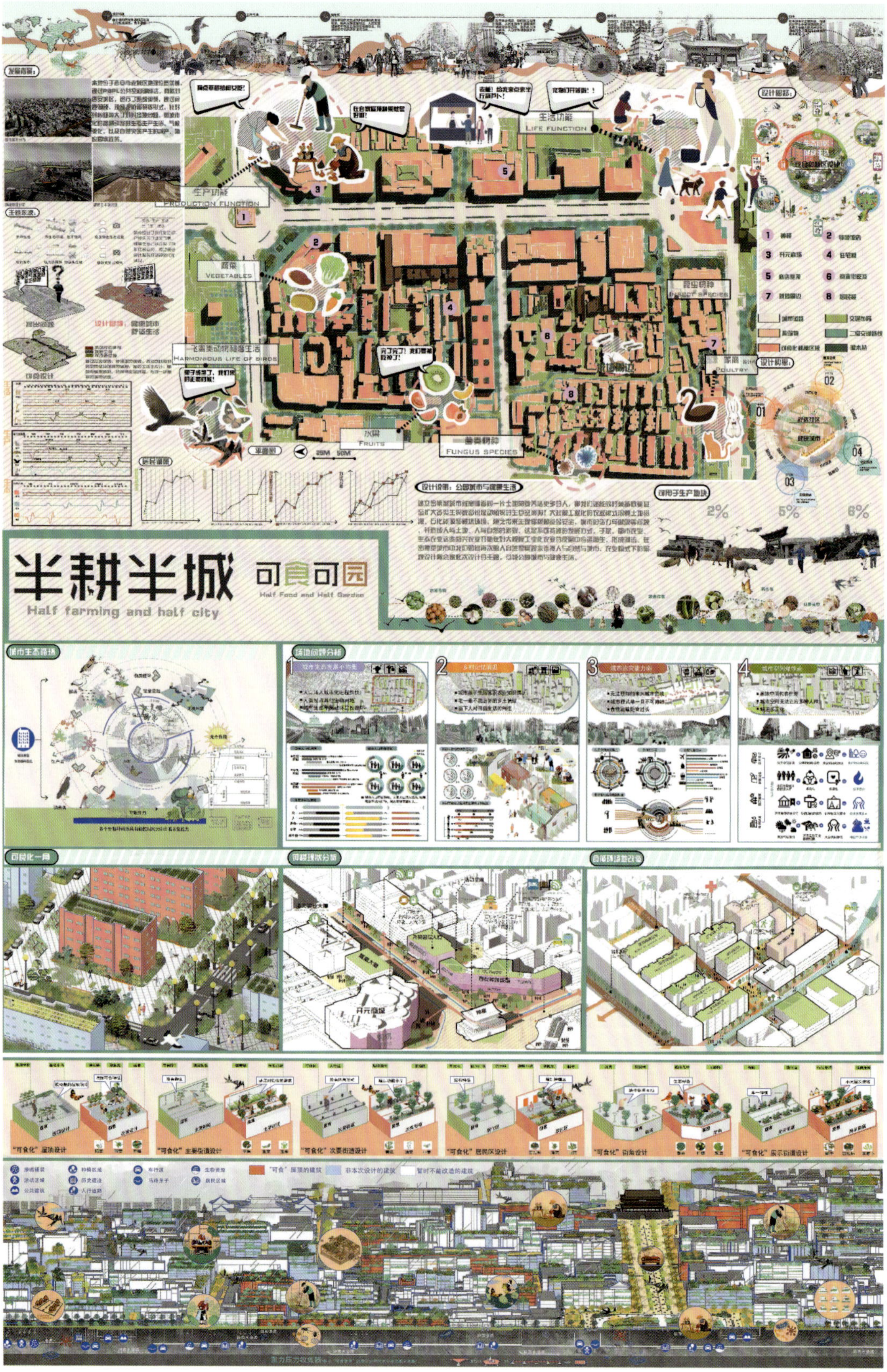

半耕半城
可食可园
Half farming and half city
Half Food and Half Garden
生活功能
LIFE FUNCTION
生产功能
PRODUCTION FUNCTION
蔬菜
VEGETABLES
水果
FRUITS
菌类耕种
FUNGUS SPECIES
飞禽类动物和睦生活
HARMONIOUS LIFE OF BIRDS
家禽
POULTRY
2%
6%
8%

4.2021 年中国风景园林学会年会大学生设计竞赛三等奖

作品名称："百老汇"
——基于低碳生活方式的适老社区改造

参赛学生：马金禹、许诺、陈姝羽、陆诗韵、周维崇

指导教师：潘剑彬、孙喆

参赛院校：北京建筑大学

作品简介：北京市百万庄住区位于北京西城区内，该住区建于 1956 年，是建国初期在西方现代规划建筑理一论影响下，结合中国传统文化，进行规划设计的小区，具备同时期居住小区的典型特征。项目占地面积共 49 公顷。针对环境中存在的停车占道、功能多样性缺失、老人出行带去不便与危险、居民自建菜园侵占公共空间等问题，从低碳生活方式和低碳空间营造入手，提出趋势向导、适老宜居，空间重塑、拓展活动，绿化更新、低碳生活三大策略，实现老旧社区的环境更新，满足居民需求，关怀特殊群体，回应城市建设发展趋势的要求。

资料来源：指导教师提供

“百老汇”——基于低碳生活方式的适老社区改造

上位规划

北京市碳排放分布图

现状分析

历史沿革及文脉

概念生成

总平面图

策略一：趋势向导，适老宜居

策略二：空间重塑，拓展活动

策略三：绿化更新，低碳生活

节点效果图1

节点效果图2

节点效果图3

剖透图

四季园

小游园

庭院花园

自建花园

社区停车场

社区公园

宅前小路

社区主干道

雨水花园

宅前绿地

开放广场

5. 2021 年中国风景园林学会年会大学生设计竞赛佳作奖

作品名称："碳"息
——基于碳积分·气候正反馈调节机制的未来社区空间模式探索

参赛学生：刘浩扬、邓卓、李绍芃、张超莹、宋淑晴

指导教师：李运远

参赛院校：北京林业大学

作品简介：2020 年 9 月起，习近平总书记多次在公开讲话中提及中国将提高自主贡献力度，力争温室气体排放于 2030 年前达到峰值，争取 2060 年前实现"碳中和"的目标，为实现这一目标，各行各业都在积极做出贡献。调查研究显示，社区碳排放量与工业生产在各项排放量排名中占比最大，于是，我们将视角定位在社区，以社区带动城市低碳建设，以景观为载体，碳积分机制为行为驱动力，建立碳积分气候正反馈机制，探索社区空间类型与人的行为活动结合下对环境产生的积极反馈作用，对未来低碳社区甚至零碳社区的建设作出积极探索。基于对以上背景和目标的思考和分析，我们尝试从新的角度运用方法解决问题，以天津市滨海新区内涉及 20 万平方公里的区域为研究对象，海河流经该区域汇入渤海，社区组团沿着河道两岸分布，周边用地类型分布有大型公建、文教、居住、商业用地等。且该区域属于天津市低碳社区建设的先行示范区，具备对新模式进行探索建设的条件和契机。希望通过建立新的空间模式类型，为碳中和事业做出贡献，为实现"人与天调，和谐共生"从风景园林的角度提供新思路。

资料来源：指导教师提供、北林园林资讯

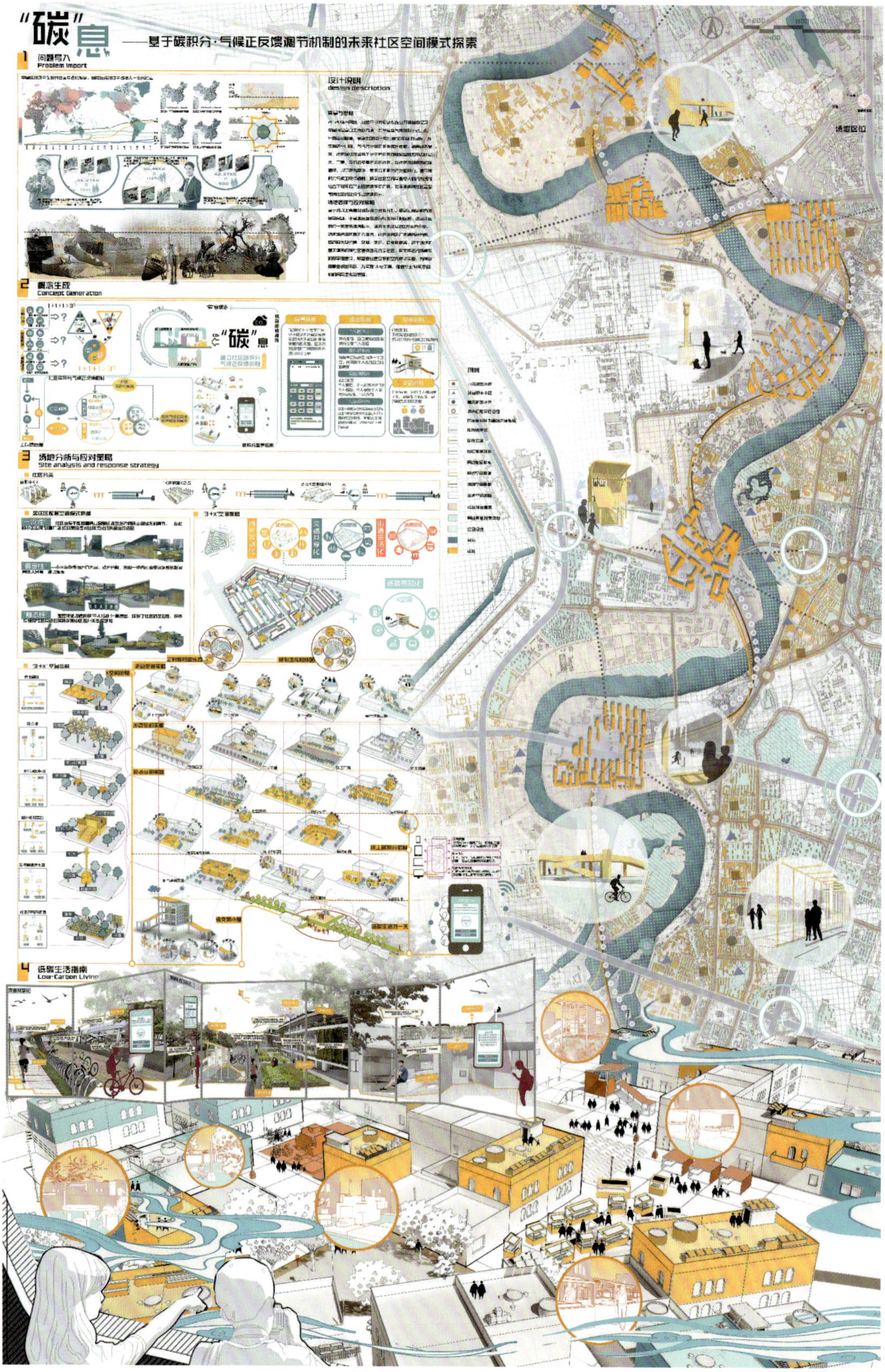

“碳”息 ——基于碳积分·气候正反馈调节机制的未来社区空间模式探索

1 问题导入 Problem Import

设计说明 design description

2 概念生成 Concept Generation

3 场地分析与应对策略 Site analysis and response strategy

4 低碳生活指南 Low-Carbon Living

6. 所获奖项：2020LA 先锋类 | 景观规划类综合类

作品名称：城中乡情耕食生活
——居民区的生活景观更新

参赛作者：何喜沈芳李疏桐闫镇杰

指导教师：王琼

毕业院校：西安建筑科技大学

选题背景：如今城市居民的生活压力大，通常活动是上班和居家两点一线，研究发现人们日常休闲和交往空间在城市外部活力下降，内划到社区内部，相比之下居民生活会相对解压，而社区内部体系大多还是较为混乱、社区规划简单。针对城市中居民区的公共空间面临的社会变化与挑战引发的一系列生活、生产、生态等问题，我们本次设计的出发点是通过社区更新的同时能够构建"可食化"生活体系给居民的日常生活更添精彩。

评委点评：选题直面当下城市发展过程中产生的城市情感负效应，作品重塑了城市发展过程中人与人情感、居住街区邻里活动构建问题，在有限空间内植入农业与城市发展在未来可能产生的方式，探讨了在自然灾难时景观的新的存在方式。

资料来源：景观中国网

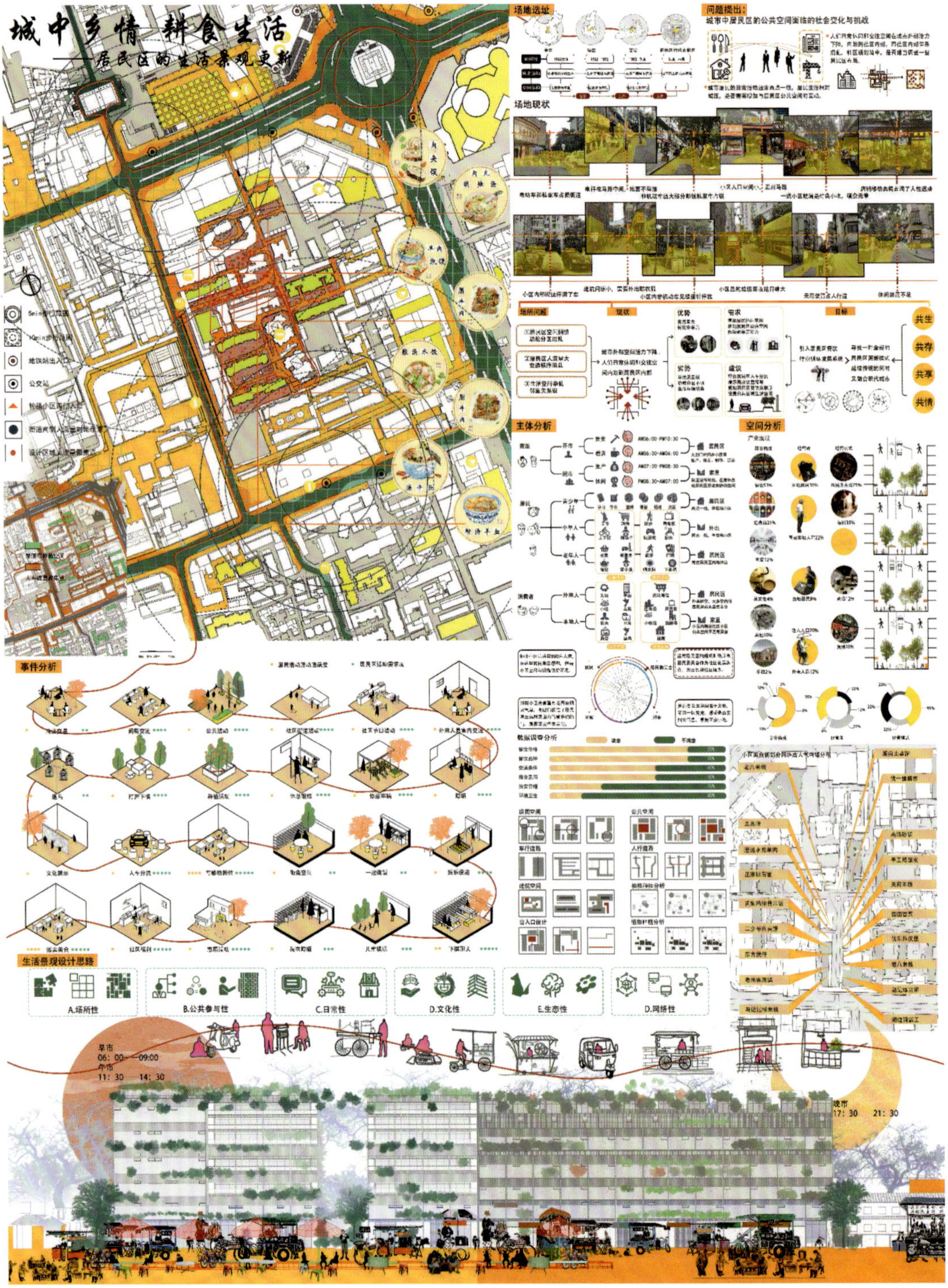

城中乡情 耕食生活

——居民区的生活景观更新

场地选址

问题提出：

城市中居民区的公共空间面临的社会变化与挑战

场地现状

场所问题

现状

目标

优势

劣势

需求

建议

共生

共存

共享

共情

主体分析

空间分析

事件分析

数据调查分析

生活景观设计思路

A.场所性

B.公共参与性

C.日常性

D.文化性

E.生态性

D.网络性

早市
06：00——09:00
午市
11：30　14：30

晚市
17：30　21：30

7. 2018LA 先锋类景观设计奖

作品名称:传承·转译——城市近郊安置住区景观设计

参赛作者:刘铭君 杨安琪 郭林锋 张婧 吴淑娜

指导老师:古丽娜 吕小辉

参赛学校:西安建筑科技大学

作品简介:随着城市化进程的加快,城市近郊的乡村地区也面临着整体搬迁安置、居住形式小区化的趋势。由于区位环境、生活方式以及邻里关系与城市住区存在着明显的差异,这些安置住区的环境景观设计应有别于城市住区,既能与周边的田园风光协调、又能为延续传统的乡村生活方式提供相应的交往、交流空间,同时通过引入生产性景观传承传统的农耕文化。

项目以西安市鄠邑区草堂镇逍遥园新型社区为例,在对居民(村民)原有生活方式深入调研的基础上,提炼传承传统乡村生活的景观空间原型结合新的居住区空间结构进行转译,从而构建一种基于传统乡村生活方式的,能够满足熟人社会日常交往的,以生产性景观为主的新型城市近郊住区景观模式。

评委点评:评委推荐意见1:设计者选择则了城市边缘社区这一普遍存在却少有人关注的领域进行设计研究,通过对场地研究和分析,总结了此类场地和人群的生活需求,务实而又创造性的对场地空进进行了梳理和改造,解决场地问题,对当下城市中诸多类似社区的改造和提升有一定的借鉴意义。

评委推荐意见2:以城市近郊安置区为选题,着眼于我国城镇化背景下有代表性的自然和人类生态系统的矛盾,切入点精准。对场地上的社会经济系统及其与自然生态系统的关系进行了细致分析。设计方案从原住民社区和城市生活两方面提炼了空间模式,进行模块化设计,并强调弹性概念,有新意。设计表现尚可,部分局部表现形式较有亮点。

资料来源:景观中国网

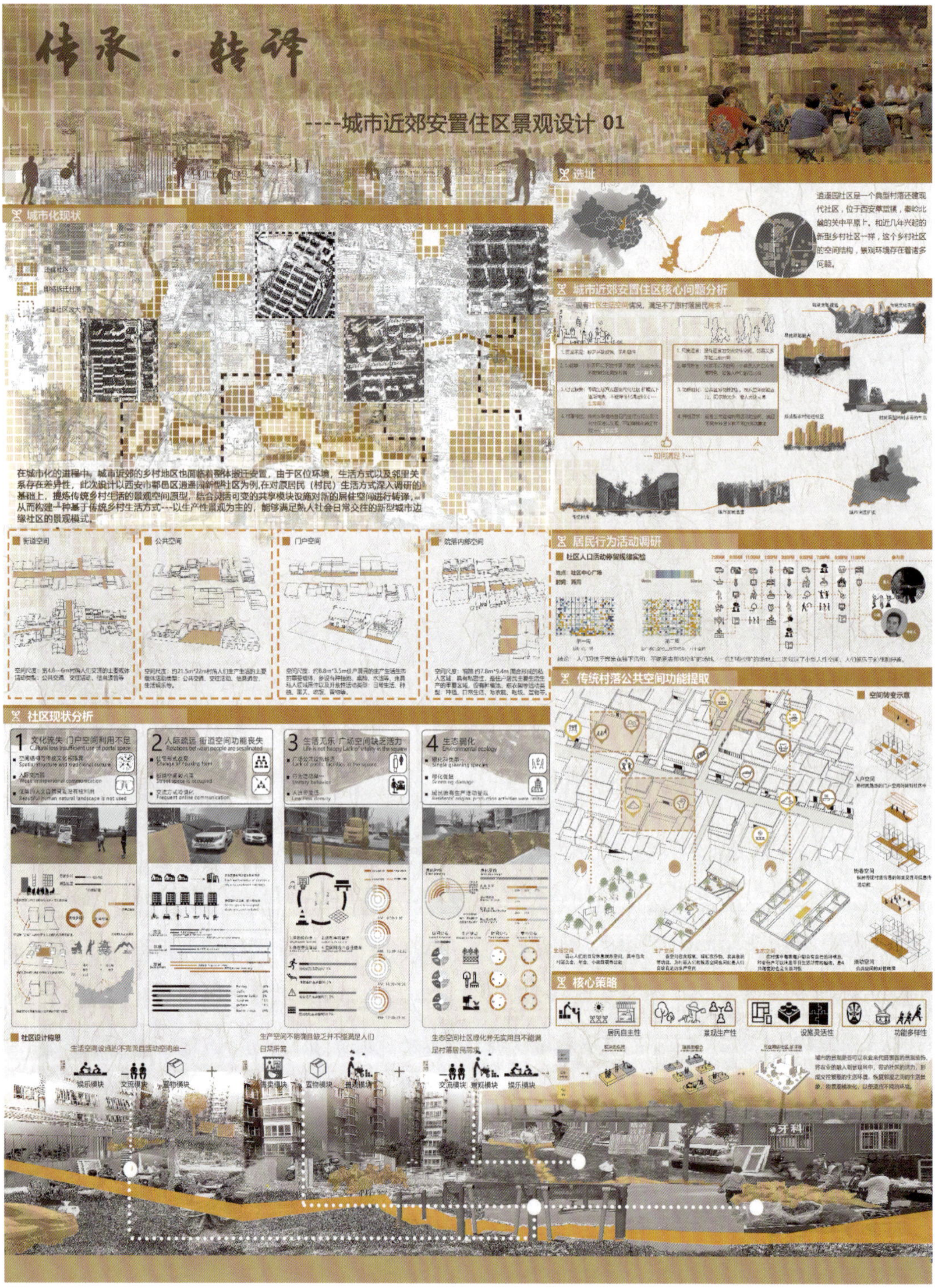

传承·转译

----城市近郊安置住区景观设计 01

选址

逍遥园社区是一个典型村落还建现代社区，位于西安草堂镇，秦岭北麓的关中平原上。和近几年兴起的新型乡村社区一样，这个乡村社区的空间结构，景观环境存在着诸多问题。

城市化现状

在城市化的进程中，城市近郊的乡村地区也面临着整体搬迁安置，由于区位环境，生活方式以及邻里关系存在差异性，此次设计以西安市鄠邑区逍遥园新型社区为例，在对原居民（村民）生活方式深入调研的基础上，提炼传统乡村生活的景观空间原型，结合灵活可变的共享模块设施对新的居住空间进行转译，从而构建一种基于传统乡村生活方式---以生产性景观为主的，能够满足熟人社会日常交往的新型城市边缘社区的景观模式。

城市近郊安置住区核心问题分析

街道空间

公共空间

门户空间

院落内部空间

居民行为活动调研

传统村落公共空间功能提取

社区现状分析

1 文化流失 门户空间利用不足
Cultural loss Insufficient use of portal space

2 人际疏远 街道空间功能丧失
Relations between people are sesalinated

3 生活无乐 广场空间缺乏活力
Life is not happy Lack of vitality in the square

4 生态弱化
Environmental ecology

核心策略

居民自主性　景观生产性　设施灵活性　功能多样性

社区设计构思

生活空间设施的不完美且活动空间单一

娱乐模块　交流模块　置物模块

生产空间不明确且缺乏并不能满足人们日常所需

售卖模块　置物模块　景观模块

生态空间社区绿化并无实用且不能满足村落居民需求

交流模块　景观模块　娱乐模块

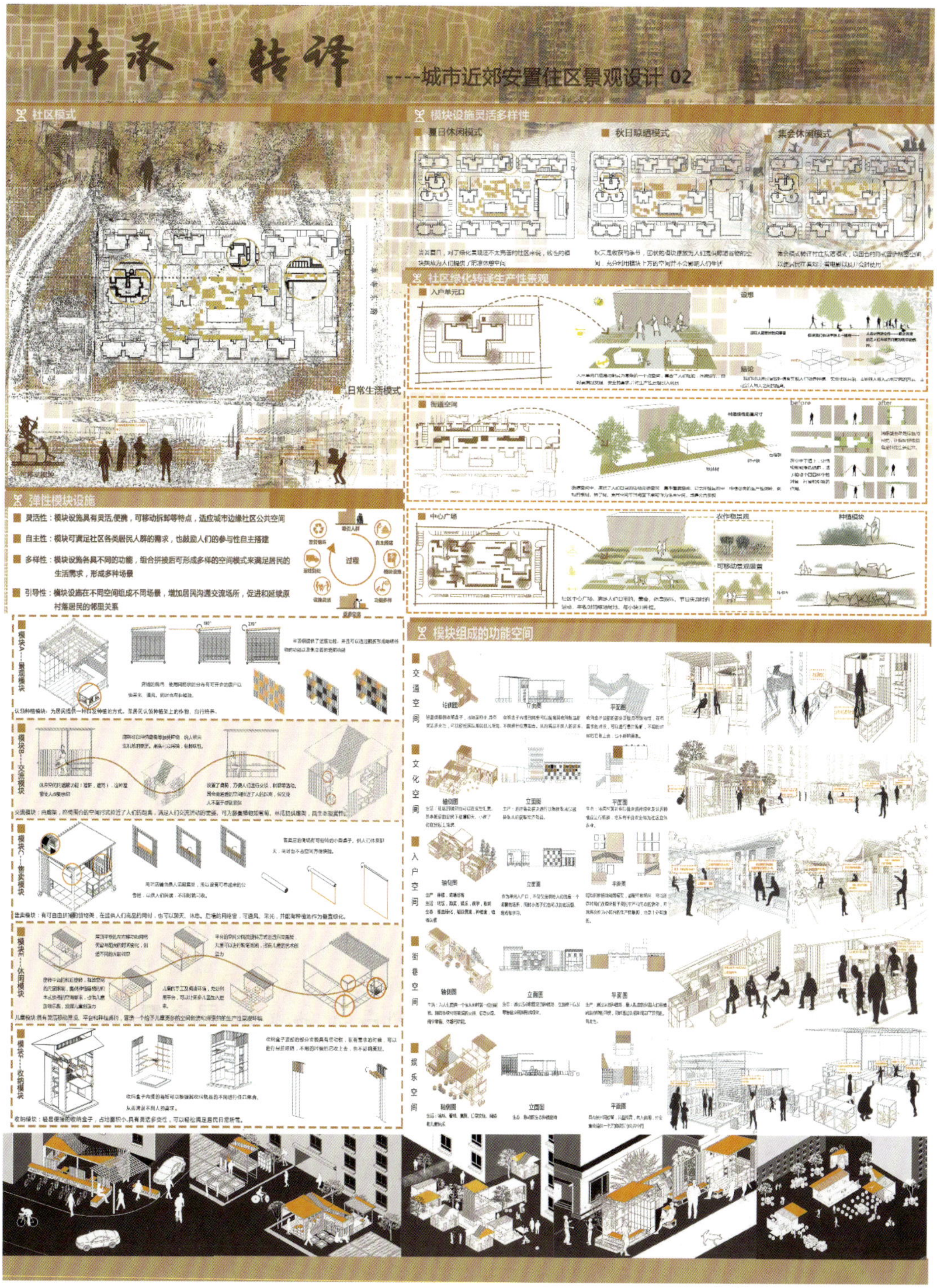

传承 · 转译

----城市近郊安置住区景观设计 02

社区模式

日常生活模式

可移动模块

模块设施灵活多样性

夏日休闲模式

秋日晾晒模式

集会休闲模式

社区绿化转译生产性景观

入户单元口

街道空间

中心广场

弹性模块设施

- 灵活性：模块设施具有灵活,便携，可移动拆卸等特点，适应城市边缘社区公共空间
- 自主性：模块可满足社区各类居民人群的需求，也鼓励人们的参与性自主搭建
- 多样性：模块设施各具不同的功能，组合拼接后可形成多样的空间模式来满足居民的生活需求，形成多种场景
- 引导性：模块设施在不同空间组成不同场景，增加居民沟通交流场所，促进和延续原村落居民的邻里关系

过程

模块A---景观模块

模块B---交流模块

模块C---售卖模块

模块D---休闲模块

模块E---收纳模块

模块组成的功能空间

交通空间

文化空间

入户空间

街巷空间

娱乐空间

参考文献

[1] 周俭. 城市住宅区规划原理[M]. 上海:同济大学出版社,1999.
[2] 许浩. 城市景观规划设计理论与技法[M]. 北京:中国建筑工业出版社,2006.
[3] 刘滨谊. 现代景观规划设计[M]. 南京:东南大学出版社,2005.
[4] 吴良镛. 人居环境科学导论[M]. 北京:中国建筑工业出版社,2001.
[5] 李铮生. 城市园林绿地规划与设计[M]. 北京:中国建筑工业出版社,2006.
[6] 王晓俊. 风景园林设计[M]. 南京:江苏科技出版社,2000.
[7] 谷康. 园林设计初步[M]. 南京:东南大学出版社,2003.
[8] 李敏. 城市绿地系统规划[M]. 北京:中国建筑工业出版社,2008.
[9] 刘骏,蒲蔚然. 城市绿地系统规划与设计[M]. 北京: 中国建筑工业出版社,2004.
[10] 王祥荣. 国外城市绿地景观评析[M]. 南京:东南大学,2003.
[11] 李敏. 城市绿地系统与人居环境规划[M]. 北京:中国建筑工业出版社,1999.
[12] 扬・盖尔. 交往与空间[M]. 何人可,译. 北京:中国建筑工业出版社,1992.
[13] 凯文・林奇. 城市意象[M]. 上海:华夏出版社,2001.
[14] 黄晓鸾. 居住区环境设计[M]. 北京:中国建筑工业出版社,1994.
[15] 马建武. 园林绿地规划[M]. 北京:中国建筑工业出版社,2007.
[16] 李敏. 城市绿地系统与人居环境规划[M]. 北京:中国建筑工业出版社,1999.
[17] 筑语传播图书工作室. 中国景观设计年刊:第一期[M]. 天津:天津大学出版社,2005.
[18] 胡长龙. 园林规划设计[M]. 2 版. 北京:中国农业出版社,2002.
[19] 俞孔坚. 景观:文化,生态与感知[M]. 北京:科学出版社,1998.
[20] 王向荣,林箐. 西方现代景观设计的理论与实践[M]. 北京:中国建筑工业出版社,2002.
[21] 林玉莲,胡正凡. 环境心理学[M]. 北京:中国建筑工业出版社,2000.
[22] 格兰特・W. 里特. 园林景观设计——从概念到形式[M]. 陈建业,赵寅,译. 北京:中国建筑工业出版社,2004.
[23] 香港科讯国际出版有限公司. Landscape Red Book[M]. 武汉:华中科技大学出版社,2008.
[24] 中科华盛文化发展中心,等. 绿色住区:最新居住区景观设计[M]. 武汉:华中科技大学出版社,2010.
[25] 香港科讯国际出版有限公司. 景观设计经典Ⅴ下 住区景观[M]. 大连:大连理工大学出版社,2007.

[26] 胡延利. 居住区景观规划设计宝典:上下[M]. 武汉:华中科技大学出版社,2008.
[27] 苏晓毅. 居住区景观设计[M]. 北京:中国建筑工业出版社,2010.
[28] 李映彤. 居住区景观设计(高等教育艺术设计精编教材)[M]. 北京:清华大学出版社,2011.
[29] J. 皮亚杰. 儿童心理学[M]. 吴福元,译. 北京:商务印刷馆,1980.
[30] 克莱尔·库柏,马库斯·卡罗琳,弗朗西斯. 人性场所——城市开放空间设计导则[M]. 俞孔坚,等,译. 北京:中国建筑工业出版社,2001.
[31] 姚时章. 城市居住外环境设计[M]. 重庆:重庆大学出版社,2000.
[32] 王凯珍,赵立. 社区体育[M]. 北京:高等教育出版社,2004.
[33] 金涛,杨永胜. 居住区环境景观设计与营建[M]. 北京:中国城市出版社,2003.
[34] 吴为廉. 景观与景园建筑工程规划设计[M]. 北京:中国建筑工业出版社,2004.
[35] 洪得娟. 景观建筑[M]. 上海:同济大学出版社,1999.
[36] 马丽. 环境照明设计[M]. 上海:上海人民美术出版社,2008.
[37] 屈雅琴. 浅谈社区公园中的儿童活动场地设计[J]. 山西建筑,2007(10):358-359.
[38] 刘艳梅. 论居住区规划的概念设计[J]. 建筑科学,2009(4):51-53 +10.
[39] 葛岚. 浅析城市居住区规划[J]. 安徽建筑,2008(4):37-38 +49. DOI:10. 16330/j. cnki. 1007-7359. 2008. 04. 048.
[40] 李旭光. 对《城市居住区规划设计规范》若干问题的思考[J]. 规划师,2005(08):52-54.
[41] 刘骏. 居住小区环境设计——教学重点浅析[J]. 中国园林,2004(5):22-23.
[42] 刘骏. 理性与感性的交织——景观设计教学中的理性分析与感性认知[J]. 中国园林,2009(11):48-51.
[43] 李宏,梁献超. 居住小区主入口空间的景观设计[J]. 四川建筑科学,2009,35(06):269-270.
[44] 苏勇. 从门的本体含义谈大门的设计[J]. 建筑学报,2004(12):33-35.
[45] 徐雷蕾,章俊华. 城市居住小区中户外游戏场地设计浅析——以沈阳市浑南新区"河畔新城小区为例[J]. 中国园林,2005(9):33-37.
[46] 董娟. 营造新住区环境中的儿童交往空间[J]. 华中建筑,2008(07):103-105.
[47] 章俊华. 幼儿园户外环境绿地[J]. 中国园林,2004(03):48-51.
[48] 毛华松,詹燕. 关注城市公共场所中的儿童活动空间[J]. 中国园林,2005(09):14-17.
[49] 朱奇志. 城市社区体育的意义、现状及发展思路[J]. 体育科技,2004(02):52-54.
[50] 蒋春,等. 居住区老年户外活动绿色空间营建[J]. 江苏林业科技,2009,36(01):40-43.
[51] 张玲玲. 社区公共空间休闲行为研究进展[J]. 建筑与文化,2021(02):186-189
[52] 张景. 基于居民行为的城市小区公共空间设计研究[J]. 滁州学院学报,2015(05):18-21
[53] 曾斐莉, 胡帅奎, 杨艳霞. 基于居民行为需求的居住小区室外交往空间设计[J]. 智能城市 ,2021(07):7-8
[54] 朱欣贻. 老年人行为心理与社区公共空间私密性关系研究——以上海市民心小区为例[J]. 城市建筑 ,2021(11):164-166
[55] 徐丽丽, 马素贞. 海绵城市技术在居住小区中的应用[J]. 城市住宅, 2018(08):11-14
[56] 张琪, 陈红. 基于自然地理的海绵型居住小区设计探究[J]. 华中建筑 , 2019(04):25-28
[57] 陶波兰, 齐家祥. 既有居住小区海绵化改造主要技术措施分析——以首批国家海绵城市

建设试点城市居住小区海绵化改造为例［J］. 住宅产业，2020(08):16-22

［58］方群莉，王小莉. 基于老龄群体特殊行为的居住小区步行空间设计［J］. 黄山学院学报，2014(05):83-86

［59］张晓慧. 以全龄化为导向的城市居住小区儿童活动区植物设计［J］. 现代园艺，2022(15):179-181

［60］胡叶，陈琳，田淇，曾帆玉，蒲盈滢，李劲廷. 康养植物在居住小区中的设计研究 ———以保安社区为例［J］. 四川农业科技，2022(07):66-69

［61］贾一非，王沛永，田园，迟守冰，王鹏. 高寒地区居住小区海绵化改造建设研究 ——以西宁市安泰华庭小区为例［J］. 北京林业大学学报，2019(10):91-106

［62］高力强，白洁媛. 雨水花园在居住区景观设计中的应用———以石家庄淳茂生态城为例［J］. 给水排水，2017(增刊):166-169

［63］建设部住宅产业化促进中心. 居住区环境景观设计导则［S］. 北京：中国建筑工业出版社，2006.

［64］中华人民共和国建设部. 城市居住区规划设计规范 GB 50180—93［S］. 北京：中国建筑工业出版社，2016.

［65］中华人民共和国住房和城乡建设部. 城市绿地分类标准 CJJ/T 85—2017［S］. 北京：中国建筑工业出版社，2017.

［66］中华人民共和国住房和城乡建设部. 城市道路工程设计规范 CJJ 37—2012［S］. 北京：中国建筑工业出版社，2012.

［67］中华人民共和国自然资源部部. 社区生活圈规划技术指南 TD / T 1062—2021［S］. 北京：中国建筑工业出版社，2021.

［68］中华人民共和国住房和城乡建设部. 海绵城市建设技术指 南 ——低影响开发雨水系统构建［S］. 北京：中国建筑工业出版社，2014.

［69］陈鹭. 城市居住区园林环境研究［D］. 北京林业大学，2006.

［70］詹燕. 城市开放空间中儿童游戏场所规划设计探析［D］. 重庆大学，2007.

［71］陈宏玲. 城市环境对游人行为心理的影响及其人性化设计探讨［D］. 华中农业大学，2007.

［72］钱海月. 基于人文精神的城市居住环境景观研究［D］. 东南大学，2008.

［73］陈宏玲. 城市环境对游人行为心理的影响及其人性化设计探讨［D］. 华中农业大学，2007.

［74］吕康芝. 居住小区入口景观设计［D］. 南京林业大学，2007.

［75］北京清华城市规划设计研究院景观学 vs 设计学研究中心. 朱育帆设计作品.

［76］重庆龙湖集团景观部作品.

［77］蓝调城市景观规划设计有限公司作品.

［78］日清城市景观设计有限公司作品.

［79］三研堂景观规划设计(重庆)有限公司作品

［80］WTD 纬图景观设计有限公司作品